생명시대

지구생태 이야기

기획 인디컴/글 김소희

학고재

* 사진과 그래픽 자료를 제공해주신 청림출판사, 환경운동연합 시민환경정보센타, 월간《환경운동》, 유네스코 한국위원회,
한국불교환경교육원, 환경교육정보센타, 한겨레신문사,《씨네 21》, 지구인출판사,《시민의 신문》여러분께 감사드립니다.

생명시대 — 지구생태 이야기

기획 | 인디컴
글 | 김소희
펴낸이 | 우찬규
펴낸곳 | 도서출판 **학고재**

초판 1쇄 발행일 | 1999년 4월 30일
초판 15쇄 발행일 | 2010년 4월 15일

등록 | 1991년 3월 4일(제 1-1179호)
주소 | 서울시 종로구 계동 101-12 신영빌딩 1층
전화 | 편집 (02)745-1722~3, 영업 (02)745-1770, 1776
팩스 | (02)764-8592
이메일 | hakgojae@gmail.com

주간 | 손철주
편집국장 | 김태수
편집 | 강상훈 · 조주영 · 최선혜 · 최기영 · 유정민
디자인 | 김은정
관리 · 영업 | 김정곤 · 박영민 · 우중건 · 이영옥

인쇄 | 일립

값 15,000원
ISBN 89-85846-51-5 03400

* 잘못된 책은 바꾸어 드립니다.

생명시대

지구생태 이야기

아직도 희망은 있다

생명시대의 첫 여정이 끝나고 있다. 나는 이 책의 출간작업을 생명시대의 여정이라고 몰래 명명했다. 이 여정에서 인디컴보다 훨씬 더 많은 자료를 수집하고 글 작업에 애써주신 김소희 씨를 만났고, 여정의 이미지를 그림으로 표현한 안진의 씨, 그리고 학고재를 만나 동행하게 되었다.

KBS TV를 통해 1998년 4월 해외 환경 다큐멘터리 '생명시대' 20부작의 마지막회가 방송된 후, 꼭 1년 동안의 긴 여정이 끝나고 있다. 인디컴이 만약 세 동행자를 만나지 못했다면, 이 여정은 절대로 끝나지 않았을 테고, 더불어 이 책도 세상에 나오기 힘들었을 것이다.

'생명시대'는 인디컴이 두번째로 기획한 20세기 다큐멘터리 시리즈로 1997년 10월 23일 첫 방송 후 6개월간 20회가 방영되었다. '생명시대'는 총 12명의 PD가 세계 곳곳의 나무와 숲, 하천과 바다, 도시와 국가의 환경 문제를 직접 체험하면서 현장 시각으로 그려내어 녹색언론인상(1997)과 대한민국 영상음반대상(1998)을 수상한 작품이다. 국내 최초로 해외의 환경 문제를 20부작으로 사전 제작한다고 했으니, 방송계에서는 인디컴이 '생명시대'를 제작하면서 드디어 생명이 끝나는 것이 아닌가 하고 기획단계에서부터 우려했다. 대체로 환경 문제는 TV에서조차 딱딱하고 재미없고 시청률도 없다고 인식하는 처지였고, 또한 지역주민이나 단체, 기업과 정부의 정책 사이에서도 갈등과 대립이 끊이지 않아 문제를 드러내기보다는 감추기에 급급한 현실이어서 취재하는 데 미묘하고 어려운 경우가 많다. 심지어 인디컴 내에서도 삐딱하게 보는 시선을 감수해야만 했다.

인디컴은 1994년부터 3년 동안 SBS의 환경탐사 '그린맨을 찾아라'라는 국내 환경 프로그램을 110회 이상 제작·방영해왔으며, 이 외에도 국내외의 환경 문제를 함께 짚어보는 프로그램을 꾸준히 방영해왔다. 베트남 전쟁에서 미국이 살포한 에이전트 오렌지로 인한 베트남·미국·한국에서의 죽음의 비극을 고발한 '아메리칸 호프는 자란다'(KBS 특집, 1993), 일본의 갯벌과 미국의 서부 해안, 그리고 한국의 갯벌 간척 문제를 조망한 '좁아지는 바다'(KBS 특집, 1994), 한국과 일본의 쓰레기 매립에 관한 '생명의 땅을 위하여'(MBC 특집, 1997) 등이 그것이다.

이렇게 국내외 환경 문제를 다룬 작품을 지속적으로 제작해오면서 우리가 꼭 지켜봐야 할 지구환경의 이슈들에 대한 안목을 쌓아갈 수 있었고, 1993년 이후 5년 동안 축적된 환경 마인드의 총체적 결과로서 제작된 것이 바로 이 '생명시대'이다.

'생명시대'는 우리가 숨쉬고 있는 이 지구 도처에서 타전되어온 긴급 메시지를 담고 있다. 인도양의 보석이라고 불리던 몰디브 제도는 지구온난화로 인한 해수면 상승으로 100년 이내에 바다 속으로 사라질 위험에 처해 있었고, 인류가 출현하기 이전부터 존재해 '살아 있는 화석'으로 불리는 안데스의 깃대종 맥이 토해내는 울음에는 가난한 인디오들의 사냥과 남획으로 10년 이내에 멸종될지도 모를 슬픔이 가득 배어 있었다.

인간의 탐욕으로 인한 무분별한 개발은 또 얼마나 더 큰 부메랑으로 인간에게 되돌려지는가. 바다 속에 뿌리내리고 살아가는 생명의 숲 맹그로브는 수출을 위한 새우 양식장 개발로 사라지고 있었고, 온두라스의 작은 마을 원주민인 미스키토족 2500여 명이 선진국 식탁에 고급요리로 올려지는 가재잡이를 위해 바다에서 죽어가고 있었다. 인도네시아 사모시르 섬의 펄프 플랜테이션은 수천 년간 평화로운 관계를 유지해온 숲과 인간 사이에 위기를 부르고, 하나뿐인 생명을 걸고 다국적 석유회사의 원유 개발을 중지시키기 위해 그린피스 대원들은 대서양의 칠흑 같은 바다로 떠나야만 했다.

7000명의 생명을 앗아간 보팔 참사 이래 13년이 지난 지금도 보팔은 매주 토요일마다 인류의 재앙을 대물림받아 성장이 멈춰진 아이들과 함께 분노하고 있었다. 한편 아프리카 잠베지 강을 비롯해 중동의 요르단 강, 인도의 인더스 강에서는 물전쟁이 계속되고 있었다.

물론 지구환경에 대한 새로운 의지도 지구촌 곳곳에서 볼 수 있었다. 2010년까지 12기의 원자력발전소를 폐쇄하겠다는 스웨덴 국민과 정부의 결정은 재생 가능한 미래에너지에 대한 확신과 전망을 제시해주었고, 네덜란드의 역간척은 200년 이상 목초지로 간척된 블라우에카머를 1993년 호수로 되돌려 놓았다.

우리의 미래도 있었다. 독일에서 만난 벤야민의 자연 관찰일기, 10년간의 관찰 끝에 만들어진 도시 학교의 에너지 효율 교육과 생태 교육장으로 변한 운동장, 교육방법을 나무에서 찾는다 ― 나무는 햇빛이 필요하면 가지를 뻗어 잎을 펼치고, 물이 필요하면 물을 찾아 뿌리를 내린다. 필요한 양분은 흡수하고 필요치 않은 양분은 흡수하지 않는다 ― 는 프린츠호프텐 자유대안학교의 선생님, 생태도시 프라이부르크의 숲의 잔치, 자연을 거스르지 않고 자연에 순응하며 살아가자는 환경단체 베우엔데 청년회의 노력과 실천.

도시의 희망도 보였다. 인구 200만의 도시, 브라질의 쿠리티바는 교통 통합 시스템을 통해 나무와 숲의 도시로 바꾸었고, 빈민촌 파벨라의 쓰레기를 사들여 음식물을 교환해주는 쓰레기 구매 프로그램을 만들었다. 또한 지혜의 등대라는 작은 도서관 사업을 통해 발전은 환경이 파괴되지 않는 범위에서만 가치가 있다는 것을 알려주었으며 시민을 존경하는, 시민의 행복을 존중해주는 도시계획과 정책을 펼치고 있었다.

지구온난화, 자연 속의 아이들, 자원의 재활용, 생물종의 다양성과 파괴, 해양자원의 새로운 보호, 기업의 환경경영, 미래에너지에 이르기까지 인류와 지구의 미래를 결정짓는 화두는 환경이었다. 아시아의 9개국, 유럽의 6개국, 아메리카의 5개국, 아프리카의 4개국, 몰디브 제도에 이르기까지 우리가 본 것은 자연과 인간의 절망이자 희망이며, 지구와 인류의 미래를 위한 길이었다.

우리가 꿈꾸는 작은 세상은 우리가 스스로 걸어야 할 희망의 길이다. 우리 곁에서 사라진 것은 무엇일까? 우리 숲에서 사라진 것은 무엇일까? 이제 노래 속에만 남아 있는 강남 갔던 제비도 마실로 돌아오고, 21세기를 향해 뛰어가는 서울 도심의 하늘에도 반딧불이가 다시 날아다니게 될 때쯤 우리는 맨발로 땅을 밟을 수 있을 것이다. 그때 우리는 그 땅을 맨발로 딛고서 자연의 에너지를 온몸으로 순환시키고, 그 에너지는 또다시 우리 사회에 생명의 희망으로 퍼져나갈 것이다.

이제 우리가 경험한 작지만 소중한 이야기를 책으로 남기고자 한다. 지구촌 곳곳을 돌며 상처받은 지구, 참혹한 환경 파괴 현장을 볼 때마다 얼마간 위안이 되었던 것은 이 문제를 해결하려는 사람들의 노력이 끊이지 않고 있었다는 점이다. 맹그로브 숲을 파괴하지 말라며 눈물로 호소하는 타이의 한 노인, 조상 대대로 살아온 삶의 방식을 지키고자 노력하는 열대림의 토착민들, 안데스의 오지에서 사라져가는 동물을 지키기 위해 헌신하는 한 이방인, 그리고 이름 없는 아낙네와 어부에 이르기까지……. 그들의 모습에서 미래의 희망과 대안을 함께 이야기하고 싶었다. 이 책이 독자들에게 한 세기를 함께 살아가는 지구촌 곳곳의 모습을 돌아볼 수 있는 작은 계기가 되었으면 하는 바람이다.

KBS의 방영이 있기까지 KBS 외주제작부와 정순길 님, 당시 사장이셨던 홍두표 님의 신뢰에 거듭 감사드리고, 후원을 해준 대한생명과 KBS 문화사업단 김경호 팀장, 삼성그룹의 이순동 전무께도 이 지면을 빌려 고마움을 표현하고 싶다.

이 작업은 오로지 모든 인디컴 식구들의 작업이었음을 밝힌다. 12명의 PD와 촬영부와 편집실, 기획실과 작가 및 해외담당 이미진 · 윤지영에게도, 제작비 지원으로 많은 어려움을 겪은 관리부에도, 그리고 '생명시대' 제작과정과 방영이 종료되자마자 장가를 간 인디컴의 다섯 총각과 그 부인들에게도 감사와 축복을 전한다. 덧붙여, 인디컴의 작업과 자료는 이 책의 3분의 1에 지나지 않는다. TV로 방영된 자료 외에 많은 부분은 모두 글을 담당한 김소희 씨의 땀 밴 노력이었다. 진심으로 고마움을 느낀다.

이제 2000년을 맞으며, 밀레니엄이 변해도 변할 수 없는 생명시대의 새로운 여정을 준비해보자.

1999년 4월 5일
인디컴 대표 김태영

지구를 위한 치유 프로그램에 참여하자

"황금알을 낳는 거위가 있습니다. 아마도 우리는 자연을 이 요술 이야기 대하듯 믿었나 봅니다. 오늘 이만큼 훼손해도 내일 또 그만큼의 생명을 갖고 태어나리라 보았기에 겁없이 잘라내고, 파헤치고, 지배하면서 더럽혔던 것입니다. 그것은 '만물의 영장' 인간들끼리도 마찬가지였습니다. 그러나 욕심이 지나친 주인 탓에 거위의 황금알이 다 사라진 것처럼 이제 자연도 인간도 필요충분조건인 서로를 위해 생명을 나눌 여유를 다 잃었습니다. 월간《환경운동》은 파괴된 환경을 찾아 알리고 그 치유를 위한 방법을 꾸준히 제시할 것입니다."

1993년 3월, 환경운동연합 공채 1기로 들어가 월간《환경운동》 창간을 준비하면서 내가 다짐 말로 썼던 문구이다.

그리고 6년여 시간이 흘렀다. 많은 사람들이 심각해진 환경 문제를 염려해 서로 모였고, 지구촌 곳곳에서 자각의 소리도 높아졌다. 그랬어도, 어제나 오늘이나 지구의 위기라는 소리밖에 들리지 않는다.

산업혁명 이후 자연에 대한 끝없는 '정복'으로 세계경제는 일어섰고 사람들의 당장의 생활은 풍요로워졌다. 그러나 정복당한 지구는 황폐해져갔다.

"자연의 정복이라는 말만큼 오해를 불러일으키기 쉬운 표현도 없으리라. 이 말은 인간이 자연의 힘을 완전하게 통제할 수 있다고 하는 거짓 환상을 갖게 한다. 또한 이 말은 자연이라는 것을 인간이 세운 목표에 동원되는 에너지의 원천 정도로 보고 있는 범죄적 자만심에 가득 찬 표현이기도 하다." 르네 뒤보스가《내부에 있는 신》에서 '지구에서의 공생'이라는 규칙을 간단히 저버린 인간을 지적해 한 말이다.

그랬다. 그저 앞면만 보자면, 지구환경 파괴의 피해자는 우선 생물학적 약자인 다른 생물종들이다. 그러나 황폐해진 지구는 곧 부메랑이 되어 인간을

칠 것이다. 인간 또한 지구에서 살 수밖에 없는 생물종에 불과하기 때문이다.

이 책의 1장 '타오르는 지구, 재앙의 땅'은 늘어나는 자동차, 계속 이용되는 화석연료, 에너지 과소비 등으로 인한 지구촌의 총체적인 재앙에 대해 말하고 있다. 폭풍과 홍수, 가뭄과 산불, 질병과 몰살……. 말 그대로 정상적이지 않은 기후현상들이 지구를 강타하고 있다. 어떤 이상기후가 계속될지 과학자들도 정확한 답을 하지 못하고 있다.

만일 현재 수준으로 온실효과를 만드는 가스가 계속 방출된다면 앞으로 10년마다 기온이 0.2~0.5℃ 상승할 것이고 그렇게 되면 바다 높이 또한 10년마다 3~10cm씩 높아져 2030년에는 지금보다 20cm, 2099년까지는 100cm까지 높아질 것이라고 한다. 온실효과로 빙하가 녹고 바다가 팽창한다? '기후변화에 관한 정부간 협의회'는 재앙은 바로 이제부터 시작이라 했다. 황폐해진 지구, 그 사태를 바로잡는 데 우리에게 남겨진 시간은 불과 10년 정도라 했다. 그럼에도 우리는 여전히 '파괴중'이다.

도대체 내일의 지구를 위한 대안은 없는가? 우주에서 생명을 유지하고 양육할 수 있는 단 하나뿐인 곳 지구, 지구가 더 이상 경멸당하고 파괴되지 않도록 우리는 어떤 프로그램을 내놓아야 하는 것은 아닐까? 우리 자신을 구하기 위해서 말이다.

이 책 12장 '미래에너지를 찾아라'는 1장의 문제 제기에 대한 직접적인 답이다. 오늘날 환경 문제의 가장 큰 원인인 에너지 문제, 그 대안은 나타났고 핵심은 매우 단순하다. 재생 가능한 에너지, 즉 자연에서 얻고 자연 속으로 돌아갈 에너지의 이용이다. 그러나 더 근본적인 대안은 우리 세계의 가치관을 바꾸는 일이다. 나는 이 책을 통해 우리가 새로 습득해야 할 두 축의 가치관을 확인하고자 했다.

먼저, E. M. 슈마허가 말한 "작은 것이 아름답다"이다. "현대적 의미의 번영 속에서는 평화의 토대란 구축될 수 없다고 나는 믿는다. 왜냐하면 그러한 종류의 번영이란 것은 탐욕과 시기라는 인간의 감정을 부추김으로써만 실현될 수 있기 때문이다. 탐욕과 시기의 감정은 균형 잡힌 지성과 행복, 나아가서는 인간의 평화를 추구하려는 노력과는 정반대되는 것이다. 꼭 긴요하지 않은 수요를 만들어내고 확대해나가는 것은 지혜로운 것과는 정반대의 것이다. 필요 이상의 수요를 줄이는 것, 이것이야말로 싸움과 전쟁을 일으키는 궁극적 원인을 없애는 유일한 길이다."

사실 우리의 문제는 늘 '보다 크게, 보다 대량으로'에 있었다. 그래서 이 책에서 말하는 지구를 위한 치유 프로그램은 '대량과 대규모'가 아님을 전제로 했다. 한 예로 5장 '21세기, 물전쟁이 벌어진다'에서는 물관리라는 이름으로 공공연하게 자행되는 대규모 파괴와 갈등을 지적하고 물 부족 사태의 대안으로 소규모 프로젝트들의 성공을 보여준다.

환경 문제라는 그 많은 과제들 앞에 이 책에서 꼭 말하고자 하는 또 하나의 축은 지구가 존재해온 본래의 생명력 곧 '자연의 법칙을 유지하라'는 것이다. "지구의 아름다움을 엿볼 수 있는 사람이라면 그 속에 존재하는 끈질긴 생명력 또한 발견할 수 있을 것이다. 새의 이동, 밀물과 썰물의 바다, 막 움트려고 하는 새싹들은 겉으로 드러난 아름다움과 함께 매우 상징적인 그 어떤 뜻을 숨기고 있다. 되풀이되는 자연의 변화에는 어떤 무한한 자기 치유의 힘이 존재하는 것 같다. 밤이 지나면 새벽이, 겨울이 가면 봄이 반드시 찾아오는 것처럼."

레이첼 카슨의 이 말처럼, 겨울 지나 봄이 오듯 지구의 생명력을 소생시키는 것이 이 책에서 말하려는 '치유'다. 그래서 10장 '우리의 미래, 토착민을 보라'가 필요했다. 오늘말고는 어떤 시간도 인식하지 못하며 따라서 내일을 생각지 않고 파괴를 일삼아온 우리들……, 우리가 과거로만 여겨 업신여겼던 토착민들의 삶의 태도, 즉 자연과 생명체에 대한 경외감에서 출발하는 생활자세가 파괴의 시대를 사는 현대인의 고민이어야 하지 않겠는가 묻고자 했다.

더불어 미래의 지구에서 살아야 할 우리 아이들에게 주목해 3장 '자연에서 배우는 아이들'을 마련했다. 아무래도 지구를 치유하자는 프로그램의 완성을 보는 건 다음 세대의 몫이지 싶다. 그 아이들을 교육하자는 데서 말하고 싶은 것은 단 한 가지, "가장 완벽한 환경교육은 아이들 스스로 자연의 일부가 되게 하는 것"이다. 숲에서 숨쉬고 나무와 대화하고 자연의 모든 생명체가 그렇듯 아이들도 스스로 생산해내는 것을 배운다면 미래의 아이들에게는 파괴보다는 창조, 인간보다는 생명공동체가 우선일 것이다.

이렇게, 지구를 위한 치유 프로그램을 마무리할 수 있기를…….

나는 이 책을 만드는 동안 크게 세 가지를 알게 됐다. 먼저, 나는 참으로 인스턴트 시대의 사람이었구나 하는 것이다. 천성인지, 나는 일을 무서워하지 않는 편이다. 겁없이 덥석 덤비고 쉽게 쉽게 해낸다. 그래서 일 잘하는 사람이라는 소리도 꽤 들었다. 처음 인디컴으로부터 '생명시대'를 책으로 엮어보자는 제안을 받았을 때도 잠깐 시간을 투자하면 될 일이겠거니 하고 쉽게 수락했다. 까짓 것 책 한 권 분량의 원고쯤이야……, 두세 달 작업하면 되겠지 했다.

그러나 화면으로 보여진 '생명시대'를 활자로 옮기자니 몇 줄 안 되었다. 화면과 활자의 감동은 그렇게 다른 것 같다. 그러다 보니 쉽게 쉽게 생각했던 처음과는 달리 일이 어려워졌다. '생명시대'만으로는 완성할 수 없는 책, '생명시대'를 책으로 엮는다는 생각을 뛰어넘어 진짜 좋은 환경책을 만들자 싶었다. 인디컴과 학고재가 동의해주었고 나는 다시 기획했다. 월간《환경운동》기자생활 5년 동안 들고 다녔던 옛 취재수첩들과 아까워 버리지 못하고 모아온 자료들까지 다 끄집어냈다. 또 곳곳을 새로 뒤져 자료를 모았고, 처음부터 다시 이 책을 만들게 됐다. 그런 과정에서 계속 보충을 요구하고 수없이 점검하면서, "오래 붙잡고 보고 또 보는 만큼 좋은 책이 되더라구요. 우리 정말 좋은 책 만들어봐요" 했던 학고재의 김은미 씨와 그곳 식구들한테 감동했다.

두번째로 정말 많은 사람들이 많은 자료와 글을 내놓고 있음을 알았다. 처음 원고를 완성했을 때 "이거 짜깁기 아냐" 싶은 회의감에 빠졌다. 내가 직접 다녀보지 않은 나라의 이야기들을 찾아 옮긴 대목들에서는 더 그랬다. 남의 공을 뺏은 듯한 죄책감마저 들었다. '어차피 소설 같은 창작도 아닌데'라며 유치한 자위도 했다. 평소 내가 의지했던 한 선생님이 내 회의감의 정체에 대해 그러셨다. "욕심이 많아서 그래"라고. 네 몫을 너무 크게 생각하지 말라셨다.

그래, 딱 이 정도가 지금의 내 몫인지 모른다. 널려 있는 자료들, 처박혀 있는 자료를 찾아내서 조금이라도 쉽게 보고 이해할 수 있도록 다시 정리하는 일, 그 정도의 재주 말이다.

물론 환경 문제의 영역과 더 전문적으로 다뤄져야 할 이야기들은 무궁무진하다. 또 내 손이 닿지 않았던 곳에 훨씬 좋은 자료가 숨어 있었을 게 뻔하다. 나는 그걸 자연스럽게 인정하기로 했다. 이제 더 많은 사람들이, 더 많은 공을 들여, 더 좋은 책을 만들어내겠지…….

세번째는, 재앙의 땅이 되어가는 지구 그 한구석에 놓인 '나'라는 사람에 대한 부끄러움이다. 지금의 나는 무엇을 했는가, 하고 있는가 싶다. 차라리《환경운동》기자로 그냥 있었더라면 하는 후회도 들었다. 아마도 우리의 환경운동은 환경단체의 상근자들이 하고, 떠들어대는 언론이 하는 거 아니냐는 피해의식 때문인지도 모른다. 보통사람들은 그들이 받아치고 넘기는 대로 휘둘리는 느낌, 그런 피해의식 말이다.

나는 그게 아쉽다. 환경단체의 상근자는 아니지만 나도 환경운동가이고 싶다. 매일 쓰레기 처리로 고민하는 주부로, 배달돼온 전기요금 고지서를 들고 어쩔 수 없이 에너지 절약을 생각하게 되는 시민으로, 그리고 생명의 신비로움을 경험한 어머니로…….

책이 빨리 완성되길 나보다 더 기다려준 가족들, 좋은 글 쓸 거라고 늘 믿음 주던 남편……, 얼마나 힘이 됐는지 모른다. 그리고 함께 월간《환경운동》을 만들 때 꽤나 삐그덕거리며 싸웠던 정문화 주간님, 이제 고인이 된 그분께 나의 부족함을 질책받고 싶다.

1999년 4월
김소희

차례/생명시대

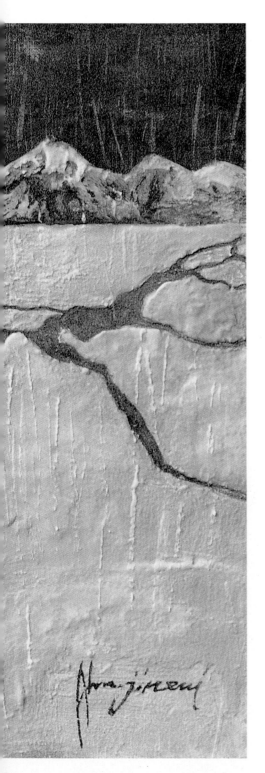

타오르는 지구, 재앙의 땅

지구는 생명을 지킬 여유를 다 잃었다.

인간세계의 성장과 경쟁에 지쳐버렸다.

100년에 한 번 일어날까 말까 했던 재난이

거의 매년 세계 곳곳에서 일어나고 있다.

미국 항공우주국(NASA)의 '고더드 우주연구소'는

모두 지구온난화 때문이라고 했다.

'기후변화에 관한 정부간 협의회'는

"재앙은 이제부터 시작"이라 했다.

폭풍과 홍수, 가뭄과 산불, 질병과 몰살…….

지구는 지금 경고하고 있는 것이다.

페루의 로보스데티에라 섬에서는 바다갈매기들이 주기적으로 '집단 자살'을 했다. 뜨거워진 바닷물이 흘러들어와 플랑크톤이 죽자 그곳에 살 수 없게 된 물고기들이 다른 곳으로 떠났다. 갈매기들도 먹고살 수 없었기 때문이다. 그래도 살고자 하는 바다갈매기들은 지금 내륙까지 찾아들어와 쓰레기 매립장을 뒤지고 다닌다.

　　유럽조명충나방은 빠르게 유럽 대륙의 북쪽으로 서식 범위를 넓혀가고 있다. 2020년까지 이대로라면 이 농작물 해충은 유럽 북부 전 지역을 휩쓸고 다닐 것이다. 물론 그들의 목표는 먹이인 농작물이고 인간은 '적'이 될 게 뻔하다.

　　이미 오래 전부터 보인 '징조'들, 그 재앙이 이제 사람들에게 바로 몰아치고 있다. 미국 최고의 관광명소 플로리다 주의 RV파크가 토네이도에 휩쓸려 아수라장이 됐고, 홍수를 만난 캘리포니아 북부와 네바다 주·아이다호 주 등은 재해지역으로 선포됐다. 브라질 남동부 미나스제라이스 주에서도 집중호우로 2만 1000여 명의 이재민이 발생했다. 40℃ 이상의 고온이 계속된 오스트레일리아에서는 웨스턴오스트레일리아 주 등지에서 50여 건의 산불이 발생했고 토지 2만 1500ha가 소실됐다. 시속 180km의 폭풍우가 영국·프랑스·벨기에 등 서유럽을 휩쓸었고, 티베트와 중국에서는 폭설로 1500여 명의 사람들이

죽었다. 인도네시아는 연무로 2억 달러의 재산 피해를 입었고, 베트남은 예전 같지 않은 홍수로 4억 달러에 달하는 농작물을 잃었다. 인도에서는 폭염으로 2300여 명이 사망했고, 중국은 양쯔 강의 범람으로 무려 3000여 명의 인명과 211억 달러 규모의 재산 피해를 당했다. 방글라데시 역시 전 국토의 3분의 2가 홍수로 침수됐고 700여 명이 숨졌다. 1998년 한 해 동안 말 그대로 '정상적이지 않은' 이상기후가 지구를 강타했다. 그러나 앞으로 또 어떤 재앙이 찾아올지, 과학자들도 정확히 답하지 못하고 있다. 다만 일련의 이상기후들이 단순한 자연재난은 아닐 것이라고 믿는다. 또 다른 기후변수, 즉 지구의 기온변화와 관련이 있을 것으로 본다.

미국 항공우주국(NASA)의 '고더드 우주연구소'는 폭풍과 홍수, 화재와 한파, A급 허리케인 등은 모두 지구온난화 때문이라고 했다. 그 예로 이미 지난 100년 동안 지구 온도는 0.5℃ 상승했음을 상기시킨다. 과거 2만 년 동안 4℃ 정도 상승한 것에 비하면 그야말로 '급상승'한 셈이다.

'기후변화에 관한 정부간 협의회'는

엘니뇨로 페루 해안의 물고기가 사라지자 굶주린 갈매기떼가 내륙까지 날아들어와 쓰레기 매립장에서 먹이를 찾고 있다.

1997년 1월, 브라질 남동부 미나스제라이스 주 라포소스 시를 휩쓴 살인적인 폭우.

열대우림 지역에서는 거대한 산불
이 빈번해졌다.

"재앙은 이제부터 시작"이라 했다. 다른 기상요인들이 지금과 같다고 가정할 때, 세계의 평균기온은 2030년까지 적어도 1℃ 상승할 것이고, 2100년까지는 5℃ 이상 상승할 것이라 한다. 나아가 만일 현재 수준으로 온실효과를 만드는 가스가 계속 방출된다면 앞으로 10년마다 기온이 0.2~0.5℃ 상승할 것이라고 한다. 그렇게 되면 극지방의 빙하와 고산지대의 만년설이 녹아내려 강과 바다가 불어나게 된다. 이미 북아일랜드만한 크기의 얼음덩어리 두 개가 지난 2년 동안 남극으로부터 떨어져나갔다. 남극의 평균기온이 1950년 이래로 2℃ 상승했기 때문이다. 현재 균열이 나타나는 '라센 B' 빙산도 앞으로 2년 내에 녹아 떨어질 것이라 한다.

'세계기후회의'의 시뮬레이션에 따르면, 바다의 높이 또한 10년마다 3~10cm 높아져서 2030년에는 지금보다 20cm, 2099년까지는 65~100cm 높아질 것이라고 한다.

온실효과로 빙하가 녹고 바다가 팽창한다? 도대체 내일, 지구에는 어떤 일들이 벌어질 것인가?

풍전등화에 놓인 섬나라들

만일 지금보다 바다 수위가 1m 가까이 높아진다면? 네덜란드가 물속으로 들어가고 방글라데시 국토의 3분의 1이 사라질 것이다. 바누아투를 비롯한 태평양의 섬들 역시 종말을 맞을 터이다. 특히 알프스의 만년설과 알래스카 영구빙하층이 녹게 되면 스리랑카 서남쪽 인도양의 몰디브쯤은 바닷물이 삼켜버릴 것이다.

적도를 가로지르는 인도양 한가운데 보석처럼 박힌 몰디브는 고대의 해저화산 산맥 꼭대기에 죽은 산호가 쌓여 형성된 섬으로, 1300여 개의 산호섬과 모래톱이 포도송이 모양 또는 고리 모양으로 형성된 환초로 이루어져 있다. 산호들이 거센 인도양의 파도와 바람을 막아주기 때문에 그야말로 열대어들의 천국이다. 몰디브 해안에서 잡히는 물고기의 종류는 어림잡아 1000종이 넘는다고 한다. 그러나 풍부한 어장에도 불구하고 1인당 국민소득은 600달러 수준이다. 몰디브가 가난한 나라 신세를 면치 못하는 것은 크고 작은 섬으로 흩어져 있는 군도이므로 다른 생산활동이 불가능하기 때문이다. 지형적인 이유로 농사도 지을 수가 없어 식량과 생활필수품들은 대부분 스리랑카에서 수입해 쓴다. 몰디브에서 생산되는 것은 어류와 코코넛, 바나나가 전부라고 해도 과언이 아니다. 이러한 속사정은 몰디브가 관광산업에 매달릴 수밖에 없는 이유가 되기도 한다.

그런데 최근 들어 몰디브 여러 섬의 해안선이 깎여나가고 있다. 잔잔하던 바다에 높은 파도가 일면서 해안 침식이 일어나기 시작한 것이다. 이는 파도와 해일을 막아주던 산호초들이 사라졌다는 뜻이기도 하다.

지난 몇 세기 동안 산호와 모래를 마구 채취해온 탓도 있겠지만, 몰디브 사람들은 무엇보다도 지구온난화로 산호가 죽고 있다고 본다. 그들은 지구온난화를 두려워한다. 해발 1.5m가 넘지 않는 야트막한 섬들로 이루어진 몰디브는 해수면이 조금만 상승해도 바닷물 속에 잠길 수밖에 없는,

몰디브 사람들에게는 풍부한 어장이 유일한 생계수단이다.(위)
몰디브는 지형적인 이유로 농사를 짓기가 어려워 관광산업에 매달리고 있다.(아래)

지구상에서 영원히 사라질지도 모르는 절대절명의 위험에 처해 있기 때문이다. 과학자와 전문가 들은 21세기가 되면 몰디브 대부분의 섬이 완전히 물속에 잠길 것이라고 예측하고 있다. 과연 몰디브는 바닷물 속으로 사라질 것인가?

몰디브 곳곳에서 이미 예전 같지 않은 일들이 일어나기 시작했다. 1996년에는 해변가 나무들이 바닷물에 잠기는 등 해수면 상승현상이 눈에 띄게 나타났고, 몰디브 섬 전체에 홍수와 태풍이 잦아지면서 어업활동은 물론 관광행사조차 마비되는 날이 하루 이틀 늘어가고 있다. 공항이 폐쇄되거나 낚시가 금지되는 날도 늘었다. 지난 10여 년 동안 기상 악화가 예전보다 훨씬 빈번해졌다.

"30~40년 후면 이곳을 버리고 다른 나라로 가야 할지 모른다. 슬픈 일이지만 우리는 피난민이 될 것이다. 우리 누구도 이곳을 떠나고 싶어하지 않는다. 여긴 우리의 천국이고 우린 이 천국을 보존하고 싶다. 그런데 지구온난화를 막기 위해서 우리가 할 수 있는 일은 현실적으로 많지 않다. 우리가 뭔가 변화를 가져온다 해도 그것은 지구 전체로 볼 때 매우 미미할 뿐이다. 우리가 할 수 있는 유일한 일은 세계에 지구온난화 문제를 제기하고 국제 포럼에 참가해 세계의 주목을 끄는 것뿐이다."

산호초의 수난

'해양의 열대우림'이라 불리는 산호초, 면적은 전체 해양의 0.17%에 불과하지만 전체 해양생물종의 4분의 1이 이곳에 서식하고 있다. 그만큼 건강한 산호초는 생산력 높은 해양어장일 수밖에 없다. 원양어장에 비해 단위면적당 생산성이 10~100배 정도 높다. 산호초에서 얻는 어획량은 연간 400~800만 톤으로 추산되는데 이는 세계 전체 식량용 어류 어획량의 10분의 1에 가까운 양이다. "개발도상국의 경우 전체 어획량의 20~25%를 산호초에서 얻는다"고 한, 필리핀 대학 해양과학연구소의 존 맥머너스의 말처럼 산호초는 해안과 섬 토박이들의 생활수단이 돼왔다. 산호초는 또 막대한 관광수익을 준다. 카리브 해의 경우 해안관광을 통해 연간 70억 달러 이상을 벌어들인다.

세계 최대 산호 서식지인 오스트레일리아 그레이트배리어리프의 산호숲.

그러나 세계 곳곳에서 산호들이 죽어가고 있다. 코스타리카와 파나마, 콜롬비아와 태평양 연안의 산호 70~80%가, 에콰도르령 갈라파고스 제도에서 백화현상을 앓던 산호의 95%가 죽어가고 있다. 산호가 죽어가면서 더불어 산호초도 사라지고 있다. 산호초가 사라졌을 땐 그 풍부한 어장만 잃게 되는 것이 아니다. 파도에 의한 해안 침식을 막아주던 산호초가 사라지면서 이미 세계 모래 해안의 3분의 2 이상이 침식 피해를 겪고 있다. 한 예로 이제까지 산호초가 보호해주었던 탄자니아의 휴양지 해변은 해마다 5m씩 침식되고 있다.

산호의 생존에 직접적으로 위협을 가하는 요인은 물론 오염과 남획이다. 그런데 최근 들어 지구환경의 변화 또한 산호를 위협하는 한 요인이 된다는 주장이 나오고 있다.

마이애미 대학의 해양생물학자 피터 글린은 1982~1983년의 엘니뇨 기간 동안 산호들은 몇 번의 백화현상을 겪었고 몰디브의 환경운동가 알리 리르완은 국제사회에 몰디브의 운명을 호소하고, 200만 그루의 나무를 심는 등 해수면 상승을 조금이라도 막을 수 있는 여러 가지 프로젝트를 펼치고 있다고 했다. 그러나 지하수 고갈로 비를 기다리거나 다른 섬에서 물을 길어다 써야 할 만큼 심각한 식수난을 겪고 생필품을 수입에 의존해야 하는 가난한 몰디브로서는 '지구온난화 방지'에 투자한다는 게 참 억울한 일이다. 어쩌면 무모한 투자일지도 모른다. 몰디브의 운명은 몰디브가 아닌, 화석연료를 방출하는 선진국과 개발에 열을 올리는 다른 나라들에 달려 있으니 말이다.

인도양의 지상낙원, 몰디브!

몰디브는 과연 지구상에서 영영 사라지고 말 것인가? 아직은 매일 아침이 찾아오고 있지만 불과 50~60년 후 어떤 일이 생길지는 아무도 모른다. 성장과 경쟁에 지친 지구가 언제 몰디브에, 아니 지구촌 모두에게 준엄한 경고를 할는지 아무도 모른다.

한편 1997년 12월 교토에서 열린 '기후변화협약 제3차 당사국회의(교토총회)'는 리우데자네이루 협약 이후 처음으로 지구온난화 방지 실천방안을 마

백화현상을 보이는 산호.

그 대부분이 죽었다고 했다. 피터 글린은 산호의 백화현상은 평소보다 1~2℃ 정도 높은 온도에서 일어나는데 만일 평소보다 4℃ 이상 온도가 높아지면 단 몇 시간 만에 산호의 90% 이상이 죽는다고 말한다. 산호초에 기생하는 작은 해조류는 온도변화에 민감해서 해수 온도가 상승하면 가장 먼저 반응하는데 산호초에 색과 먹이를 공급하는 해조류가 떠나면 산호초는 성장을 멈추게 된다는 것이다.

실제로 엘니뇨의 근원지인 적도 부근 지역에서 백화현상이 보고되고 있다. 1990년 카리브 해 산호들이 탈색되기 시작했고, 1991년에는 페르시아 만과 오만 만을 연결하는 호르무즈 해협의 산호초가 절반으로 줄었으며, 프랑스령 폴리네시아의 산호 85%가 탈색됐고, 해수 온도가 평소보다 2℃ 정도 오른 타이나타이티 지역의 산호가 백화현상을 앓고 있다.

다음은 온도변화가 산호에 미치는 영향을 예측한 것이다.

· 2050년까지 대기중 이산화탄소 농도가 2배가 될 경우 해수의 이산화탄소 농도 증가는 pH를 증가시켜 산호군체의 형성을 방해하고 산호와 경쟁관계에 있는 조류의 성장을 촉진한다.

· 2100년까지 열대지방의 온도가 1~2℃ 상승할 경우 한여름의 높은 수온이 백화현상을 부를 것이다. 산호는 고온에 적응할 수 있지만 온도 상승 속도가 너무 빠르면 산호의 대량 사멸을 피할 수 없게 된다. 결국 열대지방에서 산호가 서식할 수 없게 될 것이다.

· 2100년까지 해수면이 60cm 상승할 경우 건강한 산호는 100년 동안 약 100cm까지 성장할 수 있지만 성장 속도가 느리거나 건강하지 못한 산호는 해수면 상승으로 익사하게 된다. 해안 침식으로 산호초가 토사에 묻히게 되면 더 이상 성장하기 어렵다.

련하기 위한 자리로 168개국이 참가했다. 해수면 상승으로 풍전등화에 처한 39개국 섬나라들은 '소제도국가연합(AOSIS)'을 결성해 참석했다. 이들 국가들은 지구온난화로 해수면이 높아지는 것을 막기 위해 2005년까지 온실가스 배출을 20% 줄이자고 호소했다. 그러나 일률적인 온실가스 배출 규제에 반대하는 선진국과 경제발전 논리를 앞세운 개발도상국의 첨예한 대립으로 온실가스 배출을 현재보다 5.2% 감축하자는 것으로, 교토총회는 막을 내렸다.

"우리는 교토총회의 결과에 매우 실망했다. 온실가스의 배출 감소를 약 20% 정도로 예상했는데 결과는 5.2%였다. 우린 만족할 수 없다. 섬나라들에는 생사가 걸린 문제이기 때문이다. 과학자들의 예측이 맞는다면 1세기 후 섬나라들은 거의 사라질 것이다. 우리 몰디브 같은 섬나라들이 지구온난화로 인한 첫번째 피해자가 되겠지만 결국에는 전 인류가 영향을 받게 될 것이다."

몰디브의 환경부장관 알리 라피크가 경고한 대로 벌써 이상한 징후들이 전 세계에서 나타나고 있다. 영국에서는 해수면 상승이 일어날 경우 영국 영토 일부를 포기해야 할 것이라는 내용의 비밀문서가 파문을 일으켰다. 1990년 공개된 문제의 보고서에는 이러한 상황을 두고 '조류 시한폭탄'이라고 묘사했

지구온난화로 지금보다 해수면이 1m 가까이 높아진다면 몰디브는 바다 속에 잠길 것이다.

다. 해수면이 상승할 때 '통제된 후퇴'를 하는 것이
수백만 달러를 들여 안벽(岸壁)을 짓는 것보다 낫
다며 해수면이 상승할 경우 정부는 잉글랜드 동부
지방의 상당 부분을 바다에 잠기도록 내버려둘 수
밖에 없을 것이라는 내용이었다.

　'유엔환경계획(UNEP)'은 해수면이 상승하면
타이의 수천 헥타르에 달하는 비옥한 농경지가 소실
될 것이라고 1992년 발표했다. 또 이미 1년에 60~
90cm씩 사라져가고 있는 미국 동부 해안은 앞으로
25년 이내에 사라질 것이라 한다. 이렇게 되면 세계
적으로 유명한 미국 남동부 플로리다 반도의 에버글
레이즈 습지와 아차팔라야 습지는 완전히 물속에 잠
기게 되는 것이다.

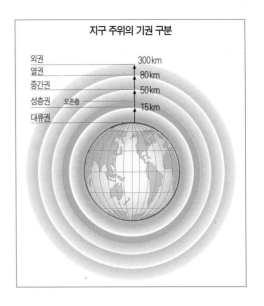

지구 주위의 기권 구분

외권　　　　　　　　300 km
열권　　　　　　　　80 km
중간권　　　　　　　50 km
성층권　　오존층　　15 km
대류권

기후변화 부르는 대기오염

구름 덮인 청색 보석 지구. 1953년 캘리포니아 공과대학의 클레어 C. 패터슨
박사는 지구와 지구를 형성하는 많은 운석의 나이가 45억 5000만 년이라고
했다. 그러나 파리 대학의 클로드 J. 알레그레라는 학자는 일부 운석은 약 45
억 5000만 년 전에 형성되었고, 지구는 그 후 1억 2000만~1억 5000만 년 동
안 작은 행성의 충돌에 의해 계속 성장한 것이라고 주장했다. 결국 44억 1000
만~44억 4000만 년 사이에 지구는 대기를 형성하며 만들어지기 시작했다는
것이다.

　지구의 진화에서 대기 형성은 매우 중요하다. 왜냐하면 대기는 지구를 둘
러싸고 있는 기체층으로 생명체의 생존을 가능케 하는 가스의 집합체이기 때
문이다. 대기는 우주로부터 지상의 생물을 지켜주고 생물이 살아갈 수 있는 조
건을 제공해준다. 우주로부터 끊임없이 쏟아지는 자외선·적외선·유성 등이

대기에서 산화되거나 걸러진다. 대기는 또 적도의 열을 고위도로 이동시켜 지구의 평균기온을 15°C 내외로 유지해준다.

대기권은 온도 분포의 특징에 따라 4개의 층, 열권·중간권·성층권·대류권으로 나뉜다. 지표로부터 14.5km 안팎에 있는 대류권은 지표면에 태양열 흡수가 이루어지는 층인데 하부의 온도가 상부보다 높아 구름·비 등의 기상현상이 나타난다. 적도에서 받은 에너지를 고위도로 이동시키는 대류현상이 이 안에서 일어나는데, 오후 2시경 적도지방에 적운(積雲)이 형성되고 소나기가 내리는 것도 그 때문이다. 또한 대류권에서의 강우는 대기오염물질을 정화하는 역할을 한다. 그러나 대기오염이 심해지면 대류권의 정화기능과 태양열 반사기능도 떨어져 지구온난화가 진행된다.

성층권은 대류권 상부로부터 약 50km까지를 말한다. 성층권 중 지표로부터 20~25km에 있는 것이 오존층이다. 생물의 세포분자를 파괴하는 짧은 파장의 자외선이 대류권으로 내려가지 못하도록 자외선을 다 흡수하는 오존층에서는 대류현상이 거의 없고 구름 또한 만들어지지 않는다. 그러나 화산이나 폭풍 등에 의해 간헐적으로 대기오염물질이 성층권으로 들어가는데, 이렇게 유입된 대기오염물질은 수년 이상 성층권 내에 남아 오존층을 파괴한다.

지구온난화 주범 찾기

"만화를 보았는데, 불쌍해 보이는 한 사람이 간단한 음식을 끓이고 있을 때 잘 차려 입은 신사가 나타나서 당신 때문에 지구가 더워지고 있다고 하더라."

1997년 12월 일본 교토에서 열린 '기후변화협약 제3차 당사국회의'에서 슈레이드 의장이 한 발언이다. 그는 전 세계 이산화탄소 배출량의 3분의 2를 발생시키면서도 제3세계 신흥공업국가에 책임을 떠넘기기 바쁜 선진국을 '잘 차려 입은 신사'로 비꼬아 말했다.

영국 기상청 산하 하들리 연구센터가 제작한 컴퓨터 시뮬레이션. 지구 표면의 평균온도가 계속 상승하고 있음을 보여주는 것으로, 왼쪽부터 1860~1870년의 지구는 파란색(0°C 이하)이 많은 반면, 1990~2000년의 지구는 노란색(0°C 이상)이 대부분이다. 2060~2070년의 지구는 온통 붉은색(2~3°C)을 띠고 있다.

이산화탄소의 배출량은 80% 이상이 산업활동에서 비롯된다. 1995년 '세계자원연구소'의 발표에 따르면 미국은 59억 8000톤의 이산화탄소를 배출해왔는데 이는 전 세계 이산화탄소 배출량의 25%에 이르는 양이라 한다. 이렇게 이산화탄소를 실컷 배출하면서 부자나라로 커온 미국 등 선진국들은 석탄·석유 같은 화석연료 대신 공해가 적은 대체에너

새로운 무기, 자동차

세계 자동차의 대부분은 북아메리카와 유럽에 있다. 로스앤젤레스의 대도시권에만 해도 중국·인도·파키스탄·방글라데시의 자동차 대수를 합한 것보다 2배가 넘는 자동차가 있다.

우리나라도 이미 자동차 등록대수 1000만 대를 '돌파'했다. 두 집에 1대꼴로 자동차를 갖게 된 것이다. 2009년에는 2000만 대가 된다고 한다. 자동차가 100만 대였던 1985년 서울의 경우 대기오염물질의 27.4%가 자동차 때문에 발생했는데, 자동차 1000만 대 시대를 맞은 지금 그 비율이 80.6%로 엄청나게 늘어났다. 즉 자동차 '1000만 대'는 대기오염의 상징이 되어버린 것이다.

자동차는 차량수, 주행거리, 주행속도, 연료의 종류 등에 따라 다양한 오염물질을 내놓는다. 주행속도가 느릴수록 대기오염물질 배출량이 늘어난다는 사실은 잘 알려져 있지만 그 정도는 일반인이 생각하는 것보다 훨씬 심하다. 일산화탄소를 예로 보자. 평균 주행속도가 시속 20km에서 10km 정도로 감소한다면 일산화탄소 배출량은 약 50% 증가한다. 교통체증으로 주행속도가 시속 5km 정도로 떨어진다면 놀랍게도 일산화탄소 배출량은 128% 정도 증가한다

지를 사용할 준비를 마쳤다. 이제 그들은 자신들의 과거는 까마득히 잊고서 제3세계 신흥공업국가들에게 지구온난화라는 재앙을 막기 위해 모든 나라가 똑같이 온실가스의 배출을 줄이자 한다. 그러나 제3세계 신흥공업국들은, 정작 지구온난화를 재촉한 나라들은 선진국인데 이제 와서 대체기술의 지원 없이 제3세계 국가들의 유일한 에너지 수단인 화석연료 사용을 제재하는 것은 선진국들이 대체에너지 개발기술을 제3세계에 비싸게 팔고, 무역 압력을 가하기 위한 수단이라며 반발한다.

분명 선진국의 주장은 공정하지 못하다. 보다 공정한 해결책은 선진국들이 에너지 효율이 낮은 제3세계 국가들에게 이산화탄소 배출량을 낮출 수 있는 기술과 자금을 지원하는 것이다. 이것은 제3세계 국가들의 반발을 없앨 뿐만 아니라 나아가 기술과 자금을 지원받기 위해 제3세계 국가 스스로 규제를 강화하게 하는 계기가 될 것이다.

왜 선진국이 이산화탄소 배출량을 줄이는 데 필요한 비용을 지불해야 하는지 그 이유는 아주 명료하다. 풍요로운 그 나라들이 바로 오늘날 지구온난화를 부른 주범이기 때문이다. 또 한 나라가 다른 나라의 이산화탄소 배출량을 줄이는 데 투자한다는 것은 온실효과를 지구촌 공동의 과제로 받아들이는 상징이 된다. 더불어 앞으로 개발의 방향을 화석연료로부터 벗어나게 하는 전환점이 될 것이다.

한편 우리나라는 현재 세계 12위의 이산화탄소 방출국이다. 이대로라면 2010년에는 세계 6위로 부상할 것이라 한다. 국제사회의 지탄을 받기 전에 우리 정부와 산업계가 감축 의지를 보여야 할 때다.

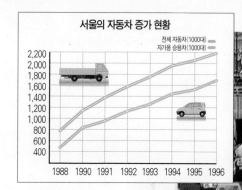

서울의 자동차 증가 현황

전체 자동차(1000대)
자가용 승용차(1000대)

기하급수적으로 증가하는 자동차
가 대기오염의 주범으로 지목되
고 있다.

고 한다. 일산화탄소가 대기중 10만 분의 1만 포함되어도 30분 뒤면 사람이 죽
는다고 한다. 또 자동차 엔진 휘발유의 약 1%는 작은 알갱이로 공중에 흩어지
는데 그 중 절반은 휘발유 속에 있는 납 조각이다. 또 자동차가 달릴 때 타이어
가 도로와 마찰되면서 생기는 고무 조각들도 먼지가 돼서 공중으로 떠오른다.

우리나라는 휘발유보다 오염도가 높은 경유 사용 자동차의 비율이 36%
정도로, 5% 이내인 미국과 10% 정도인 일본 · 독일 · 프랑스와 같은 선진국
에 비해 훨씬 높다. 이처럼 우리나라 전체 차량 중에서 경유 사용 자동차 비
율이 높은 이유는 아주 간단하다. 미국 · 독일 · 영국과 같은 나라에선 휘발유
와 경유 가격이 거의 같은데 우리나라는 경유가 휘발유보다 3배 정도 싸기 때
문이다. 우리나라의 경유 가격은 산유국 수준만큼 저렴한 셈이다. 결국 '외국
에 비해 현저히 낮은 자동차 운행비용 → 자동차의 과다 이용 → 교통 혼잡과
정체 발생 → 유류 소비량의 증가 → 자동차 배출가스로 인한 대기오염의 심
화'라는 악순환이 되풀이되고 있다.

지구온난화와 사막화 부르는 '현대의 고기'?

지구에는 12억 8000만 마리의 소들이, 지구 땅덩이의 약 24%를 차지하고 있
다. 소들의 무게를 모두 합하면 지구 전체 인구가 차지하는 무게를 능가한다고

한다. 또 전 세계 쇠고기 생산량의 4분의 1은 미국인들이 소비하는데 한 해에 한 사람이 30kg 정도의 쇠고기를 먹는다. 이를 위해 하루 24시간 동안 10만 마리의 소가 도살되고 있다.

대규모 축산단지는 사막화의 주요 원인이 된다. 한 달에 408kg의 식물을 먹어치우는 소 한 마리에게 물과 영양분을 재순환시키는 데 필요한 식물을 다 빼앗긴 땅은, 그나마 1cm²당 4.3kg의 압력으로 압박하는 소의 발굽에 의해 나날이 약해져 바람과 물에 쉽게 침식된다. 미국에서는 소에 의한 목초지 사막화가 심각한 환경 문제로 떠오르고 있다. 특히 서부의 식물 유형과 땅의 형태를 변경시키는 데 수많은 소들의 발굽과 입이 끼친 영향은 그 지역에서 이루어진 수리공사 · 노천탄광 · 발전소 · 고속도로 건설 · 구획분할 개발 등을 모두 합친 것보다 크다고 한다.

지구온난화에 대한 쇠고기의 '기여'도 무시할 수 없다. 곡물을 사료로 하는 축산단지는 온실효과를 일으키는 세 가지 주요 가스인 메탄 · 이산화탄소 · 일산화질소를 방출한다. 사료로 기른 0.45kg의 쇠고기를 생산하자면 4.5*l*의 가솔린이 필요한데, 평균 4명으로 구성된 미국 한 가정의 연간 쇠고기 수요를 충족하기 위해서는 1180*l* 이상의 화석연료가 필요하다. 게다가 소들이 먹는 사료용 곡물을 생산하는 데 이용되는 석유화학비료 또한 질소산화물(일산화

대규모 축산단지의 소들이 내뿜는 메탄가스의 양은 대도시 쓰레기 매립장의 방출량을 능가한다.

탄소·이산화탄소 등)을 뿜어내는데, 이 질소산화물은 현재 지구온난화에 6% 정도의 책임이 있다. 그런가 하면 소들은 '방귀'를 통해 지구온난화를 초래하는 가스 중 18%의 위력을 발휘하는 메탄을 방출한다. 소들이 내보내는 메탄가스의 양은 이탄(泥炭)습지·벼논·매립장의 방출량을 능가한다.

구멍난 오존층과 프레온가스

1998년, 지구 주위를 돌던 한 인공위성이 놀랄 만한 자료를 보내왔다. 남극 상공에 캐나다만한 구멍이 뻥 뚫려 있는 것이다. 오존층 구멍은 남극에만 있는 것이 아니라 오스트레일리아와 북극에도 나타나고 있으며 우리나라까지도 오존층의 두께가 얇아지고 있다.

　　오존층 파괴로 가장 먼저 희생되는 생물은 플랑크톤이다. 바다 표면에서 광합성을 하는 플랑크톤은 자외선에 매우 약하기 때문이다. 다행히 자외선을

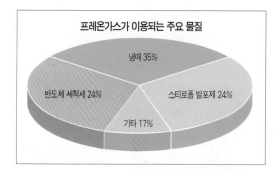

프레온가스가 이용되는 주요 물질

냉매 35%
반도체 세척제 24%
스티로폼 발포제 24%
기타 17%

피해 바다 속 깊이 들어간다고 해도 빛이 부족해 광합성을 하기 어려우니 결국 살아 남기 힘들 것이다. 이미 남극 바다에서는 플랑크톤의 광합성량이 8분의 1이나 줄었다. 강한 자외선은 땅 위의 식물에도 큰 영향을 미치는데 200여 종의 식물에 자외선을 쪼이는 실험을 해본 결과 3분의 2 정도가 장애를 보였다고 한다. 그래서 학자들은 오존층 파괴로 자외선량이 늘어나면 식량위기가 닥칠 것이라고 한다. 게다가 오존층이 파괴되면 지구의 온도가 올라가고 지구촌 곳곳의 사막화 현상을 가속화한다. 지금도 한 해에 남한 면적만큼이나 되는 땅이 사막으로 변해가고 있다고 하니 놀라운 일이다.

　　오존층을 파괴하는 주범은 바로 프레온가스. 프레온가스의 염소 원자 하나가 무려 10만 개의 오존분자를 파괴하며 일단 성층권까지 올라간 프레온가스는 오존층을 파괴하면서 최고 300년까지 머무를 수 있다. 프레온가스는 1929년에 미국의 '뒤퐁'사가 발견하였고 '제너럴 모터스'에서 냉장고를 차갑게 하는 냉매제로 개발되어 엄청난 양이 쓰였다. 프레온가스는 냄새도 독성도

없으며 불에 타지도 않는 물질로 냉장고나 에어컨의 냉매, 스티로폼 발포제, 드라이클리닝 용제, 반도체나 정밀부품의 세척제, 스프레이와 같은 분사제로 다양하게 이용된다. 남극 상공에 생긴 오존층의 구멍을 메우려면 적어도 2000년까지는 프레온가스 생산을 완전히 중단해야 하는데 그럴더라도 2050년경에야 구멍이 복구될 것이라고 한다.

1996년 세계 환경운동단체들은 '오존층 보호의 날'을 정했다.(위) 1997년 교토총회 회의장 앞에서 우리나라 환경단체들은 온실가스 감축을 요구하며 퍼포먼스를 벌였다.(아래)

프레온가스는 그 동안 미국·일본·영국·프랑스 등 선진국에서 80% 이상을 사용해왔다. 이들 국가에서는 프레온가스가 오존층을 파괴한다는 사실을 알고부터 프레온가스 사용을 법으로 막기 시작했다. 유엔이 이 문제에 개입했고 선진 공업국들이 모여서 '오존층 파괴물질에 대한 몬트리올 의정서'를 채택했다. 지난 1987년의 일이다. 20여 종의 오존층 파괴물질을 규제하는 이 의정서는 1989년부터 발효되고 있다. 선진국은 2000년부터, 저개발국가들은 2010년부터 발포제·스프레이·소화기·냉장고·에어컨 등 프레온가스가 사용되는 생산품의 생산을 중지해야 한다. 몬트리올 의정서가 맺어지자 미국과 스웨덴, 노르웨이 등은 오존층 파괴에 결정적인 역할을 하는 프레온가스 사용을 금지했다. 특히 미국은 1991년부터 프레온가스를 사용한 수입품에 높은 관세를 물리고 있다.

우리나라도 몬트리올 의정서에 가입했다. 그러나 아직 우리나라를 비롯한 많은 나라들은 프레온가스를 대신할 물질을 개발하지 못했거나 개발했어도 실용화 단계에 이르지 못해 선진국이 이미 개발한 대체 물질을 비싼 값에 수입해야 할 지경이다.

재생 불가능한 에너지의 한계

수천 년 동안 인간사회의 기초를 이룬 에너지는 대부분 사람의 노동력이었다. 사람은 땅을 일구고 나무를 베고 잡초를 제거해 밭을 만들고 관개수로를 개설하는 등 수많은 작업을 동물의 도움 없이 원시적인 도구로만 해냈다.

사람 외에 가장 손쉬운 동력은 동물이었다. 당나귀같이 초기에 가축화한 동물은 수천 년 동안 짐 운반용으로 쓰였다. 낙타도 매우 쓸모 있는 동물로, 터키에서 이집트에 이르는 지중해 연안과 중국을 오가는 대상로의 짐꾼이었다.

한편 연료원으로는 장작이 주로 쓰였다. 장작은 구하기도 쉽고 마르면 잘 탔고 대부분 공짜였다. 그래서 숲은 베어져나갔다. 서서히 숲이 고갈되어갔고, 결국 목재가 부족해지자 숯값이 폭등했다. 1717년 영국 웨일스에 건설된 용광로는 숯을 확보하지 못해 지은 지 4년이 되어도 가동하지 못했으며 결국 문을 닫았다. 사람들이 새로 숲을 조성하지 않고 숲을 '채굴'해내기만 해 에너지가 부족해졌으니, 에너지 위기는 스스로 자초한 것이다.

17세기 들어 에너지원이 심각하게 부족해지자 서유럽, 특히 영국에서는 그때까지 저급한 에너지원으로 취급됐던 석탄을 사용하게 된다. 그런데 석탄의 사용은 단순히 하나의 에너지가 다른 에너지로 대체된 것 이상의 사건이었다. 이전까지 인류는 인력·축력·수력·목재 등 재생 가능한 에너지를 사용해왔지만 이제 화석연료, 즉 재생 불가능한 에너지를 선택하게 된 것이다.

태안 화력발전소.(사진 박병상)

20세기 초 중동·나이지리아·베네수엘라 등지에서 거대한 유전이 발견되자 석탄의 중요성은 석유에 밀리게 됐다. 석유를 이용하면서 전기를 보급하는 발전소가 건설되었고 증기기관차도 디젤이나 전기기관차로 바뀌었다. 석유 공급은 나일론·레이온·플라스틱 같은 인공 화학제품을 만들었고, 또 기계와 로봇을 활용해 생산과정을 자동화하기도 했다. 가정용 전기의 수요도 폭증했고 자동차의 증가에 따라 석유의 수요는 더 커졌다. 그러나 화석연료는 곧 고갈될 것이다. 통계에 따르면 석탄은 수백 년, 석유는 43년, 천연가스는 58년 안에 바닥이 날 것이라고 한다.

20세기 말 세계 각국에서는 미래자원에 대한 우려로

남극 제임스로스 섬의 빙하들이
녹고 있다.

태양열 · 풍력 · 수력 · 쓰레기의 이용 등 재생 가능한 에너지원에 대한 관심
이 높아졌다. 그러나 이러한 대체에너지가 세계 에너지 소비량에서 차지하는
비중은 아직 미약하다. 사람들은 수천 년 동안 나무를 마치 무궁무진한 듯 사
용해오던 습관대로 여전히 재생 불가능한 자원에 의존하고 있다.

긴급 메시지, 지구가 이상하다!

1997년 2월, 남극을 탐험한 그린피스는 지구온난화를 뒷받침할 몇 가지 현상
을 확인했다. 남극 대륙은 지구 전체 표면적의 2.7%를 차지하면서 지구 전체
얼음의 90%가 밀집돼 있는 곳이다. 이곳 얼음이 모두 녹아내릴 경우 지구의
해수면은 70m 상승할 것으로 보고되고 있다. 그린피스는 과거에 두꺼운 얼음
층으로 항해가 불가능했던 제임스로스 섬을 처음으로 항해했다.
　　"우리가 항해한 이곳은 수십만 년 전부터 두꺼운 얼음으로 덮여 있던 곳
이다. 그런데 이곳을 항해하게 되다니……, 온도 상승에 의한 빙하 붕괴는 기

지구온난화로 남극 빙상에 틈이 생겼다.

후변화가 극지방에까지 영향을 미치고 있다는 증거이다." 그린피스의 기후 캠페이너 마틴 크루게는 바로 그렇기에 얼음층 사이를 항해하는 그 새로운 경험 따위를 즐길 수가 없었다고 한다.

지구온난화의 영향은 남극의 펭귄 수가 감소하고 있는 데서도 나타난다. 지난 20년 동안 남극 파머 관측기지 주변의 아델리펭귄 수가 1만 5200마리에서 9200마리로 격감했다.

"기후변화는 자연적인 현상만이 아니라 인간이 야기한 부분이 분명히 있다"고 말하는 마틴 크루게는, 그 부분이 얼마나 큰지 알 수 없지만 그렇다고 가만히 앉아 있을 수도 없는 일이라고 했다.

스코틀랜드에서 서쪽으로 309km쯤 떨어진 대서양 포이나벤 유전지역. 외딴 바위섬 같은 그린피스의 주력함 그린피스 호가 짙은 안개를 뚫고 나타난다. 자욱하던 새벽 안개가 걷히면서 드디어 거대한 몸집의 석유시추선도 모습을 드러낸다. 석유 메이저 '쉘'과 경쟁하고 있는 영국 정유회사 'BP'의 석유시추선 스테나디이다. 그린피스 호는 바로 이 스테나디와 대치하고 있다.

남극 펭귄의 서식지 토거슨 섬. 빙하가 녹으면 펭귄들은 어디로 가야 하나?

수면 위로 드러난 높이만도 30m가 넘는 석유시추선의 기둥 한 곳에는 이미 그린피스 대원들이 '생존 캡슐'을 설치하고 농성중이다. 'BP' 직원들도 며칠째 이 골칫거리 캡슐을 주시하고 있다. 석유시추선 스테나디는 노르웨이 해안을 출발해 이곳 포이나벤 유전지역으로 이동하던 중 그린피스라는 상대하기 난처한 복병을 만난 것이다.

그린피스 호의 선실 안에서는 25명의 행동대원과 캠페인 총감독 · 카메라맨 · 엔지니어 등이 출동을 위한 작전회의를 하고 있다. 이날 출동할 대원은 디테르, 하겐, 프랭크, 퍼트리샤이다. 전문 산악장비로 무장한 이들은 각국 지부 사무실에서 어떤 상황에서도 출동할 수 있도록 훈련을 받았다.

행동대원 퍼트리샤는 말한다. "400개가 넘는 북해의 석유시설을 비롯해 세계 곳곳에 많은 유전이 있다. 이 화석연료를 모두 사용할 경우 어떻게 될까? 우리는 이미 심각한 기후변화를 경험하고 있다. 더 이상의 원유개발 중지를 요구한다."

쇠사슬과 난간에 의지한 채 자일을 풀고 있는 행동대원 하겐, 그리고 이동할 다른 지점을 찾고 있는 영국인 행동대원 프랭크……, 목숨을 건 그들의 시위에도 불구하고 스테나디는 원유 시추지점으로 고집스레 향하고 있다.

그린피스가 대서양 한복판에서 대기업의 석유시추선과 싸움을 벌이고 있는 이유는 무엇일까?

1997년 4월, 영국 정부는 전 세계가 30년을 쓸 수 있는 막대한 원유가 매장된 포이나벤 유전지역의 원유개발을 허가했다. 이제 곧 세계 유수의 석유기업들이 포이나벤 등 대서양의 25개 협곡지역에 찾아와 원유개발에 착수할 것이다. 그린피스는 영국 정부가 사전 환경영향평가 없이 원유개발 허가를 내준 점, 마침 이 지역이 '유럽 생물서식처보호협약'에 의한 해양생물 특별보호구역이라는 점 등을 이유로 원유개발 저지활동에 들어간 것이다.

탐사장비의 부속품을 빼내 시추활동을 방해하고 드럼통 등을 던져 일직선으로 움직이는 석유시추선의 진로를 방해하는 등 40여 일이 지나도록 그린피스와 시추선 간의 쫓고 쫓기는 공방전이 계속됐다. 스테나디에 매달기 위해 그린피스 대원들이 제작한 현수막은 그린피스의 주장을 그대로 대변한다.

"더 이상의 원유개발을 중지하라!"

영국 그린피스 캠페이너 리츠 프랫이 그 이유를 설명한다. "30~40년 후에는 화석연료를 완전히 추방해야 한다. 현재 화석연료의 25%만 사용해도 심각한 기후변화가 예상되는데 새로운 원유개발은 무모한 짓이다. 그것이 이 캠페인의 핵심이다. 우리는 영국 정부가 원유개발을 중지하고 태양열과 같은 대체에너지를 찾기를 요구한다."

온실효과와 엘니뇨로 인한 지구촌의 기상이변

적도 부근 동태평양은 평상시엔 서태평양보다 수온이 낮다. 지구의 자전에 따라 동쪽에서 불어오는 바람에 바닷물이 밀려나가면서 바다 밑바닥 찬물이 위로 올라오기 때문이다. 이를 '용승(湧昇)현상'이라 하는데 이에 따라 바닷물의 온도가 높은 서태평양에서는 공기 온도까지 높아져 상승기류가 생기고 저기압 상태가 된다. 서태평양 쪽에 강수량이 많은 이유가 여기에 있다. 그런데 무슨 이유에선가 이런 흐름이 바뀌는 때가 있다. 먼저 동풍이 약해진다. 그에 따라 용승현상도 약해지고 바닷물의 온도가 올라가면서 평소 아메리카 대륙에서 오스트레일리아로 흐르던 바닷물의 방향까지 오스트레일리아에서 아메리카 대륙으로 역전시키는, 이른바 '엘니뇨'로 이어진다. 엘니뇨는 대략 9월에서 다음 해 3월 사이, 특히 크리스마스를 전후해 자주 발생한다. 그래서 스페인어로 '아기 예수' 또는 '작은 사내아이'라는 뜻의 엘니뇨라 불리게 된 것이다.

지금까지의 기록으로 보면 1951년 이후 1998년까지 13번의 엘니뇨가 발생했다. 이렇게 엘니뇨가 발생하면 태평양 주변국뿐만 아니라 아시아, 아프리카까지 정상적인 기후 조건이 파괴된다. 미국 '월드워치 연구소'의 크리스 브라이트는 엘니뇨가 지구온난화와 관련이 있다고 본다. 그는 지구온난화로 인한 기상이변과 겹쳐 엘니뇨의 발생주기가 짧아지고 기상이변의 강도도 커지고 있다고 말한다.

엘니뇨가 경제에 미치는 영향도 막대하다. 바닷물의 온도 상승은 광범위한 수중 생태계의 붕괴를 초래하여 플랑크톤 등의 먹이를 잃은 어류의 수가 급격히 줄어들고 가축의 사료를 다른 식물성 또는 인공의 것으로 제공해야 하는 등 뜻하지 않은 비용 상승으로 이어진다. 1970년대 '안초비 파동'도 그 경우다. 가축의 사료로 쓰이던 안초비가 줄어들자 여기저기서 콩을 사들이게 됐고, 이에 따라 전 세계의 콩값이 마구 올라갔다. 이 파동의 여파로 당시 우리나라에서도 두부값이 올랐다고 한다. 엘니뇨는 또 에너지, 수송, 농업 등에도 타격을 준다. 한 예로 태평양과 대서양을 잇는 파나마 운하의 수심이 엘니뇨로 계속 낮아지면서 통과 선박에 대한 중량 제한이 가해지고 있다. 이 때문에 한 번 실어나를 물량을 여러 번에 나눠 나르게 되어 물류비용도 덩달아 높아졌다.

한편 라니냐(작은 소녀)는 엘니뇨와는 반대의 현상으로, 무역풍이 평소보다 강해지면서 적도 부근 동태평양의 해수 온도가 낮아지는 경우다. 이 현상은 주로 극심한 가뭄과 추위를 몰고 온다.

중국
1998년 1월 티베트와 중국 서부 칭하이 성 일원에 큰 눈이 내려 약 1500명이 동사하고 최소한 9만 마리의 가축이 얼어죽었다. 이 재해를 극복하자면 4~5년은 걸릴 것이라고 한다. 1998년 봄에는 중국 북부 간쑤 성과 중부 후난 성 등지에 폭우가 내려 75명이 숨졌고, 5월에는 남부에 홍수가 닥쳐 55명이 숨지고 수십만 명이 고립되었다. 6월 중순에는 양쯔 강 유역에서 홍수가 시작됐다.

유럽
1994년 여름철 동안 사상 최악의 폭서가 유럽을 관통했고 그 결과 네덜란드, 헝가리, 폴란드 등 유럽 전역은 가장 무덥고 일조량이 많은 여름을 겪어야 했다. 또한 스페인에서는 대규모 산불이 발생했고, 이듬해 독일 해안에서는 해조류가 과도하게 번성했다. 1998년 유럽의 남부 발칸에서는 50년 만에 처음으로 40℃를 웃도는 폭염이 나타났다.

아프리카
아프리카 최빈국의 하나인 탄자니아는 1997년 사상 최대의 홍수로 인해 국가 철도망이 마비됐으며, 1997년 10월 이후 각종 전염병으로 108명이 사망했다. 케냐 북부와 소말리아 남부에서도 콜레라 등 전염병의 피해가 늘었고, 우간다는 주요 수출품인 면화, 구리 등의 소실로 국내총생산의 44%에 달하는 피해를 입었다.

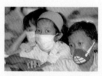

아시아
1998년 인도의 수도 뉴델리와 다른 4개 주에서는 48℃까지 오르는 살인적인 불볕더위로 수백 명이 병원에 입원했으며, 정전과 단수는 물론 학교가 휴교하는 사태가 벌어졌다. 필리핀 남부 민다나오 섬도 가뭄과 산불로 식량 사정이 크게 나빠져 주민 100만 명이 기아에 허덕였다. 인도네시아에서는 가뭄에 따른 산불이 몇 개월째 계속되면서 초유의 연무사태가 발생했고, 몇 달 사이에 30만 ha의 삼림이 잿더미로 변했다. 50년 만에 최악의 가뭄을 맞은 파푸아뉴기니에서는 식수 부족과 흉작으로 수백 명이 목숨을 잃었다.

오세아니아
1994년과 1995년 오스트레일리아와 뉴질랜드 곳곳에서 발생한 홍수와 가뭄은 산불이 원인이었다. 남부 뉴질랜드는 사상 최대의 가뭄을 겪었다. 오스트레일리아에서도 가뭄이 계속되어 밀, 카놀라, 보리, 면화, 당밀 작황이 큰 피해를 입었다. 당시 폴 키팅 오스트레일리아 총리는 이 가뭄을 두고 돌발적인 재난이 아니라 기후변화에 따라 주기적으로 찾아드는 자연재해라고 밝힌 바 있다.

미국

1997년 4월 미네소타와 노스다코타 주를 덮친 엄청난 폭우와 폭풍으로 고속도로가 통제되고 정전되는 사태가 있었다. 캘리포니아에서는 폭우로 모든 집들이 지붕만 남기고 물에 잠겼다. 1998년 텍사스 주 등 남부지방에서는 40℃ 이상의 열파로 133명이 목숨을 잃었다.

남아메리카

엘니뇨의 근원지이자 단골 피해지역인 페루와 에콰도르에서는 1997년 봄부터 1998년 봄까지 내린 폭우로 600명이 사망했고 직접적인 재산 피해액만 6억 5000만 달러에 달했다. 특히 페루의 경우 1998년 3월 중순 12시간 동안 120mm의 폭우가 쏟아져 가옥 2000채가 사라졌다. 볼리비아 북부 티푸아니 산악지역에서도 같은 이유로 50여 명이 사망했고, 아르헨티나 동북부에서는 약 15만 명의 수재민이 발생했으며 270만 ha 가량의 농경지가 침수됐다. 1997년 브라질에서는 1926년 이래 최악의 가뭄으로 열대우림에 산불이 번져 벨기에 크기만한 정글이 잿더미로 변했다. 이 불이 강풍을 타고 인접국인 베네수엘라와 가이아나로 번져 피해 면적은 더욱 커졌다. 화재지역은 100년간 원상회복이 불가능하다고 한다. 특히 아마존 강 유역 4만 명의 원주민들이 아사 위기에 놓였으며, 야노마미족은 보호구역마저 잃을 지경이었다. 유동인구 3000만의 세계 최대 도시이자 고원도시인 멕시코시티는 가뭄과 산불, 그리고 식수난에 허덕였다. 멕시코에서는 1998년 봄 동안에 무려 1만 3000여 건의 산불이 발생해 서울의 7배에 가까운 원시림이 사라졌다. 기관지 및 피부병 환자가 속출하는 등 연무 피해도 잇따랐다.

마셜 제도

서태평양의 마셜 제도는 1998년 들어 4개월째 계속된 가뭄으로 풀과 나무가 말라 죽고 곳곳에서 먼지구름이 하늘을 덮었다. 또 식수원이 메말라 최악의 식수난을 겪었다.

이제 어디에서 살아갈 것인가

비정상적으로 따뜻했던 겨울이 6년 동안 계속된 뒤인 1993년 1월, 모스크바의 기온은 예년에 비해 4.5°C나 높았다.

"최근의 고온현상은 아마도 온실가스가 원인인 듯싶다. 온난화 현상은 앞으로도 계속될 것 같다." 러시아 기상청 알렉산드르 바실리예프의 말이다.

1991년 뉴질랜드는 1950년대 이래 기온이 0.5°C 상승했고, 미국 역시 최고로 따뜻한 겨울을 보냈다. 1992년 캐나다의 동토층 온도가 1970년대에 비해 1.5°C 올랐다.

세계보건기구(WHO)는 지표면의 온도가 2°C 상승하면 모기의 서식지가 40~60% 가량 늘어난다고 했다. 그 말을 바로 증명이나 하듯 모기가 기승을 부리면서 말라리아 같은 전염병 대책에 비상이 걸렸다. 모기가 옮기는 말라리아는 아주 무더운 열대지방에서만 발생했다. 하지만 이제 이 질병은 지구상의 45% 이상의 지역에서 발생한다. 지구온난화가 6°C 이상의 기온상승을 가져온다면 말라리아 같은 질병이 지구상의 60% 이상의 지역에서 창궐하게 될 것이다. 아프리카 르완다에서는 기온이 2°C 올라가자 말라리아가 337% 이상 증가했다. 현재 이 병은 지구상에서 매년 200만 명 이상의 목숨을 앗아가고 있다. 《미국의학협회지》는 다음 세기 중간쯤이면 말라리아로 죽어가는 환자의 숫자가 300만 명에 이를 것이라고 했다.

지구온난화가 유발하는 병원균과 기생충의 이동은 더 위협적이다. 불개미, 흰개미, 말벌, 진드기 등의 벌레뿐만 아니라 유행성 출혈열 바이러스를 퍼뜨리는 야생들쥐의 숫자도 급속히 증가했다.

1993년 뉴멕시코 주 포코너에서는 76명이 목숨을 잃었다. '한타 바이러스' 때문이다. 한타 바이러스는 쥐가 옮기는데, 많은 강우량과 지루한 가뭄 뒤에 만연한다. 이 두 가지 기후조건은 이제 지구상에서 일상적인 현상이 되어가고 있다. 또 다른 위협은 따뜻한 기온과 높은 수온에서 발생하는 콜레라다. 1991년 남미에서는 콜레라로 무려 5000명이 사망했다. 필리핀 남부에서도 1998년 들어 119명의 콜레라 환자가 발생했다.

곤충해로 인한 피해 사례는 세계 곳곳에서 기록되고 있다. 1991년 겨울 백색파리떼가 캘리포니아 남부의 겨울 과일 및 채소밭을 덮쳤고, 1992년 12월 오스트레일리아 동부에서는 집중호우가 내려 그 동안의 가뭄이 해갈되자 난데없는 메뚜기떼와 구더기 무리가 양떼를 덮쳤다. 오스트리아와 독일에서는 1992년부터 3년 연속 무더운 여름이 계속된 후 느릅나무좀과 곤충이 수천 헥타르의 삼림을 공격하는 사상 최악의 기록을 남겼다. 영국 남부와 스코틀랜드 등지에서는 왕성한 식욕을 가진 나방이 몰려와 숲과 경작지를 습격해 순식간에 벌거숭이로 만들어버렸다. 미국의 대표적인 곡창지대인 네바다 주와 애리조나 주에서는 1998년 4월 최적의 번식 환경을 맞은 메뚜기와 흰개미, 모기, 좀벌레 등 수백만 마리의 곤충떼가 들판과 집을 습격했다.

우리나라도 예외는 아니었다. 경기도에서는 1997년 여름까지 2명에 불과하던 말라리아 환자가 1998년에는 22명이나 발생했다. 특히 1994년 엘니뇨 시기에는 봄 가뭄과 열대야 등의 기상이변으로 홍역이 전년도보다 100배, 말라리아는 20배, 유행성 이하선염은 4배 가량 높게 나타났으며, 1997년 엘니뇨 시기에도 여름철 전염병이 20여 일 빨리 출현했다. 보건복지부는 1998년 4월 말까지 법정 전염병 환자가 1912명이라고 발표했는데 이는 1997년 같은 기간보다 무려 32배나 높은 수치이다.

산불이 계속된 인도네시아에서는 연무로 인해 많은 사람들이 호흡기질환을 앓았다. (위)
1997년 교토총회 기간 동안 우리나라 환경단체 회원들은 선진국들이 이산화탄소 배출량을 20% 감축하라며 시위를 벌였다. (아래)

그런데 기상이변으로 생명을 위협받는 건 인간보다도 다른 생명체에서 더 극단적으로 나타난다. 지구촌 곳곳에서 야생동물들이 엘니뇨로 수난을 당하고 있다.

진화론의 무대가 되었던 태평양 동부 갈라파고스 제도 13개 섬에서도 이상고온이 지속되면서 심각한 변화가 나타나고 있다. 1982년 엘니뇨 당시 이곳의 이구아나 중 70%가 주식인 녹조류의 부족으로 죽어갔으며, 갈라파고스펭

권의 80%, 가마우지의 45%가 사라졌다.

1998년 인도네시아 보르네오 섬의 계속된 화재로 2~3만 마리에 달하던 오랑우탄은 현재 몇백 마리 정도만 남았다. 삼림이 사라지면서 마하캄 강의 물도 줄어 여기에 서식하던 약 200마리의 민물돌고래들도 생존이 위태로운 상황이다. 수마트라 섬의 코끼리와 호랑이는 물론 자바의 코뿔소도 굶어 죽을 위기에 처했다.

북극 고위도 지방에서는 계절에 걸맞지 않은 따뜻함이 바다표범의 눈동굴을 무너뜨리고 어린 카리부(순록의 일종) 새끼들의 서식지를 빼앗아버렸다. 또 작은 얼음덩이들이 녹아버리자 물개의 숫자가 덩달아 줄었고 더불어 북극곰은 벼랑 끝으로 내몰리고 있다.

아프리카의 광범위한 사막화로 나무가 마르고 우물이 사라지자 다시 살 곳을 찾아 떠나는 '환경난민'의 모습.

기후변화는 식물의 계절 감각도 망가뜨렸다. 1981년부터 1991년까지 전 세계적으로 봄철 식물의 성장이 8일이나 앞당겨져 지구 식생에 커다란 변화를 불렀다. 기후온난화가 식물의 개화기와 성장기를 교란하는 것이다. 식물들이 지금의 계절 감각대로 살자면 앞으로 기온이 $1°C$ 올라갈 때마다 북쪽으로 64km 또는 고도상으로 55m 정도씩 이동해야 한다. 그래서인지 미국 몬터레이 만의 해상식물들은 해수 온도가 60년 전에 비해 $4°C$ 이상 올라가자 벌써 북쪽으로 옮겨가고 있다. '가문비나무'처럼 성장이 아주 빠르고 추위에 강하며 씨가 가벼운 나무들은 1년에 91cm쯤 옮겨갈 수 있다고 하니 다행히 살아 남을지도 모른다. 그러나 대부분의 식물종들은 100년에 단 몇 미터 이동할 수 있을 뿐이다.

만일 대기권에 이산화탄소가 2배로 증가하면 특히 취약한 나무들은 북쪽으로 274cm, 심한 경우 549cm 이상 이동해야 한다. 이동중에 죽는 나무들과 아예 이동도 하지 못하고 썩어버릴 나무들로 숲은 고통스러울 것이다. 다음 세기의 숲은 우리가 상상할 수 없는 모습을 하게 될지도 모른다.

한편 담수어종들은 식물들보다 더 이동에 자유롭지 못하다. 연어, 송어와 같이 찬물에 살아야 하는 어종들이 곤경에 처해 있다. 물의 온도가 $5°C$만 올라가도 송어는 살아 남을 수 없다. 태양을 기준으로 언제 이동할지를 판단하는 철새들도 어느 순간 지역의 기온과 자신의 생존에 필수적인 생물이 일치하지 않는다는 것을 발견하게 될 것이다. 대서양에 접해 있는 미국 델라웨어 만을 통해 이동하는 철새들은 날아갈 힘을 얻기 위해 게를 잡아먹는다. 만약 지구온난화 때문에 게들이 알을 낳기도 전에 도착한다면 철새들은 먹이를 구하지 못하게 된다.

특정한 기후를 조건으로 해서 살아온 동물이나 식물은 사람처럼 쉽게 이동할 수가 없다. 과거의 기후변화는 전체 생태계가 이동할 만한 여유를 보장하면서 느리게 일어났지만 지금 기후변화 속도는 엄청나게 빨라졌다. 빙하시대가 끝나고 지난 1만 년 동안 지구는 5℃ 정도 더워졌고 생태계는 이런 변화에 점진적으로 적응해왔다. 그런데 이제는 그와 비슷한 기온 상승을 단지 100년 사이에 겪고 있다. 이 어지러운 변화 속도를 인간과 동식물의 생태계가 견뎌낼 수 있을까?

급격히 변화하는 기후에서는 어떤 먹이든 상관없이 먹고, 재빨리 이동할 수 있는 생물만이 살아 남을 것이다. 움직임이 둔한 식물들과 이에 의존해 살아가는 동물들은 아예 탈락하여 도태될 것이다. 또 서늘한 기온에 익숙한 고산 식물들은 산을 오르기 시작해 마지막에는 산을 넘어 어디론가 가야 할 것이다. 도대체 이들은 어디까지 옮겨갈 수 있을까? 인간이 부른 재앙으로 서식지를 빼앗긴 모든 생물종들은 어디로 가야 하나?

도시 폭발, 탈출하라!

세계인구 58억 명 중 24억 명이 도시에 산다.

그 절반이 넘는 13억 명은 제3세계 '메갈로폴리스'에 산다.

매일매일 부를 생산하는 도시 속에도

빈곤과 질병에 허덕이는 빈민들이 있다.

또 꾸역꾸역 늘어나는 인구와 자동차로

도시는 폭발 직전이다.

인간이 만든 도시, 그러나 인간이 소외되는 도시.

사람들은 이제 도시를 탈출하려 한다.

숲으로 둘러싸인 프라이부르크의
주거지역.

독일 프라이부르크는 인구 8만의 도시이다. 이곳은 라인 강과, 젓나무가 빽빽이 들어찬 슈바르츠발트(검은 숲)로도 유명하다.

　　1992년 6월 프라이부르크 시의회는 환경도시를 향해 첫발을 내디뎠다. 정부 건물이나 정부가 임대·판매하는 토지 등 시정부가 영향력을 행사할 수 있는 모든 부동산에 대해 에너지 저소비형 건물만 짓도록 명령한 것이다. 단열제 사용과 태양에너지 이용 등을 조건으로 한다. 또 시정부로부터 토지를 구입해 짓는 건물은 1년 동안 1m²에서 사용할 난방에너지가 65kW를 넘지 않게 했다. 일반 가정 난방에너지의 2분의 1만 쓰게 하는 것이다.

　　프라이부르크는 독일 최초로 시간제 전기요금제도를 도입한 도시이기도 하다. 기본요금이 없는 완전한 종량제로 에너지를 덜 쓰는 사람이 그만큼 돈을 적게 낸다. 그래서 모든 가정에 피크 타임과 활동시간, 야간에 따라 에너지 소비가 다르게 계산될 수 있도록 새로운 전력 미터기를 설치했다. 에너지 절약에 경제적인 인센티브를 주는 것이다. 또한 프라이부르크는 시 안에 자체 전력회사를 설립했다. 밤이나 낮이나 항상 필요한 전력은 외부의 큰 전력회사에서 사오지만 활동시간대의 전력이나 피크 타임의 전력은 지역 내에서 생산하기로 했다. 지역 열병합발전소를 갖는 것이 외부에서 전기를 사오는 것보다 훨씬 저렴하고 효율적이기 때문이다. 또 프라이부르크 시정부는 사람들이 필요한 전기를 스스로 생산하도록 장려하고 있다. 그래서 소규모 발전을 하는 사람에게 시는 재정 지원을 하고 피크 타임의 전력 수요를 그들로부터 구매하기도 한다. 태양열이나 수력, 풍력 등을 이용해 전기를 생산하는 개인이나 단체는 사용하고 남은 전기를 프라이부르크 전력회사에 다시 팔 수도 있다.

프라이부르크의 폐기물 처리 원칙은 소각 반대와 재활용 정책이다. 이 도시는 재활용할 수 있는 자원을 낭비하고 폐기물의 증가도 막지 못한다는 이유로 소각 정책을 피하고 있다. 대신 시민의 수고와 기업의 노력을 택했다. 이를 위한 핵심적인 제도는 '그리네풍트 제도'. 주민들이 폐기물을 분리수거하면 처리나 운반은 시정부가 하고 폐기물의 재분류 및 리사이클링은 리사이클링 회사나 폐기물을 발생시킨 회사가 하게 돼 있다. 이때 포장지 생산자 · 제조자 · 포장인 등은 오염자 부담 원칙에 따라 시정부가 운영하는 '두알 시스템'이라는 기관에 면허료를 지불하고 그리네풍트라는 녹색 표지를 받는다. 그리네풍트는 재활용 분류의 전제조건이다. 이렇게 해서 쓰레기의 80%가 재활용되고 있다. 완전 폐기되어 매립지로 가는 쓰레기는 20%밖에 안 된다고 한다.

또 매립지로 간 쓰레기까지도 재사용한다. 프라이부르크의 쓰레기 매립장은 연간 4500톤을 매립하는데, 이곳의 폐기물가스는 난방에너지로 재사용되고 있다. 매립장에 수송관을 묻어 주택지 근처의 공장으로 수송해 물탱크에 290~330mb의 압력으로 저장하면 90% 재사용된다. 1만 명의 주민이 이 폐기물가스로부터 3000kW의 전기와 6000kW의 열을 얻는다. 특히 겨울이나 여름에 부족한 전기를 폐기물가스로 충당한다.

독일의 다른 도시들과 마찬가지로 프라이부르크는 자전거가 기본인 도시이다. 완벽한 자전거 위주의 교통신호체계를 갖추고 있다. 그 예로 자전거가 먼저 좌회전

슈바르츠발트는 독일 사람들이 숲의 중요성을 인식해 만든 인공림이다.

을 한 다음 자동차가 그 뒤를 따라 좌회전을 하게 되어 있다. 자전거를 가지고 지하철이나 버스를 탈 수도 있다. 지하철이나 버스 안에 자전거 싣는 공간을 따로 마련해두었기 때문이다. 또한 지하철 역이나 학교, 쇼핑센터 등에도 반드시 자전거 주차장이 있다.

'환경도시' 프라이부르크에 가자면 명심해둘 것이 있다. 슈퍼마켓에 갈 때 꼭 장바구니를 들고 가야 한다는 것이다. 슈퍼마켓에서 비닐봉투를 주는 사람도, 요구하는 사람도 없다. 모두들 장바구니를 준비해 온다. 광목천을 바느질해서 만든 이 멋없는 장바구니는 학생들 사이에서 종종 책가방으로 이용되기도 한다. 그러나 어쩔 수 없이 비닐봉투를 사려면 50페니, 우리 돈으로 270원을 내야 한다. 만일 가까운 프랑스처럼 거의 모든 상점에서 비닐봉투를 그냥 주는 식이었다면 천 장바구니의 영광은 실현될 수 없었을 것이다. 오랫동안 사용할 수 있는 천 장바구니를 제쳐두고 일회용 비닐봉투에 적은 돈이나마 투자할 이유가 없다는 것이 독일식 경제관이다.

프라이부르크에서는 음료수나 맥주를 낱개로 사는 사람이 매우 드물다. 교환되지 않는 유리병에 담긴 음료수를 마시는 사람은 병값에 포함된 재처리 비용을 스스로 부담하는 꼴이 되며, 나중에 지정된 장소에 설치된 1.7m 높이의 거대한 함석 폐기함에 따로 버려야 하는 번거로움도 있다. 반면 교환이 가

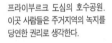

프라이부르크 도심의 호수공원. 이곳 사람들은 주거지역의 녹지를 당연한 권리로 생각한다.

능한 병에 담긴 음료수를 구입하면 병값을 나중에 되돌려받는다. 1만 원쯤 하는 20병 짜리 맥주 한 상자를 나중에 교환할 경우 상자값까지 포함해 3500원 가량을 돌려받는다. 결국 포장용기와는 무관하게 음료수 가격만 지불한 셈이다. 이렇게 해서 교환된 음료수 병이 재사용되는 비율은 총 음료수 병의 75% 이상을 차지한다.

유리병 하나도 색깔별로 다 따로 수거하게 만들어놓았다.

또 이 도시의 대학생들은 모두 컵을 갖고 다닌다. 커피 자판기에 자신의 컵을 넣기 위해서이다. 자판기에서 나오는 일회용 컵을 되돌려주면 40페니, 즉 240원 정도를 돌려받는다. 종이컵 하나가 240원이라면 우리나라 자판기의 커피 한 잔 값이다. 이렇게 프라이부르크는 사람들이 환경 친화적인 생활로 바꾸지 않으면 안 되게 해놓았다.

에코+폴리스≠서울

과거 서베를린의 베딩과 동베를린의 프렌츨라우어베르크 사이, 동서를 가르는 장벽을 따라 온통 지뢰밭이었던 베를린 시가 이제 '에코폴리스 베를린!'을 꿈 꾼다. 에코폴리스는 도시의 구조와 기능을 자연 생태계와 조화시키고 시민의 생활양식도 환경과 더불어 이룬다는 미래형 도시다.

에코폴리스 베를린의 첫 사업은 공원 조성이다. 민족을 갈라놓았던 냉전 의 상징이던 장벽을 평화의 공원으로 바꾸자는 시민들의 뜻을 받아들여 베를 린 시는 총 조성 면적 15ha의 장벽공원을 만들었다. 또 동베를린의 모자라는 녹지대를 보충하기 위해 프렌츨라우어베르크 공원과 프리드리히스하인 공원 을 하나로 연결하기로 했다. 이를 위해 두 공원 사이의 차도와 공장을 모두 없 애기로 했다. 이 계획에는 주차장 역시 없다. 자동차 억제 정책에 따라 새로 만 들지 않았고, 이미 있던 주차장마저 헐어버렸다.

그뿐 아니다. 도시의 기온이 주변부보다 올라가는 열섬현상을 최소화하기 위해 공기의 이동로에 신경을 썼다. 녹지대를 강이나 연못, 습지로 연결하거나 운하나 철도 주변으로 통하게 했다. 도시의 더운 공기가 상승했을 때 그 빈자리를 외곽의 찬 공기가 채울 수 있도록, 이른바 공기 순환로를 만든 것이다.

베를린 시는 '생태지도'도 작성했다. 5년에 걸쳐 시의 생물 생태를 조사해 서식지 중심으로 분류했는데, 희귀식물 서식지는 짙은 녹색, 지하수 오염 우려 지역은 분홍색 등 색깔을 달리해 만든 촘촘한 지도에는 생태계 파괴를 가속화한 원인이 무엇이고 대책이 무엇인지도 기록돼 있다. 가령 고사리과 식물 중 210종은 서식지 파괴에 의해 멸종했고, 173종은 물의 오염으로 사라지고 있다는 식이다. 이를 바탕으로 짙은 녹색 지대는 자연보호구역으로 지정해 일체의 개발을 금지하며, 분홍색 지대 부근의 공장은 다른 곳으로 이전하거나 오폐수의 유출을 철저히 통제한다는 식의 개별 행정수칙을 수립했다.

또 베를린 시내 곳곳에서 아스팔트 포장을 뜯어냈다. 먼저 베를린 중심부의 모아비트에서부터 아스팔트 도로를 보도 블록으로 교체해 빗물이 자연스럽

메갈로폴리스를 인간적인 도시로!

방콕 시 인구의 3분의 1은 공공수도의 혜택을 받지 못하고 노점상에게서 물을 사야 한다. 단 2%의 시민만이 하수시설이 있는 집을 가졌을 뿐인 이 도시에서 더 이상 지하수는 식수로 적합하지 못한 실정이기 때문이다. 필리핀의 마닐라 시 외곽에는 거대한 쓰레기더미 산인 '스모키 산'이 있다. 이곳에서 수백 명이나 되는 도시빈민이 고물을 수집하며 산다. 카이로의 빈민 수만 명은 아예 지상 납골당이나 넓은 공동묘지 주변의 천막에서 살아가고 있다. 카리브 해의 아이티 여성들은 하수구에서 더러운 물로 빨래를 한다.

1964년 로널드 레이스는 판자촌과 불법적인 주거공간, 오염의 고통에 시달리고 있는 이와 같은 거대도시를 '메갈로폴리스'라는 단 하나의 낱말로 표현했다. 즉 그 누구도 제어할 수 없이 멋대로 자라고 있는 도시라는 뜻이다. 세계인구 58억 명 중 최소 24억 명이 도시에 산다. 유엔은 2005년쯤에는 세계 예상인구 66억 명 가운데 2분의 1인 33억 명이 도시에 거주할 것이고, 2015년에는 4분의 3이, 2025년에는 예상인구 80억 명 가운데 5분의 4가 도시인이 될 것이라 했다. 특히 '경제성장'에 아직도 한참 열을 올리고 있는 제3세계를 중심으로 도시 집중이 나타날 것이라고 했다.

현재 제3세계의 도시인구는 13억 명에 달한다. 그런데 이들 가운데 약 6억 명이 '메갈로폴리스'에 살고 있으며, 매년 1000만 명이 그 속에서 죽어간다. 유니세프는 2025년쯤 제3세계에서 태어날 아이 10명 중 6명이 도시 태생이며, 해마다 500~

필리핀 마닐라에 있는 스모키 산에서 쓰레기를 뒤지는 빈민들(위)과 브라질 도심에서 흔히 볼 수 있는 거리의 아이들(아래). 모두 메갈로폴리스의 상징이다.

게 땅속으로 스며들도록 한 뒤 '아스팔트
제거법'에 관한 책자를 만들어 다른 지역으
로 확산시켰다. 1989년 통일을 맞았을 때
동베를린 쪽은 도로변에 변변한 가로수마
저 없을 정도로 자연환경이 엉망이었다. 그
러나 분단의 상처를 씻듯 오염원을 제거하
고 통일국가 건설과 맞춰 베를린을 복구해
냈다. 그것도 확실한 '에코폴리스'로.

자전거 이용을 보장하는 것, 독일
생태도시들의 기본 조건이다.

　　이렇게 베를린뿐만 아니라 프랑크푸르트 · 뮌헨 · 함부르크 등 독일의 도
시들은 일찌감치 생태도시의 조건을 갖추려 애써왔다. '비오톱 네트워크'와
'자전거 타운'이 그 기본 조건이다.

　　독일 도시들에서 흔히 볼 수 있는 텃밭들은 바로 독일 국민들의 소중한
자연학습장인 '시민농원'이다. 시민농원은 정부가 국유지나 공터를 농장으로
개발해 시민들에게 싼 가격에 임대한 것이다. 정부는 임대인의 농장관리 실태

유엔이 발표한 세계 10대 도시권과 인구의 변화
(단위: 100만 명)

	1950년	1980년	2000년
1	뉴욕 12.3	도쿄 16.9	멕시코시티 25.6
2	런던 8.7	뉴욕 15.6	상파울루 22.1
3	도쿄 6.7	멕시코시티 14.5	도쿄 19.0
4	파리 5.4	상파울루 12.1	상하이 17.0
5	상하이 5.3	상하이 11.7	뉴욕 16.8
6	부에노스아이레스 5.0	부에노스아이레스 9.0	캘커타 15.7
7	시카고 4.9	로스앤젤레스 9.5	봄베이 15.4
8	모스크바 4.8	캘커타 9.0	베이징 14.0
9	캘커타 4.4	베이징 9.0	로스앤젤레스 13.9
10	로스앤젤레스 4.0	리우데자이네루 8.8	자카르타 13.7

600만 명의 어린이가 열악한 주거, 엉망인 보건환경에서 사망할 것이
라고 추정한다. 게다가 도시화에 따른 여러 가지 문제—주택 · 환경 ·
범죄 · 교통 · 가족 해체 · 남성 노동력의 도시 집중 등—로 15세 정도
의 여자아이들이 매춘시장에 유인될 것이라고 했다.

　　인간적인 도시계획에서 가장 중요한 것은 메갈로폴리스의 거주자,
즉 사회적 약자들에 대한 세심한 배려다. 도시의 새로운 모습 창조
라는 가면을 쓰고 실시되는 빈민가 철거사업처럼 계획자들의 골칫거
리를 '청소'해버리는 식의 발상은 인간적인 도시를 보장할 수 없다.
또 변화된 사회의 특성을 고려해야 한다. 핵가족으로 가족구성이 변
하고 맞벌이가 늘고 있는 만큼 주택과 직장이 한 지역에 공존하는 생
활공동체, 집에서 할 수 있는 작은 일거리 보장, 어린이와 노인을 보호

하는 시설 등도 배려해야 한다.

　　대중교통체계를 압도할 정도로 인구밀도가 높아진 아시아의 몇몇 도시들은 아예 도시공간을 재구성하려 한다. 싱가
포르는 저소득층을 대상으로 직장과 가정을 한 지역에 두는 주택사업을 추진했다. 교통망을 확장하지 않고서도 시내의
교통 혼잡을 부분적으로 완화하는 방법이다. 파키스탄 카라치의 '메트로빌'이라는 도시개발 사업도 싱가포르와 유사하
다. 직장에서 도보로 출퇴근할 수 있는 거리에 주택을 건설하고 옷감이나 가구, 기타 제품을 가정에서 생산할 수 있게
해 출퇴근 교통량을 감소시키는 것이다. 남아메리카와 아프리카에서도 이와 유사한 정책을 통해 직장과 서비스 부분,
주택 등을 함께 다루고 있다.

를 정기적으로 점검해 관리가 소홀하다 싶으면 몰수하거나 과태료를 부과한다. 어설픈 땅투기꾼들이 기웃거리는 것을 방지하기 위해서이다. 시민농원은 삭막한 콘크리트 도시를 생명이 살아 꿈틀거리는 생태도시로 만들기 위한 '비오톱 네트워크'의 한 내용이다.

비오톱(biotop)이란 야생생물이 서식·이동하는 데 필요한 소규모의 생태공간을 말한다. 각각의 비오톱이 여기저기에 산재해 있다면 곤충이나 새가 서식 장소를 확보할 수 있다. 옥상이나 지붕 녹화·인공 습지·텃밭 등 소규모의 비오톱을 많이 확보해 연결하는 것이 비오톱 네트워크의 주내용이다. 수목으로 뒤덮인 지붕은 여름철 실내 온도를 2~3.6°C 낮춰 16~31%에 이르는 에너지 절약 효과를 볼 수 있다고 하니 그야말로 일석이조다.

'자전거 타운'은 독일 환경부가 자동차 배기가스 감소 방안의 하나로 추진한 것이다. 현재 독일의 자전거 대수는 약 4500만 대, 보급률 56%로, 국민 2명당 1대꼴이다. 지하철 역·버스 정류장·주요 빌딩마다 자전거 보관소가 설치돼 있고, 외지에서 온 방문객들을 위해 도시 중앙역마다 자전거 대여소도 갖추었다. 정부는 또 주차요금과 대중교통요금을 높게 책정하고 자전거에 1m 이상 접근하는 차량에는 벌금을 물리는 등, 철저한 자전거 우대 정책을 펴고 있다.

한편 1990년 워싱턴 '인구위기위원회(PCC)'가 세계 100대 도시를 상대로 흥미있는 생활보고서를 낸 바 있다. 공공의 안전도, 생활공간, 환경의 질, 주거조건, 공중보건 등 10개 분야에 걸쳐 평점을 매겼는데 서울은 46위의 '보통시'로 채점됐다. 서울이 받은 평점은 네 등급 가

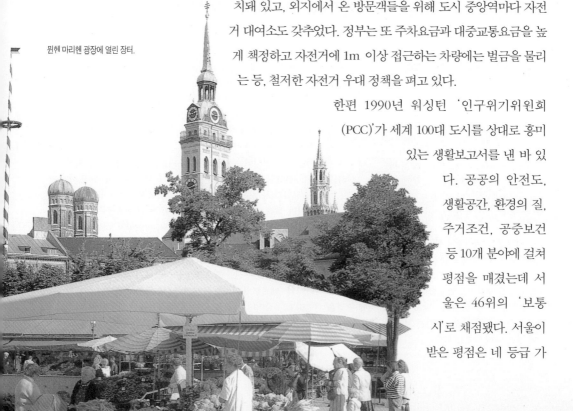

뮌헨 마리헨 광장에 열린 장터.

운데 세번째 등급에 해당한다. 두번째 등급('좋다')을 받은 싱가포르 · 타이베이 · 홍콩 등에 비해서 상당히 낙후된 것으로 드러났다. 특히 서울시의 교통은 신속성 · 편리성 · 안전성의 세 가지 요소 중 한 가지도 충족시키지 못하는 '교통지옥'으로 평가됐다.

오늘의 세계 도시 문제를 건축가의 입장에서 또는 건축적 시각에서 토론하고 방향을 탐색한 '애니와이즈(Eanywise) 서울'이라는 행사가 1995년 6월에 있었다. 우리나라에서 모처럼 열린 국제건축토론회인 만큼 한국의 도시 문제를 세계적인 전문가들이 어떻게 보고 있는지 확인할 수 있었다.

《도시적 경험》《포스트모던의 조건》 등의 책을 쓴, 존스홉킨스 대학의

아파트만 빽빽한 분당 신도시.

데이비드 하비 교수는 "서울은 내용이 형식을 앞서버렸다. 전통적인 도시는 형식이 있는데 서울은 형식이 생기기도 전에 '필요를 채우다 보니' 내용부터 분출해 도시다운 모습을 갖추지 못했다"고 평했다. 또 분당 신도시를 둘러본 미국의 건축가 마사오 미요시는 "분당 신도시를 보면 저 거대한 아파트군이 10년, 20년 뒤 어떻게 될까 생각해보게 된다"고 했다.

도대체 서울과 신도시의 문제는 무엇인가, 그리고 미래에는 어떤 모습이어야 하는가.

희망의 도시 쿠리티바

'인간적인 도시'로는 브라질 남동부 파라나 주의 쿠리티바 시를 꼽는다. 쿠리티바 시는 인구 170만 명, 한 해 예산 2억 5000만 달러(2000여 억 원) 규모의 도시다. 인구 규모가 쿠리티바와 비슷한 우리나라 인천시의 한 해 예산이 1조 3000억 원이니, 쿠리티바는 예산이 인천의 6분의 1에 불과한 가난한 도시다.

　　쿠리티바 역시 1950년대부터 급속한 인구 증가와 자동차 증가로 제3세계의 다른 도시들처럼 심각한 도시화를 겪었다. 특히 1970년대 농업 기계화로 농민들이 도시로 몰려들었고, 이들 이주민들은 시 외곽에 무허가 판잣집을 짓고

열섬으로 바뀌는 멕시코시티

1987년 2월, 멕시코시티의 하늘을 날던 수천 마리의 새가 떨어져 죽었다. 이 갑작스런 사건에 놀라 새의 시체를 조사해본 결과 심장·폐·간 등에서 납과 카드뮴, 수은 등이 검출됐다. 학자들은 멕시코시티의 대기오염으로 인한 것이라 했다. 사실 멕시코시티는 '열섬효과'가 나타나는 대표적인 도시이다.

멕시코시티가 이처럼 오염의 도시가 된 이유는 4000~5000m 높이의 산으로 둘러싸인 분지라는 지형적 요인과 인구 2000만이 넘는 거대도시로 무계획적인 팽창을 해온 점, 도시 내부에 산재한 공장과 자동차 매연 등에서 찾을 수 있다. 멕시코시티에는 징유공장과 화력발전소를 비롯해 3만 5000여 개의 공장이 시내 곳곳에 산재해 있다. 이 오염원들이 뿜어내는 오염물질로 인해 멕시코시티의 대기중에는 중

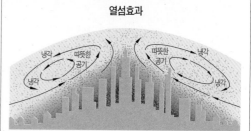

열섬효과

냉각　따뜻한 공기　따뜻한 공기　냉각　냉각　냉각

대도시에서는 주택·사무실·공장 등에서 나오는 오염물질이 공기의 흐름을 막는다. 또 높게 솟은 빌딩과 계곡 같은 거리 때문에 도시지역은 낮 동안 많은 양의 태양에너지를 흡수하며 밤에도 오랫동안 열을 저장한다. 이 따뜻한 공기와 오염물질들이 도시의 중심 부분으로 모이는데, 이런 현상을 '열섬효과'라 한다.

멕시코시티의 버려진 아이들이 지하철 환풍구에 모여 자고 있다.

금속을 함유한 먼지가 하루 40톤이나 떠다니는 실정이라고 한다. 공기가 얼마나 더러운지 시내 여기저기에 공중전화 부스처럼 생긴 산소호흡시설까지 마련되어 있고, 호텔은 멕시코시티를 방문하는 여행자에게 창문을 열어 환기하지 말라고 주의를 줄 정도이다.

2000만 명의 멕시코시티 시민들은 두통·불면증·무기력·구토 등의 증세를 호소한다. 그들이 체내에 보유하고 있는 중금속의 농도는 독일과 미국에 비해 무려 20배 이상이라고 한다. 전문가들은 모유 속에도 중금속이 많이 함유되어 있으므로 아이들에게 모유를 먹이지 말라는 경고까지 한다.

그런데 멕시코 정부는 높은 화산 봉우리에 거대한 선풍기를 100개쯤 설치해 인공으로 바람을 일으켜 하늘에 덮인 더러운 공기를 날려보내자는 엉뚱한 계획을 세운 적이 있다. 또 대기오염 방지를 위해 1989년 11월부터 외교관 차량을 제외한 전 차량의 5부제 운행을 실시하고 있지만 그다지 효과를 보지 못한 채 오염지수만 계속 급등하자 1998년 5월 25일 '환경 비상사태'를 선포했다. 도시 전체 승용차의 40%인 350만 대의 운행을 중단시키는 한편 정부의 공용 차량과 일부 사업용 차량도 운행을 중단토록 했다.

살았으며, 도시는 치안 부재와 교통 혼잡, 빈번한 홍수로 마비상태에 빠졌다.

　　그러나 지금 쿠리티바는 1990년 효과적인 에너지 절약으로 '국제에너지보존기구(IIEC) 최고상' 수상, 유엔으로부터 '우수환경과 자원재생상'을 수상한, 자치도시의 성공사례다. 쿠리티바는 어떻게 그 혼란을 벗고 모범도시가 됐을까? 바로 건축학도 출신의 시민운동가인 전 쿠리티바 시장 자이메 레르네르(현재 파라나 주지사)가 쿠리티바 시를 성공으로 이끈 영웅이다. 자이메 레르네르는 1971년 시장에 임명되면서 '낭비와의 전쟁'을 선포했다.

　　"많은 개발도상국처럼 이 나라의 지도자들도 외국에서 빚을 얻어다 권력유지비로 사용했다. 그러다 보니 낭비는 이 사회의 타성으로 굳어져버렸다. 가난에 찌든 이 고장을 살리려면 먼저 시에서 낭비되는 모든 것들을 정리해야 했다."

　　레르네르 시장은 먼저 신형 버스 운행체계의 건설에 착수했다. 도시계획이 있기 전 쿠리티바는 중심지에서 외곽까지 방사형으로 무질서하게 뻗어 있는 도시였다. '쿠리티바 도시계획연구소'는 1970년 도로 교통망 재조사를 기점으로 새로운 교통체계를 구축하기 시작했다. 1974년 급행버스의 도입과 버스 전용차선제가 실시되었고, 도로 양쪽으로는 자동차가 들어오고 중앙차선으로는 버스가 나가는 '역류 버스 전용차선제'가 실시되었다. 이 3중 도로 시스템은 오늘날 세계에서 가장 완벽한 대중교통 시스템으로 평가받고 있다.

　　"쿠리티바 시는 지하철 건설을 위한 충분한 자본이 없었다. 게다가 우리의 새 원칙으로는 무리하게 외국 빚을 끌어 쓸 수도 없었다. 지하철이 빠르고 편리한 교통수단이긴 하지만 지하철 노선 1기를 건설하는 데는 20년의 시간과 많은 비용이 필요하다. 우리는 지하철의 유용성에 대해 조사했지만 부담이 컸다. 그래서 기존 도로망을 이용하면서 지하철처럼 빠르고 편리한 장점을 가지고 있는 교통 시스템을 생각했다."

　　자이메 레르네르의 말이다. 시 전체의 운송은 모두 버스가 담당한다. 네 가지 색

쿠리티바 시의 원통형 승강장.

쿠리티바 시는 '어린이들에게 안전한 길이 좋은 길'
이라는 신념에서 보행자 거리를 만들었다.

깔로 구분되는 이 버스들은 제각각 운행하는 노선이 다르다. 먼저 5개의 교통
축 사이를 직통으로 달리는 회색 버스, 외곽에서 도시로 들어와 터미널까지 운
행하는 노란색 버스, 외곽도시들을 순환하는 녹색 버스, 그리고 빨간색의 굴절
버스는 최대 탑승인원 270명을 싣고 교외 터미널에서 시내까지 직행하고 있
다. 시간당 수송인원을 3배나 늘릴 수 있는 최신형 버스다.

또 지하철 승강장에서 얻은 발상으로, 버스 발판과 같은 높이의 원통형
'튜브' 승강장을 만들었다. 원통형 승강장은 비가 와도 안으로 스며들지 않게
설계됐고, 의자를 설치해 버스 이용자들이 독서를 하면서 편안하게 버스를 기
다릴 수 있다. 또 지하철처럼 승차하기 전에 요금을 지불하는 방식을 채택해
승차 시간을 아꼈는데 그로 인해 버스의 공회전 시간도 줄어 연료 소비가 35%
나 감소했다. 대기오염 방지 효과까지 거둔 것이다. 게다가 버스 문과 승강장
의 높이를 같게 해 장애인의 이용을 쉽게 했고, 승차권 한 장으로 다른 버스에
환승할 수 있게 했다. 지하철 건설비용의 80분의 1로 이와 같은 시스템을 구축
한 것이다. '땅 위의 지하철'이라고 불리는 쿠리티바의 버스 이용객은 하루

180만 명, 버스의 수송 분담률이 자그마치 75%에 이른다. 쿠리티바의 교통 시스템은 경비나 효율 면에서 뉴욕의 지하철보다 300 배나 능률적이라고 한다.

쿠리티바 시정부는 또 자동차가 독차지 한 거리를 보행자에게 돌려주었다. "다른 도시들은 자동차를 위한 건축물을 만들지만 우리는 자동차보다 사람이 더 중요하다고 생각한다. 자동차의 중요성을 작게 잡을수록 도시는 더 나아질 것이다."

사람이 마음놓고 걸어다닐 수 있는 보행자 거리, "어린이들에게 안전한 길이 좋은 길"이라는 신념 아래, 시정부가 1970년대 초반부터 대대적으로 추진한 사업이다. 1997년까지 쿠리티바에는 모두 여섯 곳의 보행자 거리가 생겨났다. 처음에는 노점상들의 반발도 많았다. 그러나 차들이 사라진 거리로 사람들이 모이기 시작해, 이제 이곳은 해외 관광객들까지 즐겨 찾는 명소가 되었다.

볼리비아 라파즈의 슬럼가.

현 쿠리티바 시장 카시오 다니구치도 전 시장의 취지에 공감한다. "도시 정책에서 우리의 기본 입장은 '인간 우선'이다. 자이메 레르네르의 정부가 들어서면서 인간 중심의 도시계획이 실시됐다. 이는 우리 도시와 다른 도시의 차이점이며 우리는 이것을 단지 정책으로만 입안한 것이 아니라 실제로 모든 도시행정의 각 부분에 적용하고 있다."

쿠리티바는 이렇게 보행자의 도시이자 동시에 나무와 숲의 도시다. 매년 나무심기 운동을 벌여 전체 도로망의 50%가 숲으로 뒤덮였고, 1인당 녹지 면적이 52m²(우리나라의 1인당 녹지 면적의 8배)나 된다. 그것은 쿠리티바의 고질적 병폐였던 식수와 배수 문제, 홍수와 대기오염에 대한 치유책이 됐다.

'낭비와의 전쟁' 두번째 정책은 적은 예산으로 도시개혁을 지속하면서 동시에 시민들을 개혁에 동참시키는 것, 바로 리사이클링이다. 쿠리티바 시정부는 1989년부터 쓰레기 분리수거운동인 '쓰레기 아닌 쓰레기 운동'을 전개했다. 자원 절약과 동시에 환경보호에 시민 모두를 동참시킨 것이다.

쿠리티바는 온 도시를 리사이클링의 결과로 채워갔다. 사용기한이 지난 버스도 그냥 폐기하지 않고 한 번 더 사용했다. 바로 취업기술을 배울 수 있는 이동식 시민교실이 그것이다. 쿠리티바는 '취업의 길'이라는 프로그램을 통해 시민들에게 수공업 · 전기 · 기술 · 미용 등 다양한 기술을 가르쳐 실업 문제를 해결하고자 했다. 57일 코스에 수강료는 우리 돈으로 4000원 정도다. 리사이클링은 낡은 건물에까지 계속 이어져 포르투갈 식민지 시절 탄약 창고였던 건물을 수리해 쿠리티바 최고의 연극 공연장으로 만들었다.

5일 만에 4000명을 죽인 런던의 스모그

런던 스모그.

1905년, 사람들은 런던의 악명 높은 안개(fog)와 공장 굴뚝에서 나오는 시커먼 연기(smoke)가 합쳐지는 현상을 '스모그(smog)'라 부르게 됐다. 스모그라는 이름은 그 뒤로 불길한 징조를 보이고 만다.

1930년 12월 1일, 벨기에 전 지역에 짙은 안개가 깔렸다. 특히 철강공장과 가스공장이 모여 있는 서부 공업지대 '뮤즈' 계곡에는 스모그가 아주 심했다. 나흘 동안 스모그가 계속되자 기침을 해대던 마을 사람들이 숨쉬기가 곤란하다고 호소하더니 수백 명의 환자 중 63명이 죽었다.

1948년 10월 26일, 미국 펜실베이니아 주 동부에 있는 공업도시 도노라. 아침에 일어난 사람들은 고개를 갸우뚱했다. 분명히 아침인데 밖은 컴컴한 어둠뿐이었기 때문이다. 철과 전선을 생산하고 석탄과 아연을 가공하는 공장지대라 탁한 공기에 익숙해 있던 주민들이지만 '스모그를 통과하지 못하는 태양빛'이란 너무 당황스런 일이었다. 공장에서 나온 매연은 사방으로 날아다녔고 좀더 무거운 산업 찌꺼기들은 사람들의 발자국이 남을 정도로 땅에 쌓였다. 결국 이 '어두운 대낮' 때문에 1만 4000명의 시민 중 6000명이 기침 · 호흡 곤란 · 두통 · 구토 등의 증세를 나타냈고, 그 가운데 20명이 죽었다.

가장 끔찍한 일은 1952년 영국에서 벌어졌다. 12월 3일, 겨울이었지만 기온은 포근했고 바람도 상쾌했다. 그러다 북쪽에서 불어오던 바람이 방향을 바꾸더니 기온이 내려가고 공기중의 습도도 증가하기 시작했다. 그때 낮은 구름이 음산하게 깔렸다. 바로 수많은 공장과 가정의 석탄난로에서 나온 스모그였다. 12월 6일, 짙은 안개가 도시를 휘감았다. 비행기는 물론 자동차들의 발이 묶였고 도시에는 바람 한 점 불지 않았다. 대낮인데도 한밤중같이 캄캄한 거리, 장님처럼 허우적거리던 사람들이 찾은 곳은 병원이었다. 스모그가 런던을 덮고 있는 동안 무려 4000명이 죽었다. 단 5일 만에 말이다. 뿐만 아니라 그 후 두 달 동안 그때의 영향으로 앓던 8000명이 시나브로 죽어갔다. 이후로도 스모그로 인한 죽음의 행렬은 이어졌다. 1956년 런던 시민 1000명이 스모그로 죽었고, 1962년 다시 340명이 죽었다.

현재 쿠리티바 시민들의 리사이클링 참가율은 70%. 시 재정 낭비를 방지하는 데도 큰 도움이 되지만 특히 리사이클링 정책 안에는 빈민계층을 끌어안는 따뜻한 휴머니즘이 녹아들어 있다.

도시 외곽, 강가에 밀집한 '파벨라(빈민촌)'는 쿠리티바 시에 52곳이나 있다. 쿠리티바 인구 8명 중 1명이 이런 곳에 산다. 파벨라 지역은 좁고 열악한 도로 사정으로 청소차의 접근이 어려워 쓰레기가 산더미처럼 쌓였고 주민들의 보건위생은 엉망이었다. 시정부는 빈민 지역의 환경을 개선하기 위해 세계적으로 유일한 시스템을 개발했다. 바로 쓰레기를 사들여 음식물과 교환해주는 '쓰레기 구매 프로그램'이다.

파벨라 지역에 녹색 트럭이 들어오는 날은 잔칫날처럼 즐거움이 감돈다.

쿠리티바 시가 폐기된 버스를 재활용해 만든 이동식 시민교실.

LA 스모그.

미국 뉴욕에서도 1962년 200명, 1963년 200명, 1966년 170여 명이 스모그로 죽어갔다. 1970년 로스앤젤레스에서는 130만 평의 땅에 조성된 판다로사소나무가 모두 오존 피해로 말라 죽었다. 그것을 '광화학 스모그' 또는 'LA 스모그'라고 하는데 자동차나 다른 원인들로 생기는 이산화탄소와 이산화질소 등이 복잡한 화학반응을 일으키는 과정에서 발생한다. 이 중에서 문제가 되는 것은 유독성이 강한 오존가스이다.

서울은 어떨까? 1994년 세계보건기구의 발표는 우리를 심각하게 했다. 세계 주요 도시 가운데 서울이 아황산가스 농도가 가장 높은 곳이라는 발표였다. 일본의 도쿄와 미국의 워싱턴보다 무려 10배가 넘는다고 했다. 사람들의 폐를 직접 자극하는 아황산가스는 석탄과 석유의 유황 성분이 탈 때 발생한다. 자동차는 물론 화학공정이 있는 대부분의 공장에서 배출된다.

서울은 겨울에 아황산가스와 먼지로 구성된 보통의 스모그가, 여름에는 거기에 오존이 첨가돼 나타나는 광화학 스모그가 나타난다. 오존 농도가 0.03∼0.3ppm으로 8시간만 지속되면 코와 목이 따갑게 되고 1ppm이 되면 정상인은 견딜 수 없게 된다. 1990년 서울의 오존 오염도는 0.009ppm으로 기준치 이하였다. 그 동안 자동차는 하루에 400대 이상씩 늘어났고 이제 서울의 오존 농도는 환경기준인 0.1ppm을 수없이 어기고 있다. 그래서 마치 일기예보를 하듯 '오존주의보'를 방송해주고 있는 실정이다. 그러나 주의보는 위험하다고 경고만 할 뿐 자동차 운행을 중단시키거나 공해물질을 내뿜는 공장 가동을 중지시킬 권한이 없다.

결국 이대로 간다면? 어느 날 사람들이 길에서 쓰러지는 끔찍한 사건이 서울에서 재현될지도 모른다.

1994년 광화문 이순신장군 동상에 올라가 벌인 환경단체의 대기오염 항의시위.

주민들은 재활용 가능한 쓰레기를 모았다가 매주 토요일 녹색 트럭이 오면 들고 나온다. 무게를 단 쓰레기는 쿠폰과 교환되고, 모아진 쓰레기는 재생작업을 거쳐 대부분 민간회사로 팔려나간다. 쿠리티바 시는 쓰레기 재생작업 또한 빈민지역의 알코올 중독자나 실업자 들에게 맡겨 재활의 기회를 주고 있다. 이 프로그램에서 나눠주는 음식물은 시에서 사들인 잉여 농산물로, 농산물 가격 안정에도 한몫을 한다.

그런데 이 쿠폰은 얼마만한 가치가 있을까? 4장의 쿠폰을 손에 쥔 나이 일흔의 카르피오 할머니는 "쓰레기 5kg당 음식물 1kg과 바꿀 수 있는 쿠폰을 준다. 나는 바나나 두 다발, 감자 4개, 당근과 양배추 하나씩을 구했다. 쓰레기를 음식으로 교환해주니 생활비가 적게 들고, 동네가 전보다 훨씬 살기 좋아졌

파벨라 지역의 환경 개선을 위한 쓰레기 구매 프로그램.

다"고 기분 좋게 말한다. 어떤 사람은 쓰레기와 교환한 쿠폰 96장을 가져와 10개의 음식 자루와 10개의 오렌지 자루, 달걀과 바나나, 옥수수 가루 열 봉지를 받아가기도 했다.

"쓰레기 구매 프로그램은 파벨라 지역 사람들에게 혜택을 주고 있다. 이 프로그램은 빈민 가정에 경제적 도움을 줄 뿐 아니라 그들이 환경 문제에 관심을 갖도록 했다. 시정부에서 이 프로그램을 처음 시작했을 때 빈민들은 시가 내놓은 제안을 선뜻 믿지 않았다. 하지만 우리는 지역공동체와 관계를 맺으며 그 어려움을 해결했다. 그때부터 시민과 정부는 서로 협조하게 됐다."

시 환경국장 세르지오 토치오의 평가다. 쓰레기를 싣고 왔던 수레에 새로 음식을 싣고 돌아가는 사람들, 그 수레에는 세상에 대한 믿음과 자신이 살고 있는 도시에

대한 연대감이 함께 실려 있는 것이다.

쿠리티바의 '환경탁아소'도 역시 빈민지역에 대한 시정부의 배려이다. 이런 탁아소가 230곳이나 된다. 한 반이 30명으로 이뤄진 환경탁아소는 열린 교육과 시청각 수업을 통해 아이들에게 환경의 중요성과 에너지 절약을 가르친다. 6세 미만의 어린이들에게 하루 세 끼와 간식을 제공하는 탁아소는 빈민공동체를 위한 발상에서 시작되었지만 그 밑바탕에는 환경교육이 깔려 있다. 쿠리티바 시는 무지가 환경 파괴의 가장 큰 적이라는 인식 아래 환경탁아소는 물론 각 학교에 《쿠리티바의 학습》이라는 교과서를 보내 어린이들을 환경 파수꾼으로 키워가고 있다.

쿠리티바 시는 작고 소박한 '등대' 도서실을 문화시설이 부족한 외곽지역에 세웠다.

쿠리티바 시가 빈민층을 위해 최근 활발하게 진행하는 또 다른 사업은 '등대'를 세우는 일이다. 밤에는 밝은 불빛이 나와서 범죄율을 낮추기도 하는 이 건물은 5000권 이상의 책들이 들어찬 서가와 독서실로 이루어져 있다. 대형도서관 대신 작고 소박한 이 도서관은 앞으로 문화시설이 부족한 외곽지역의 50여 곳에 건설될 예정이다.

모든 도시는 두 개의 얼굴을 지녔다. 빛과 어둠, 부자와 가난한 사람……. 쿠리티바는 그 어둠을 숨기지 않고 빛 속으로 끌어내고 있다. 부자와 가난한 사람이 공생하는 길을 걷고 있는 것이다. 그러나 쿠리티바에도 아직 해결해야 할 과제들이 많다. 주민 가운데 13%는 여전히 빈민촌에 살고 있으며, 청소년의 절반 가까이가 초등학교를 졸업하지 못한다. 시는 이제 청소년과 아동 복지에 힘을 쏟고 있다. 그것이 쿠리티바가 풀어가야 할 남은 숙제이기 때문이다.

네덜란드에 있는 세계 최대의 폐기물 처리장. 어느 도시든 매일 배출되는 쓰레기 처리를 두고 고심하고 있다.

"쿠리티바는 완벽한 도시가 아니다. 쿠리티바 시도 다른 도시들이 가지고 있는 여러 가지 문제점을 가지고 있다. 다만 우리는 시민들을 존경하고 그들을 위한 정책만을 추진하려 했다. 도시는 매일매일 시민들에게 존경심을 보여줄 의무가 있다."

자이메 레르네르의 자부심은 바로 거기에 있었다.

NO, 베드 타운!

인구 폭발, 실업, 교통전쟁, 온갖 상품과 소비……. 인간이 욕심껏 만들어놓은 거대도시를 인간 스스로 제어할 수 있을까? 많은 사람들이 그런 고민을 할 때, 도시 문제의 해결을 전혀 다른 방향에서 찾으려는 사람들이 있다. 산업사회와 도시구조에 연연하는 한 그 어떤 묘책으로도 도시 문제를 뿌리부터 해결할 수는 없다고 보는 사람들, 바로 공동체를 시도하는 사람들이다. 공동체를 꿈꾸는 사람들의 생각은 노자의 《도덕경》에 나오는 국가관과 닮아 있다. 그들의 세계관에는 아예 도시라는 개념조차 없다.

"나라는 작고 국민은 적다. 열 사람 백 사람이 같이 쓰는 기구가 있으나 서로 쓰려고 다투지 않는다. 배가 있고 수레가 있지만 사람들은 타지 않는다. 무장한 병사가 있으나 진을 치고 전쟁을 벌이지 않는다. 이웃 나라는 개 짖는 소리도 들리고 닭 우는 소리도 들릴 만큼 가까이 있지만 늙어 죽을 때까지 가지 않는다."

그러나 지금 당장 '공동체'를 시도할 수 있는 건 '뜻' 있는 사람들 얘기다. 빽빽한 빌딩숲에 숨막히고 자동차 소음에 질리면서도 매일 아침이면 꾸역

꾸역 도시 한 공간으로 찾아들 수밖에 없는 보통사람들의 얘기는 '아직' 아니다. 번잡한 도시를 벗어나 자연이 살아 있는 외곽에 그림 같은 내 집을 갖고 귀족처럼 지낸다는 전원주택, 그건 '돈' 있는 사람들의 얘기다.

　　이른바 공동체 생활이나 전원생활을 통한 '도시 탈출'은 그렇게 뜻이 있거나 돈이 있거나 어쨌든 '있는 사람들'의 얘기일 뿐이다. 화이트칼라가 됐든 블루칼라가 됐든 일하고 주는 만큼 벌어 먹고살아야 하는 보통사람들은 일자리를 중심으로 모여 살 수밖에 없다. 그 다음엔 아이들 보낼 학교가 가까워야 하고, 그러고 나면 관공서나 문화시설을 찾을 여유가 생길지 모르겠다. 공원 녹지니 아침에 창을 열면 새소리가 들리는 자연이니 하는 것은 마당 한 쪽 없는 도시인들에게는 '언감생심'일 뿐이다.

　　요즘은 그런 보통사람들이 대도시를 벗어나 하루를 마무리하는 신도시가 늘고 있다. 말 그대로 '베드 타운'이다. 그러나 아침이면 어김없이 한 시간이든 두 시간이든 차를 타고 다시 대도시의 거대한 소용돌이 속으로 들어와야 한다. 일터를 두고서 도시를 탈출한다는 건 역시 불가능

1996년 이스탄불에서 열린 유엔 주거회의에 참석한 각국 비정부조직(NGO)들이 주거권 보장에 대한 각국의 상황과 입장을 발표했다.

한 일이다.

　　그런데 집은 나무에 둘러싸이고 작은 텃밭과 호수공원이 있으며 거리에는 신호등이 없고, 쇼핑센터는 물론 일터까지 15분이면 갈 수 있는 도시가 있다. 사람들이 도시 안에서 '자족'하며 살 수 있는 도시, 바로 밀턴킨즈다.

　　밀턴킨즈는 영국의 수도 런던에서 자동차로 한 시간 반 거리에 있는 신도시다. 영국의 신도시 개발은 제2차 세계대전 후인 1946년부터 시작됐다. 그러나 1940년대와 1950년대, 런던 가까이 건설한 8곳의 신도시는 모두 실패로 끝나고 말았다. 이 신도시들은 런던까지 철도로 연결돼 있고, 사람들은 런던으로 출근하는 것을 당연히 여겼으며 여가 역시 런던에서 즐겼다. 결국 자생력 있는 도시, 즉 주거와 직장이 함께 공존하는 완전한 도시로서 신도시는 현실화되지 못했던 것이다. 일과 주거를 한 곳에서 해결하는 동시에 환경 친화적인 자족도

세계의 생태공동체들

　　생태공동체란 다음과 같은 원칙을 지켜야 한다. 먼저 마을이 위치한 곳의 자연 서식지를 보호하고, 그 지역에서 식량과 기타 생물학적인 자원을 생산하고, 발생한 쓰레기는 그곳에서 유기적으로 처리하며, 마을에서 나온 모든 고형 폐기물은 재활용하고, 폐수는 반드시 자연의 원리를 이용하여 처리한다. 다음으로 친환경적인 재료로 건물을 짓고, 재생 가능한 에너지를 사용하고, 자동차로 이동하는 거리를 최소화하고, 공동체 내에 공적 공간과 사적 공간의 균형을 잘 맞추고, 활동의 다양성을 최대한 지원해야 한다. 또 공동체 구성원들의 경제활동은 다른 사람들이나 지역 생태계를 착취하지 않고 나아가 미래세대에 대한 현세대의 착취도 막아야 한다. 궁극적으로 화폐경제체제를 대체할 수 있는 방안까지도 모색해야 한다.

● 프랑스의 아크

아크는 오랜 역사와 독특한 생활양식으로 주목받고 있다. 1948년 무렵 형성된 이 공동체에는 현재 마을 세 곳에 약 150명이 살고 있다. 공동체의 창립자인 랑주는 인도를 여행하던 중 간디를 만나 그의 사상에 감화를 받아 유럽에서 간디 사상을 전파하기 위해 노력했다. 그 노력의 하나로 간디 사상과 초기 기독교 사상의 비폭력, 소박한 삶과 인간 내면의 성숙이라는 원리를 결합한 공동체를 만들었다.

Ecovillage Training

생활수련 교육공[.]
핀드혼.

　　이곳에 사는 모든 사람은 비폭력 경제를 추구하면서 자신들이 "생활에 사용하는 것들은 모두 직접 만든다"는 원칙을 지키고자 노력한다. 도구는 주로 축력이나 인간의 직접적인 노동력을 활용한다. 복잡한 기계는 인간의 추악한 욕심의 산물로 보기 때문이다. 단순한 도구야말로 인간의 노동에 유익하며 육체적·정신적·영적 건강을 키워준다고 생각한다. 따라서 공동체 생활 전반에서 영성을 매우 중요하게 생각한다. 생활에는 돈이 필요 없지만, 병원이나 교통수단 등을 이용하기 위해 공동체 차원에서 별도의 돈을 비축하고 있다. 이 돈은 다양한 목공예품이나 돌조각, 도기, 그림 등 예술품들을 방문객들에게 판매하거나,

시는 과연 불가능한 것일까?

'밀턴킨즈 개발공사'는 그간의 실패를 토대로 이상적인 도시 건설을 시도했다. 1967년 1월, 인구라고 해야 불과 몇백 명에 불과한 밀턴킨즈가 20만 명이 넘는 인구를 수용할 수 있는 신도시 계획을 발표했다. 개발을 막 시작했을 때 부지나 공장 매입 등의 유리한 조건을 내세워 기업을 유치했지만 그들의 가족들은 밀턴킨즈를 보고 난 후 이렇게 재미없는 곳에서 살고 싶지 않다고 했다. 개발공사는 이 밀턴킨즈를 두고 대수술을 시작했다. 무려 30년에 걸쳐 진행될 수술이었다.

먼저 도시 전략부터 세웠다. 도시 어디로든 쉽게 진입할 수 있도록 10개의 가로 길과 11개의 세로 길로 바둑판형 도로를 만들었다. 도시 중심에는 쇼핑센터와 각종 사무실을 배치했고, 산업지구는 주거지역 곳곳에 분포시켰다.

일본에서 시작돼 우리나라에서도 만들어진 야마기시 공동체는 돈이 필요 없는 사회를 지향한다.

이곳에서 열리는 워크숍 혹은 훈련캠프를 통해서 벌어들인다.

• 스코틀랜드의 핀드혼
핀드혼은 1962년부터 시작된 공동체로 스코틀랜드 북동쪽 해변에 위치한 세계적인 생활수련 교육공동체이다. 현재 120여 명이 함께 살고 있다.
핀드혼은 바람이 많이 부는 이 지방의 특성을 이용해 '모야(Moya)'라는 풍력발전소를 만들어 마을에 필요한 전력의 15% 이상을 공급하며, 건물 하나하나를 지을 때마다 자연 채광과 태양열을 이용한 난방장치를 갖추어 에너지를 절약한다. 또 자연의 풀을 이용해 생활하수를 거른다. 이들은 아침마다 명상을 통해 자연과 친교의 시간을 갖는다. 육식을 멀리하고 모든 음식에 유기농으로 직접 가꾼 야채를 이용한다. 이곳에서 실시하고 있는 모든 교육 내용의 슬로건은 "파괴된 지구를 되살리는 것과 인간의 영성을 되살리는 것은 같은 것"이다.

• 인도의 오로빌
인도 타밀 지방의 오로빌 공동체는 그 역사나 규모 그리고 제3세계에 위치하고 있다는 점에서 매우 주목받는 공동체이다. 오로빌은 인도 정부와 유네스코의 지원으로 1968년 시작됐다. 현재 약 800명이 26개의 작은 주거집단을 이루어 살고 있다.
공동체의 구성원이 되기 위해서는 먼저 1년이라는 시험기간을 거쳐야 한다. 이곳 공동체의 중심부에는 명상센터가 있으며 그 주위로 거주지역, 문화지역, 산업지역, 국제지역 등이 있다. 거주지역에는 다양한 형태의 숙박시설이 있고, 문화지역에는 미술관 · 도서관 · 학교 · 실험실 · 연구기관 · 스포츠시설 등이 있으며, 산업지역에는 공동체의 목적에 부합하고 오염을 유발하지 않는 소규모의 산업시설이 있다. 국제지역에는 여러 나라에서 찾아온 사람들을 위한 편의시설이 있다. 이러한 공동체의 시설들을 둘러싸고 숲과 공원, 식물원, 요양소가 배치되어 있다.

주거와 산업의 공존은 밀턴킨즈를 자족도시로 만들기 위한 전략이었다. 또 인공호수와 공원을 만들어 자연을 최대한 도심 속으로 끌어들였다. 주거와 산업, 녹지의 과감한 배치로 밀턴킨즈는 새롭게 탄생했다. 현재 밀턴킨즈에서 주택은 41.5%, 자족도시의 근간이 되는 산업지구는 12%에 달한다.

다음으로 '라운드 어바웃(Round about)'이라는 신호등 없는 교통체계를 세웠다. 밀턴킨즈에는 커다란 라운드 어바웃만도 47개가 있다. 자동차는 둥근 라운드 어바웃을 돌아 어디로든 원하는 방향으로 갈 수 있다. 다만 오른쪽에서 들어온 차량에 우선권이 주어진다. 또 도로는 보통 땐 왕복 2차선이지만 교통량이 늘 경우 언제라도 도로를 확장할 수 있도록 '보유지'를 만들어두었으며, 보행자와 자전거 이용자를 위한 '레드 웨이'도 만들었다. 폭 3m의 레드 웨이는 자동차와 사람이 아예 만날 수 없도록 설계되었으며, 보행자와 자전거 이용자가 나란히 갈 경우 자전거는 왼쪽으로 가야 하며, 자전거라 하더라도 엔진이 달린 것은 레드 웨이를 이용할 수 없다. 레드 웨이 외에도 독특한 전용도로가 하나 더 있다. 발굽 모양으로 표시된 승마 전용도로, 75km에 달하는 승마 전용도로는 마을 곳곳에서 공원으로 연결되어 있다.

쇼핑센터는 물론, 일터까지 걸어서 15분이면 갈 수 있는 도시 밀턴킨즈.(위)
밀턴킨즈의 승마 전용도로.(아래)

밀턴킨즈는 교통체계가 잡히자 에너지 고효율 주택에 관심을 가졌다. 에너지 고효율 주택은 1986년에 시작됐다. 시정부는 에너지 효율이 높은 주택을 실생활에 적용하기 위해 건축업자들에게 에너지 고효율 주택을 짓게 했다. 이때 고효율 보일러 시스템과 이중 단열 시스템을 갖춘 에너지 고효율 주택 51채가 전시됐는데, 무려 7만 명이 관람했다. 행사가 끝난 후 에너지 고

효율 주택은 성공리에 분양됐고, 밀턴킨즈는 에너지 고효율 주택에 자신감을 얻게 됐다. 급기야 이 성과는 영국 전역으로 퍼져, 에너지 효율 등급이라는 기준까지 만들어졌다. 에너지 효율 등급은 건물의 단열 효과를 10등급으로 나누고 있는데, 1990년대 이후 밀턴킨즈의 주택은 에너지 효율이 7등급 이상이 되도록 규정하고 있다. 뿐만 아니라 에너지 효율이 높은 도시를 만들려는 밀턴킨즈의 노력은 사무용 건물에도 확산되고 있다. 새롭게 건설되고 있는 '놀 힐' 취업지구에는 에너지 효율이 높은 건물만 지을 수 있는데 주로 내부 기온에 따라 열을 흡수하거나 배출하는 특수 유리와 태양열 지붕이 사용되고 있다.

밀턴킨즈에는 주민들이 생활 가까이서 자연을 즐길 만한 공간이 많다. 도심 곳곳에 조성된 13곳의 인공호수와 공원은 도시 전체 면적의 22%에 해당한다. 밀턴킨즈는 개발 당시부터 자연을 생활 속으로 끌어들이기 위해 공원 조성에 힘썼다. 그 결과 1800ha의 공원이 만들어졌고, 주민들은 어디에서든 걸어서 공원에 갈 수 있게 되었다.

1992년 밀턴킨즈 개발공사는 개발 초기단계를 마치고 해체하면서 그 동안 해오던 일을 다음의 세 곳에 위임했다. '신도시위원회'는 밀턴킨즈가 신도시로 성공할 수 있도록 개발을 계속하면서 기업을 유치하고, '카운슬'은 시민의 편의를 위한 시설, 학교와 병원, 각종 시민활동을 지원한다. '파크 트러스트'는 이때 새로 생긴 재단으로 오로지 녹지를 보존하기 위해 만들어졌다. 일반적으로 지방정부 예산이 넉넉하지 못할 경우 제일 먼저 희생되는 것이 녹지이다. 그러나 밀턴킨즈의 녹지는 파크 트러스트를 통해서 999년간 따로 관리

이중단열 시스템으로 에너지 효율을 높인 주택들이 밀턴킨즈의 특징이다.(왼쪽)
곳곳에 조성된 인공호수와 공원이 도시 전체 면적의 22%를 차지한다.(오른쪽)

인구 1000만의 과밀도시 서울.

된다.

　산업지구가 도시 전체 면적의 12%에 달하는 밀턴킨즈는 기업이 활동하는 데 가장 중요한 교통조건을 갖추고 있다. 이곳에서 생산한 물품은 고속도로와 철도를 통해 영국 각지로 운송되고 버밍엄을 비롯한 주요 공항까지도 한 시간 반 안에 도달할 수 있다. 그러나 주거와 산업이 공존하는 이곳에 기업이 입주하기 위해서는 까다로운 조건이 따른다. 즉 자연환경을 해치지 않는 산업만이 입주할 수 있다는 것이다.

　대부분의 기업들이 밀턴킨즈를 선택한 이유는 사실 쾌적한 생활환경 때문이다. 현재 밀턴킨즈에 입주한 기업은 3300여 개, 그 중 10%가 외국기업이다. 안전벨트를 생산하는 미국 '팬시 히터'사는 밀턴킨즈가 개발되던 1960년대 말에 입주한 기업으로, 밀턴킨즈에 공장 2개를 두고 주민 200명을 고용하고 있다. 밀턴킨즈에는 미국과 일본, 독일 등지에서 들어온 민간자본이 30억 파운드, 우리 돈으로 5조 원이 넘는다. 밀턴킨즈의 인기는 매년 높아져 최근에도 4억 파운드에 달하는 외국기업의 투자가 이어지고 있다. 많은 기업의 입주로 경제활동 인구도 증가하고 있다. 개발 직전에 1만 8000명에 불과하던 고용이 1979년부터 급증하기 시작해 1997년 10만 명을 기록했다. 실업률은 2.5%, 영국 전체의 실업률이 5%인 점을 감안하면 무척 낮은 수치다.

밀턴킨즈의 면적은 우리나라 분당 신도시의 3배, 인구는 2분의 1 수준인 19만 명이다. 30년 넘도록 진행되고 있는 이 신도시 개발은 앞으로 10년 더 계속될 것이다. 자연과 가까운 생활환경에서 고용 창출까지, 밀턴킨즈에서 우리가 배울 것은 무엇인가?

신도시위원회 마케팅 담당 폴 그리피스는 이렇게 말한다.

"한국을 비롯한 여러 나라의 신도시들은 베드 타운을 건설하는 경향이 있다. 그러나 우리의 경험에 비추어볼 때 주거와 직장생활이 한 곳에서 이루어질 수 있도록 고려하는 것이 좋다. 사람들이 인근 대도시로 출·퇴근하는 데 소모하는 비용을 고려할 때 신도시가 이러한 불균형을 해소한다면 엄청난 시간과 에너지를 아낄 수 있다. 이것이 우리가 얻은 교훈이다."

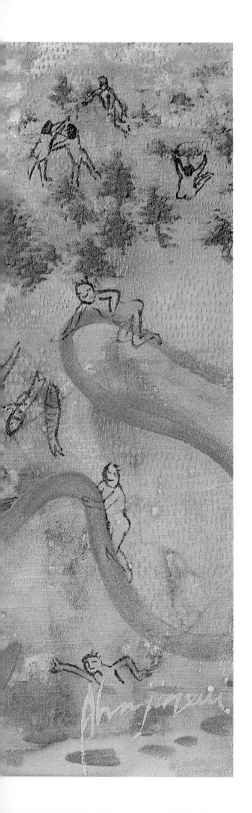

자연에서 배우는 아이들

가장 완벽한 환경교육은 아이들 스스로

자연의 일부가 되게 하는 것이다.

숲에서 숨쉬고 나무와 대화하고,

자연의 모든 생명체가 그렇듯이 아이들도 스스로

생산해내는 것을 배워야 한다. 가장 완벽한 인간교육은

아이들이 자연의 법칙대로 자라게 하는 것이다.

자연에는 직선도, 사각형도 없어 각이 진 건물을 만들지

않았다는 뮌헨 슈타이너 초등학교의 고집처럼,

강제로 아이들에게 지식을 먹이려 하지 않는 것에서

교육은 시작된다.

세계적으로 유명한 이탈리아의 한 디자인 학교는 시골 구석에 있다고 한다. 왜 그럴까? 그곳에서 학생들은 들꽃의 생김새와 색을 배운다는 것이다.

"들꽃의 모양만큼 정교하면서 다양한 것은 없기 때문이다. 색깔 또한 마찬가지다. 같은 것이라곤 하나도 없는 무한의 자연 속에서 공부하는 것과 직선과 사각형만 있는 도시에서 공부하는 것은 창의력 면에서 엄청난 차이가 있다." 두밀리 자연학교 채규철 교장의 해석이다. 이를테면 학교에서도 학원에서도 집에서도 사각형 책상에 구속되어 자유롭지 못한 아이들에게서 어떻게 창의력이 나오겠냐는 것이다.

한편 간디의 정신을 계승한 인도의 비폭력주의 사회운동가 비노바 바브는 학생이 '지금 나는 배우고 있어' 하고 느끼기 시작하면, 그것은 이미 교육 방식에 잘못이 있는 거라고 했다. "삶으로부터 절연된 것은 무엇이든 가르칠

무한한 자연에서 아이들은 다양한 생명체들의 역할을 배운다.

힘을 상실한다. 가르치는 일은 생활 속에서 행해져야 한다." 교육은 학교에 가두거나 인위적으로 전달할 수 없다는 게 그의 주장이다.

독일의 필링 슈베닝겐 발도르프 학교는 건물이라곤 낮은 것 두어 채, 넓은 정원이 제일 큰 교실인 그야말로 숲속 학교다. 이 학교의 수업시간엔 교과서가 따로 없다.

"땅을 변화시키는 외부의 힘이 무엇인지 생각해보자. 누가 말해볼까?"

"태풍이요."

"눈사태요."

그렇게 선생님과 아이들의 대화로 수업이 진행된다.

"한 선생님이 1학년부터 8학년까지 8년 동안 한 학급을 맡는다. 선생님과 아이들 간의 신뢰를 만들기 위함이다. 또 아이들이 낙제를 하여 학년을 다시 다니는 일 따위는 없다. 8학년까지 모두 함께 다닌다." 마티아스 풍에 선생님의 말이다.

발도르프 학교의 교실 밖 수업. 아이들은 풀을 말려 방향제를 만들거나(위), 비온 뒤 정원 곳곳에 등장한 달팽이를 잡으면서(아래) 자연과 가까워진다.

교과서도 없고 시험도 없고 낙제도 없는 발도르프 학교의 또 다른 특징은 '교실 밖 수업'이다. 오전 기본 수업이 끝나면 오락·음악·공작·원예 등의 수업이 이루어진다. 아이들은 비온 뒤 정원 곳곳에 등장한 달팽이를 잡거나 직접 일군 텃밭에서 채소를 가꾸거나 오이를 거두어들인다. 또 한쪽에서는 아이들이 정원의 풀을 베어다 나무 건물 안에서 말린다. 풀을 말린 뒤 잘게 잘라 방향제를 만들려는 것이다. 이 방향제는 바자회 때 내놓고 팔 계획이란다.

"아이들은 교실 밖 수업을 통해 자연의 역할을 배운다. 예를 들자면, 정원을 가꾸면 비와 바람의 중요성을 자연스럽게 알게 되는 것이다." 파치니카 볼프 선생님의 말처럼 발도르프 아이들의 가장 훌륭한 선생님은 자연이다.

발도르프 학교는 가르침이란 생활 속에서 이루어져야 한다고 믿는다. 아이들을 현장에서 경험하게 하고, 어떤 문제가 생기면 그 문제의 해결이 가장 절실한 그때 아이들에게 필요한 지식들을 주어야 한다는 것이다.

영국의 '자연학습 트러스트'는 자연 속에 숨쉬는 학교를 만들기 위해 힘써온 대표적인 민간단체이다. 그들은 전국의 학교를 대상으로 텃밭이 있고 생명체가 있으며, 그 생명체들과 어울리는 아이들이 있는 '학교 만들기'를 요구했다. 먼저 학부모들이 앞장섰고, 그들의 노력만큼 영국의 학교들은 달라지기 시작했다.

스태퍼드셔 주에 있는 그레이엄 밸포어 종합학교는 환경과학 교사들을 중심으로 학교 운동장에 다양하고 풍부한 교육장을 만들었다. 식물의 생장을 관찰하기 위해 총 64종의 식물을 갖춘 묘포장과 연못·식물원·양봉장·꽃밭·조각원·온실·종자 저장실·학습실 등, 그야말로 야외 교실이다.

환경교육을 의무화한 나라들

• 미국─1970년 10월 환경교육법을 제정한 미국은 연방 교육국마다 환경교육과를 두고 연방 소속 각급 학교에 예산과 자료를 지원하고 있다. 환경교육법 제정이 환경보호청(1970. 12) 발족보다 빨랐을 정도로 환경교육에 비중을 두어왔다. 현장 위주의 교육을 위해 각 주마다 '환경학습센터'를 설립해 어린이들이 자연과 친밀해질 수 있는 계기를 제공하고 있다. 예를 들어 워싱턴 주 타코마 시의 초등학생들은 1년에 일주일씩 캐스케이드 산맥에 위치한 워싱턴 주립 환경학습센터에서 동식물, 토양 등 각종 자연환경을 관찰하며 이를 소재로 글짓기·그림·보고서 등을 만들어낸다. 한편 미시간 대학 연구팀이 개발한 루즈 강 유역의 환경 프로그램은 타임머신을 타고 200~300년 전으로 되돌아갔을 때 과연 환경오염이 있었으며, 원주민의 생활이 어떠했는지, 또 수십 년 후의 미래는 어떻게 될 것인지를 상상케 하는 식의 프로그램으로 재미도 있다.

• 독일─1950년대 환경보존 정책의 시행과 함께 환경교육 개념을 도입, 1980년부터 환경을 학교 교육과정의 필수과목으로 채택했다. 중·고교의 경우 1년에 20~24시간의 수업이 배정돼 있다. 모든 학생을 대상으로 환경 관련 강좌를 개설한 하이델베르크 대학 등 대학에서의 환경 연구도 세계에서 가장 활발한 나라로 꼽는다.

• 프랑스─1973년 학교 환경교육을 의무화하는 내용의 법적 조치를 취했다. 이론보다는 현장 위주의 학습에 치중하고 있는 것이 큰 특징이다. 초등학교에서는 생명체와 환경의 관계를 관찰함으로써 환경오염의 개념을 익히도록 유도하고 있으며 이를 위해 '해양학급' '삼림학급' 등을 운영하고 있다. 또 중학교에서는 환경과 인간이 중점적으로 다뤄지며, 고등학교에서는 환경 파괴에 따른 사회적 문제를 이해시키고 있다.

• 일본─1970년 문부성에서 '학습지도요령'을 개정, 초등학교와 중학교에서 공해 문제를 다루고 있다. ▲환경을 소중히 하는 생각을 몸에 익히는 것 ▲자기가 할 수 있는 범위에서 환경을 보존하는 능력을 몸에 익히는 것 ▲가까운 지역의 환경을 이해하는 것 등을 목표로 이론보다 실천에 역점을 두고 있다. 1985년부터는 '자연학급 프로그램'을 의무화해 1년에 한 차례씩 3박 4일 일정으로 학생들을 참가시키고 있으며, 이를 위해 전국에 '자연의 집'을 설립, 운영하고 있다.

뉴캐슬 주에 있는 웨스트 워커 초등학교는 뉴캐슬 건축가협의회와 논의해 학교를 바꿨다. 학교 주변에서 구할 수 있는 자생식물로 야생화 학습원을 만들었고, 학교가 지역공동체의 중심이 되도록 야외공동체 센터도 만들었다. 이제 학교는 아이뿐만 아니라 학부모에게도 자연을 느끼게 하는 교육장이 되었다.

'자연학습 트러스트'에 참가한 부모들은 말한다. "아이들이 가장 많은 시간을 보내는 장소는 학교다. 특히 운동장은 재미있게 놀면서 자연을 배우고 공동체 놀이에 참여할 수 있는 곳이어야 한다. 그런데 학교 운동장이 아이들에게 자연에 대한 흥미를 불러일으킬 수 없다면 문제가 있다. 또 선생님들이 수업과정에서 학교 운동장을 이용하기 어렵다면 교실에 머무를 수밖에 없을 것이다. 그래서 많은 학부모들이 그 학교에 아이들을 꼭 보내고 싶도록 학교환경을 바꿀 필요가 있다."

공해에 찌든 도시생활의 단면을 드러내는 벽화 그리기에 참여한 아이들.

그런데 우리의 아이들은?

시냇물 · 물고기 · 가재 · 들꽃, 아이들이 심고 가꾼 옥수수 · 호박 · 고구마 · 참외……, 그리고 밤하늘의 별과 달이 선생님인 학교를 본 적 있을까? 무겁게 책가방을 챙겨 나선 우리 아이들의 빽빽한 수업시간표 속에는 하늘을 보고, 숲을 뒤지고, 환경 파괴에 항의도 하면서 어느새 '자연'이 되는 마음, 그 여유의 시간이 포함돼 있을까?

숲속 교실의 아이들과 도심 속의 아이들

독일 북부 브레멘 시 프린츠호프텐 자유대안학교의 떠들썩한 오전 수업시간. 아이들이 열심히 종이 쪽지에 무언가를 적어서 칠판에 붙이고 있다. 집 짓기, 장미 향수 만들기, 개구리 관찰, 탁구……. 아이들의 삐뚤삐뚤한 글씨가 적힌 종이엔 바로 오늘 자신이 하고 싶은 일들이 적혀 있다. 약간의 조정을 통해서 아이들은 몇 그룹으로 나뉘고, 오늘 할 일이 자율적으로 결정된다. 이것이 오늘의 수업 내용이기도 하다. 정 하기 싫은 아이는 하지 않아도 좋다. 스스로 결정할 권리가 아이들에게 있다. 선생님은 아이들이 결정한 대로 오늘의 수업 내용을 일과표에 기록할 뿐이다.

"우리는 어떤 아이에게도 무엇을 하라고 강요하지 않는다. 강요받지 않고 배우는 것이 최상의 방법이다. 스스로 깨우치게 하는 것이 바로 우리 학교의 특징이다. 우리가 교육이라는 단어를 사용하지 않는 것도 그 때문이다." 볼프강 유첸펠트 교장의 말처럼 프린츠호프텐 교사들은 교육이라는 단어를 쓰지 않는다. 그 대신 선생님과 아이들이 함께 간다는 뜻에서 '동행'이라는 말을 쓴다.

그렇게 선생님과 동행하여 한 그룹의 아이들이 개구리를 잡으러 나섰다.

"이건 땅개구리야. 물에 살지 않고 땅에 살지. 발에 물갈퀴가 없어서 금방 알아볼 수 있어. 독을 가지고 있는데 사람에겐 괜찮아……."

선생님이 사벤냐라는 아이의 손바닥에 개구리를 놓아주자 아이는 개구리에게 입을 맞춘다.

"선생님, 개구리가 왕자로 변하지 않아요."

입을 맞추면 개구리가 왕자로 변한다는 이

사벤냐의 개구리 왕자.

야기는 독일의 오래된 전래동화다. 사벤냐는 이 동화를 믿고 있는 모양이다. 개구리 왕자라는 동화로부터 시작된 아이들의 호기심은 자연스럽게 개구리의 생태학습으로까지 이어진다. 이 아이들에게 놀이와 배움은 하나다.

다른 그룹의 아이들은 공터 한쪽에서 집 짓기에 열중하고 있다. 장난감이 아닌 실제 건축 수업이 아이들 사이에서 벌써 몇 주째 계속되고 있다. 무언가를 만들고 싶어하고 한창 사물의 구조에 대해 관심을 가지고 있는 아이들이 집 짓기 수업을 선택한다고 한다.

아이들마다 감성의 발달 정도도 다르고 관심사도 다르다. 어떤 아이들은 집을 짓고 싶어하고 어떤 아이들은 풀밭을 뒤지고 싶어한다. 아이들이 그때그때 필요로 하는 지식을 얻을 수 있도록 돕는 것이 바로 프린츠호프텐의 수업방식이다.

아이들은 어쩌면 나무와도 같은 존재다. 나무는 빛이 필요하면 스스로 가지를 뻗고 물이 필요하면 뿌리를 뻗어 물을 얻는다. 이 학교에선 아이들이 숲속의 나무처럼 스스로 커나가길 바란다. 자연의 양분을 자발적으로 섭취할 때만이 진정으로 튼튼한 나무로 자라나는 것이다. 무조건 비료를 많이 준다고 나무가 튼튼해지지 않듯이 쓸데없는 지식은 아이들의 감성에 오히려 방해가 될 수 있다. 아이들이 나무처럼 충분히 스스로 자랄 수 있는 존재라고 이곳 선생

잔디흙 지붕, 태양광 전지판, 인공습지 등이 마련돼 있는 이 생태교육관은 독일 환경단체 베우엔데 청년회에서 운영하고 있다.

님들은 믿고 있다.

"한번은 커다란 파란색 공을 가지고 놀던 아이들이 교실 안에 얼마나 많은 공이 들어갈까를 궁금해했다. 우선 공이 얼마만큼의 공간을 차지하는지 알아야 했고, 공은 구의 형태니까 원의 크기를 재는 방법도 알아야 했다. 원을 측정하기 위해 아이들은 컴퍼스를 사용했고……, 결국 공의 크기를 알아냈다."

루츠 반델라 선생님은 아이들이 공의 크기를 알아내기 위해 별의별 방법을 다 동원했다고 한다. 실로 공 둘레를 묶어보기도 하고 줄자를 가지고 이쪽에서 저쪽까지 재어보기도 하고, 아이들이 해답을 찾는 데는 6일이 걸렸다. 원주율이나 구의 부피는 다른 학교에서 8학년 때 배우는 과정이다. 그러나 이 아이들은 1학년 때 끝냈다. 아이들이 그것을 아주 궁금해했기 때문이다. 그 과정을 기록함으로써 프린츠호프텐의 숫자 없는 수학책이 탄생하기도 했다.

프린츠호프텐 자유대안학교에선 환경이라는 말도 교육이라는 말도 할 필요가 없다. 아이들에게 자연과 인간은 하나이며 더불어 살아가야 하는 아름다운 세계이기 때문이다.

그러나 학생수가 1000명이 넘는 독일 뉘른베르크 시의 에밀폰베링 학교는 도시의 다른 학교들이 그렇듯이 정원을 제대로 갖추고 있지 못하다. 그래서일까, 이곳에서 이루어지는 환경교육은 좀더 도시적인 환경 문제에 초점을 두고 있다.

에밀폰베링 학교의 생태학 기초수업에서 알루미늄 호일로 에너지 효율을 높이는 방법을 배우고 있다.

12학년 이상의 학생들이 참가하는 생태학 기초수업.

"이 수업에서는 학교 내의 에너지를 절약하는 방법을 배운다. 그 방법을 얻기 위해서는 먼저 교실의 온도와 밝기를 측정해야 한다."

이 과목을 담당한 베르너 링크 선생님은 심각한 에너지 문제를 학생들이 가깝게 느끼도록 실험 장소를 학교 건물로 택했다. 학생들은 교실 곳곳의 조명량을 측정했다. 같은 교실이라도 햇볕이 드는 창가 쪽과 교실 안쪽의 조명량에 차이가 있다는 측정 결과가 나왔다. 교실 전체 조명을 똑같이 설정했을 때 햇볕이 드는 창가 쪽은 전기가 낭비된다는 결론을 함께 얻은 것이다. 이제 에너지 절약의 해법을 찾아나설 차례다. 링크 선생님은 그 해법이 바로 알루미늄

도심 학교의 환경수업이란 아무래도 견학 수준에 그친다.

호일이라는데, 알루미늄 호일로 무엇을 하려는 것일까?

링크 선생님은 우선 창가 쪽의 형광등 2개 중 하나를 빼게 했다. 그리고 알루미늄 호일 한 면에 높은 열에도 잘 견디는 접착제를 바른 뒤 전등 갓에 붙이라고 했다. 빛을 반사하는 알루미늄 호일을 붙임으로써 형광등 하나로 2개의 효과를 볼 수 있게 하는 것이다. 이런 간단한 방식으로 이 학교에서는 1년에 1만 kW의 전기를 절약했다.

교실에서의 에너지 절약 제2단계. 한 학생이 나무판에 열심히 구멍을 뚫고 있다. 뜨거운 난방장치에 손을 데지 않도록 설치해놓은 나무판에 다시 구멍을 내는 이유는 무엇일까? 그것은 난방장치를 감싸고 있는 나무판이 열전도율을 떨어뜨리기 때문에 나무판에 구멍을 뚫어 난방장치의 열이 좀더 교실로 잘 퍼지게 하려는 것이다. 이 단순한 작업으로 이 학교에서는 1년에 5000*l*의 기름을 절약한다.

"이러한 수업을 통해 학생들은 학교 내의 에너지를 절약할 수 있는 간단한 방법을 배운다. 그 과정에서 에너지를 다루는 학생들의 태도가 달라진다. 또한 학교에서는 학생들에게 측정기구를 대출해준다. 학생들은 집에 가서 가정 내의

독일 조류보호협회에서 주관한 '숲
속으로의 여행'에 참가한 아이들.

에너지를 측정해보고 어떻게 하면 에너지를 절약할 수 있을까 고민하게 된다.
이런 직접적인 참여를 통해서 에너지에 대한 환경의식이 생기게 된다."

링크 선생님의 말이다. 에밀폰베링 학교의 환경교육은 이렇게 아주 가까
운 곳에서 출발한다. 작은 것부터 직접 실천하게 하고, 자신도 뭔가 할 수 있다
는 걸 깨닫게 하는 것이다.

그러나 도시 학교의 환경교육은 많은 한계를 안고 있다. 자연을 만날 수
있는 공간이 많이 부족하기 때문이다. 도시 아이들의 자연 체험은 아직도 상당
부분 견학 수준에 머무르고 있다. 그래서 학교 밖의 자연과 도시의 아이들을
엮어주려는 많은 사회 프로그램이 존재한다.

독일 바이에른 주에 있는 중세시대의 성에 많은 학생들이 모여 있다. 독
일 '조류보호협회'가 주관하는 자연 프로그램에 참가한 것이다. 아이들은 45
분이라는 수업 리듬에서 완전히 벗어날 수 있다는 것만으로도 매우 신이 나 있
다. 성에서 떨어진 작은 숲의 입구에서 이날의 프로그램이 시작된다.

숲속으로의 여행이다. 이 여행의 약속은 눈을 감는 것. 한 발짝 두 발짝
아이들의 움직임은 조금씩 느려지고 작아진다. 눈을 뜨고 그냥 들어가면 잠깐
인 거리, 그러나 이들은 새로운 방법으로 숲과의 첫 만남을 시도하고 있다. 몸
의 다른 감각을 깨어나게 하는 것. 그것이 숲속 여행 프로그램이 의도하는 가

장 중요한 목적이다.

"다른 친구들이 어디로 가는지 주의하게 돼요."

"눈을 감고 있으니까 앞의 친구를 믿어야 해요."

"작은 소리까지 들려요."

아이들은 제각각 느낌을 말한다. 도시화가 되면서 아이들은 점점 더 시각에만 의존하게 됐고 자연의 소리와 냄새에 둔감해진 것이다. 아이들은 이제 새로운 방법으로 자신의 다른 감각들을 시험한다.

눈을 뜬 아이가 눈을 감은 다른 친구를 데리고 다니며 숲속 이곳저곳을 돌게 한다. 눈을 감은 아이가 방향감각을 잃어버리게 되면 그때 한 나무 앞으로 데리고 간다. 눈을 감은 아이는 자신의 느낌으로 이 나무를 기억해야 한다. 손끝으로 나무를 만져보고 나무의 소리도 들어본다. 눈을 감은 아이는 모든 감각을 동원해 나무를 기억 속에 담는다. 그런 다음 눈을 뜨고 자신의 감각에 와박힌 기억들을 더듬어 그 나무를 찾는 것이 수업 내용이다.

"숲속에 있는 온갖 낯선 것들을 아이들이 두려워하지 않고 그것들과 친해지는 법을 배우는 것은 환경교육에서 매우 중요한 일이다. 또한 나무껍질을 직접 만져보고 어떤 느낌인지, 그리고 나무들마다 촉감이 어떻게 다른지를 알게 됨으로써 아이들은 나무를 비롯해 식물들과 좀더 친해진다. 이 프로그램은 자연에 대한 아이들의 친밀감을 높이기 위한 것이다."

조류보호협회에서 수업 진행을 위해 나온 안네 디커만스 선생님은 아이들이 자연에 대한 믿음을 가지려면 우선 자신에 대한 믿음부터 가져야 한다고 했다. 눈을 감으면 의지할 곳이라곤 바로 자기 자신밖에 없기 때문이다. 눈을 뜨고 둘러볼 땐 두려울 것 하나 없는 곳 같지만 눈을 감으면 모든 것이 낯설고 두렵다. 그 두려움을 누르고 숲을 누비고 나면 비로소 자신에 대한 신뢰감을 얻게 되는 것이다. 자신을 믿고 자연을 믿는 것, 자연과의 이 만남은 아이들에게 소중한 경험이 될 것이다.

자연의 아이들이 만드는 공동체

"많은 선각자들은 자연과 인간, 인간과 인간의 공동체를 이룰 수 있는 자연의 아이, 사회의 아이를 기르려 했다. 그러나 기르는 일은 사람의 힘만으로는 되지 않는다. 자연이야말로 기르는 문화의 숨은 주체이다. 모든 생명체는 자연이 기른다. 사람도 생명체이므로 양육과 교육의 대부분은 자연이 맡고 사람은 협력자, 보조자 역할을 할 뿐이다."

이상한 고등학교들

• 풀무농업고등기술학교

이름 적힌 초석 하나뿐 담도 울타리도 없는 학교. 충남 홍성군 홍동면 팔괘리 풀무농업고등기술학교. 이제 어지간한 사람이면 다 아는 유명한 학교이지만 40년 전인 1958년 학교가 처음 시작된 그때나 지금이나 여전히 작은 학교다.

아침, 학생들은 모두 익숙한 듯 자기의 일을 준비한다. 무릎까지 올라오는 장화를 신고 일을 하거나 오리 축사에서 사료통을 들고 나온다. 학교 앞 500여 평의 논에는 2000여 마리의 오리가 진을 치고 있다. 1978년 오리를 이용한 유기농법을 우리나라에 처음 보급한 곳이 이 학교다. 제멋대로 돌아다니고 마구 떠드는 오리들을 관리하는 건 바로 학생들의 몫이다. 한 학생이 성큼성큼 논 한가운데로 들어가 "구구구구" 소리를 내자 오리들이 요란한 소리를 내며 그를 둘러쌌다. 논 여기저기에 사료를 뿌리자 오리들은 먹이를 쫓아 부지런히 움직인다. 1시간쯤 지나면 오리를 다시 축사로 몰아넣어야 한다. 학생들은 학교 앞의 논과 채소 온실, 화훼 온실에서 농사를 배우고, 자신들이 유기농법으로 재배한 농산물은 기숙사 부식이 된다. 학생들은 또 학교의 제빵실과 목공실에서도 기술을 익힌다. 그렇다고 학과 공부를 게을리하는 것은 아니다. 전교생 78명을 13명의 교사들이 가르치기 때문에 개별 수업이 가능해 학습 효과도 높다.

오리로 벼농사를 짓는 풀무학교의 자연교실.(위)
간디학교의 간디농장 계절학교.(아래)

학교에서 10분 거리에 있는 갓골은 풀무학교 졸업생들이 꾸려가는 자연식품공장·재생비누 제조공장·신용협동조합·소비자생활협동조합·홍성신문 등이 모여 있다. 모두 풀무학교의 작품이자 이 지역공동체의 구심점이다.

"우리는 학생들이 세상과 더불어, 자연을 벗삼아 살 수 있는 평범한 인간으로 자라도록 가르치고 싶을 뿐이다. 주입식 교육은 아이들을 황폐하게 만든다. 흙과 더불어 땀을 흘리면서 생명의 소중함을 체험하면 아이들의 마음도 금방 맑아진다." 홍순명 교장은 풀무학교 학생들이 학교 교훈처럼 우두머리도 꼴찌도 없는 세상을 이끌 '더불어 사는 평민'으로 자랄 것이라 했다.

• 푸른 꿈을 가꾸는 학교

"현재의 대학 진학 위주 교육은 '화학비료농업'과 마찬가지다. 통계상으론 1년에 10만 명 정도의 학생이 중도 탈락한다. 우리는 서로 경쟁하며 상처받는 것보다 조화롭게 살아가는 삶을 가르치고 싶다"는 김창수 선생님처럼, 경쟁만 있는 지금의 학교가 싫었다는 선생님들이 학교를 뛰쳐나왔다.

1996년부터 모인 10여 명의 선생님들이 전라북도 무주군 안성면 진도리에 폐교된 학교를 구입해 새 학교를 만들었

전북 부안에서 실험학교를 이끌고 있는 윤구병 선생은, 그래서 어떤 공동체든 인간만을 위한 공동체는 실패한다고 했다. 생명공동체만이 진정한 공동체라는 것이다. 뭇 생명들 사이에 활발한 상호교류가 일어날 때, 그 안에서 '자연의 아이'를 바탕으로 '사회의 아이'가 자라날 때, 사람들이 꿈꾸는 '인류공동체'는 완성될 것이라고 한다.

그렇게 '나'라는 아이가 자연의 아이로 자라 이웃과 함께 '우리'라는 공동체를 이루는 모습을 다음의 두 예에서 보자.

영산 성지고등학교 역시 다른 대안학교들과 마찬가지로 자연 속에서 스스로 일을 찾게 한다.(사진 강용석)

다. 1999년 3월에 처음 문을 연 그 학교의 이름은 '푸른 꿈을 가꾸는 학교'. 교육청으로부터 '인문계 특성화 고등학교'로 인가를 받은 이 학교는 스스로 '생태학교'이고자 한다.

우선 한 학년에 25명, 전체 학생수 75명의 작은 학교로 꾸렸다. 교사 1명에 학생 6~7명으로 교사와 학생 사이의 '지속 가능한' 관계를 유지하고, 학생 개개인 수준에 맞는 수업을 기대한다. '영어로 배우는 세계사' 식의 통합교육, 야외학습·지역 배우기 등 이동교육, 한학·풍물·레크리에이션·국악·무예 등 다양한 수업, 교사와 학생들의 전체회의 등이 이 학교 수업의 밑그림이다.

그러나 '생태학교'인 만큼 학교 울타리 안에 안주하지 않는다. 닭·멧돼지·오리 등 동물을 키우고 산나물·버섯 등 농작물을 재배하는 농장을 운영해 경제적인 자립도 이루려고 한다. 그리고 모든 학생이 기숙사 생활을 통해 나와 친구, 선생님 사이에서 '공동체 문화'를 익히게 된다. 또한 학교를 지역주민들에게 개방해 학교의 공동체 문화를 마을공동체로까지 끌어올릴 야무진 꿈이 있다.

• 간디학교
1997년에 이미 정규 고등학교로 인정된 대안학교들이 있다. '간디학교' 등 5곳이다. '간디학교'는 지리산 자락의 둔철산 중턱, 눈 덮인 지리산 응석봉이 손에 닿을 듯 보이는 경남 산청군 신안면 외송리에 있다. '숲속 마을 작은 학교'로 불리는 간디학교는 1994년 12월, 자연과 더불어 공동체적 삶을 살아가는 인간교육을 목표로 시작됐다. 학생들은 모두 학교 기숙사에서 생활한다. 오전에는 기본 수업 즉 국어·영어·수학을 배우지만 오후에는 '일'을 배운다. 직접 빵을 굽기도 하고 옷을 디자인해 바느질도 한다. 물론 빨래와 청소도 스스로 한다. 이 학교에는 매주 '식구총회'가 열린다. 담임교사와 학생, 학부모가 함께 협의해 시간표를 짠다. 스스로 자신의 관심과 장래 희망을 고민하게 하는 것이다.

"간디처럼 '창조적 불복종'을 통해 대입 준비에 찌든 교육 현실을 고쳐나가야 한다." 양희규 교장의 말이다.

이 밖에 퇴학생과 자퇴생 등 말썽꾸러기들이 다니는 학교로 유명한 전남 영광의 '영산 성지학교'가 영산 성지고등학교로 새 출발을 하게 됐다. 이 학교 학생들은 음주·흡연·두발·복장 모두 자유다. 공부하기 싫으면 하루 종일 교실에 들어가지 않아도 된다. 원한다면 교내의 양계장과 도자기공장에서 기술을 배울 수도 있다. 원불교 대구·경북 교구에서 설립한 '경주 화랑고'와 카톨릭계 대안학교인 충북 청원의 '양업고등학교', 경남 합천의 '원경고등학교'도 같은 경우이다.

독일 남부 슈베닝겐 시의 오버플라흐트. 초등학교에 다니는 벤야민의 나들이 장소는 마을 외곽에 있는 작은 호수이다. 언뜻 보기엔 호수라기보다는 웅덩이에 가깝다. 그러나 이곳은 벤야민에게 매우 특별한 장소이다. 그에게 '물박사'라는 별명을 안겨준 곳이기 때문이다.

"1996년 4월 12일 금요일, 날씨: 구름 끼고 비, 기온: 알 수 없음, 쓰레기: 똥덩어리 4, 사탕 봉지 1, 수위: 4.5cm……. 오늘 호수에서는 개구리 알이 조금 하수도로 흘러내려갔다. 나는 하수도 쪽으로 물과 개구리 알이 흘러가지 못하게 돌을 쌓아두었다. 그리고 미확인 헤엄물체인 USO와 미확인 비행물체인 UFO를 보았다. USO는 연못가에 사는 작은 생물들로 사람이 다가가면 금방 헤엄쳐 도망간다. UFO는 작은 파리처럼 생겼으며 수면 위에 떠 있을 수 있다. 하지만 소금쟁이는 아니다."

지도에도 없는 시골 마을의 작은 호수. 그곳에 사는 이름 모를 생물들을 미확인 비행물체와 헤엄물체라는 뜻에서 UFO, USO라고 부르는 벤야민. 벌써 3년째 이 호수에서 벌어지는 크고 작은 변화들을 빠짐없이 일기장에 기록해오고 있다. 빽빽이 써내려간 이 관찰일기로 벤야민은 마을에서 유명인사가 됐다. 벤야민은 자신의 일기장을 '자연일지'라는 프로그램을 주관하는 환경단체 베우

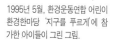
1995년 5월, 환경운동연합 어린이 환경한마당 '지구를 푸르게'에 참가한 아이들이 그린 그림.

엔데 청년회(BUND, 분트)에 보냈는데, 특별히 상을 받게 됐던 것이다.

매년 많은 아이들이 자신의 정성이 깃들인 일기장을 베우엔데 청년회에 보낸다고 한다. "어떤 아이는 한 그루의 나무를 골라 거기서 벌어지는 일들을 관찰했다. 그리고 나무의 나이를 알아내 생일파티를 열어주었다. 그 파티의 수익금으로 나무 주위의 콘크리트와 아스팔트를 제거했고, 그래서 나무는 예전보다 빗물을 더 많이 얻을 수 있었다." 베우엔데 청년회의 롤란드 프리기치는 아이들이 자연에서 관심 가는 하나의 대상을 정해 긴 시간 동안 거기에 몰두한다고 했다. 어떤 아이는 오리를, 어떤 아이는 개미집을 관찰하는데 아이들의 일기에는 책에서 얻은 짧은 지식들은 찾아볼 수 없다고 한다. 아이들은 직접 밖에 나가서 보고 느낀 순수하고 아이다운 감성으로 그림을 그리고 글을 써내려간다. 1년이 넘는 시간 동안 지켜보기 때문에 아이들은 자신이 관찰한 대상과 친해질 수밖에 없다.

"항상 호수에 가서 그곳에서 일어나는 변화를 지켜보았어요. 그것은 매우 신나는 일이었고, 나는 점점 호수와 가까워졌죠. 전에는 그냥 호수에 지나지 않았지만 이젠 내게 특별한 호수가 됐어요."

독일 남부 시골 마을 오버플라흐트
의 이름 없는 작은 호수를 꾸준히
관찰해온 벤야민과 그의 관찰일기.

물고기 한 마리 살지 않던 볼품없는 웅덩이, 이젠 작은 생물들이 눈에 띄고 있다. 벤야민이 아끼는 건 바로 호수 속에 있는 이 작은 생물의 세계이다. 얼마 전 이 호수가 마을의 축구장 건설로 매립될 뻔했을 때도 벤야민은 가족들과 나서서 호수를 지켜냈다. 벤야민은 "이 호수는 수많은 생명들이 살고 있는 곳"이라고 호소했다.

다음은 뉴질랜드의 스트로크 초등학교 아이들이 주변 지역을 관찰하다가 죽어가는 숲을 구한 예이다. 스트로크 초등학생들이 해안 숲에 살고 있는 나무와 식물을 조사하기 위해 근방의 마르스덴 계곡으로 나갔다. 거기서 아이들은 오래된 토착종 나무들이 이상한 녹색 덩굴에 휘감겨 있는 것을 발견했다. 이 덩굴은 나무꼭대기까지 뻗었는데, 나무를 완전히 뒤덮고 있었다. 멀리서 보면 그 아래에 나무가 있는지조차 알 수 없을 정도였다. 아이들은 나무가 죽어가고 있다고 느꼈다. 마치 나무들이 살려 달라고 애원하고 있는 것처럼.

"어떻게 하면 이 나무들을 구할 수 있을까?" 아이들은 선생님과 의논했다.

선생님은 아이들에게 물었다. "그런데 문제를 일으킨 덩굴은 무엇일까?"

아이들은 먼저 그것부터 알아야 했다. 그 식물은 수염덩굴이라는 외래종이었다. 수염덩굴은 토착종 나무보다 더 크게 자라기 때문에 빛을 차단해 결국 다른 나무를 죽게 만든다. 아이들은 수염덩굴에 대해 조사한 결과, ▲수염덩굴은 겨울이 되면 잎이 떨어진다. ▲수염덩굴은 줄기에 잎이 대개 5개씩 나며 꽃은 10월부터 이듬해 4월 사이에 핀다. ▲수염덩굴의 씨는 3월에서 9월에 생긴다 등을 알아냈다. 또 수염덩굴의 길이를 재본 아이들은 수염덩굴이 빠르게 자라는 동안에는 한 달에 자그마치 90cm나 자란다는 것을 발견했다.

아이들은 수염덩굴을 캐낸다면 그 자리에 대신 어떤 것을 심는 것이 좋을

지도 토론했다. 마누카·카누카·마호·마푸 등의 토착식물이 비교적 생장력
이 강해서 적절하다는 결론을 내렸다. 이제 수염덩굴을 제거하고 싶은 마음이
더 급해졌다. 선생님은 곧 주변에 있는 5개 초등학교 800여 명의 어린이, 학부
모, 산림·조류협회 회원들을 모았다.

우선 허리 높이의 수염덩굴을 잘라내어 나무 위에 있는 부분이 말라 죽게
했다. 그리고는 뿌리를 뽑아내고 덩굴이 땅에 닿지 않게 했다. 다시 뿌리를 내
릴지도 모르니까.

대학교육의 녹색화로 지구를 구하라!

미국 오하이오 주 오벌린 대학의 환경학 교수인 데이비드 오어는 '미국 중심'의 20세기 지
구는 비상사태에 있다고 했다. 그런데도 대학들은 지속 가능하고 건강한 공동체를 가르치지 않고 수탈경제 속의 단기적인 성
공만을 교육하고 있다고 비판한다. 다음은 '교육의 녹색화'를 대안으로 본 오어 교수가 지적한 대학교육의 핵심 과제들이다.
① 다른 무엇을 배우든지간에 젊은이들은 화석연료 단계를 넘어가는 급속한 이행기에 필요한 분석기술과 실제적인 기술을
익혀야 한다. 젊은이들은 축적된 햇빛이 아니라 흐르는 햇빛을 이용하여 문명을 영위할 방법을 배워야 한다. 우리는 에너지
문제를 해결하지 못했다. 그러나 우리의 젊은이들은 그것을 해결해야 한다.
② 우리는 자신의 전공 분야에 은둔하는 전문가만을 교육하는 일을 더 이상 계속할 수 없다. 모든 전문 교육은 다른 전문 분야,
특히 에콜로지와 윤리학의 관점과 지식에 의해 이루어져야 한다.

③ 도시화 이후의 세계에 적응하도록 준비해야 한다. 지금 학교에는 젊은이들에게 도시
에서 출세하는 방법을 가르치는 과정밖에 없다. 그러나 인간의 미래가 도시만큼이나 농
촌에도 달렸다면? 농촌 세계가 이미 지나가버린 것이라는 생각은 하나의 관념일 뿐이
다. 우리가 살아 남으려면 농촌 세계를 확대해야 한다. 그것은 하루 동안에 한 가지 재료
에서 다른 재료로, 한 종류의 연장에서 다른 연장으로, 기계공학에서 생물학, 그리고 동
물 돌보기로 옮아갈 수 있는 능력을 뜻한다. 또한 그것은 설계하고 세우고 수선하고 키
우고 치유하고 만들고 땜질하고 종합하고 대처하고 이웃과 사귈 줄 아는, 폭과 깊이를
가진 마음이다.
④ 젊은이들은 땅 위에 인간의 흔적을 덜 남기도록 배워야 한다. 인간다운 삶을 지탱하기
위하여 필요한 에너지와 물질, 토지와 물의 총량을 줄여야 한다. 그 모든 것을 줄이고도
잘살기 위해서는 생태적 기술, 자연작용에 자신을 통합하는 방법을 습득해야 할 것이다.
그러기 위해서는 지구의 생태자본을 갉아먹는 것이 가능했던 이전 세대들보다 훨씬 지혜
로워야 한다. 젊은이들의 교과과정에 생태공학, 지속 가능한 자원관리, 복구생태학, 보존
생물학, 녹색건축과 같은 새 분야가 포함되어야 한다.

우리나라 대학가에서도 환경은 주요 의제가
됐다. 1996년 고려대 축제에서의 환경권리
선언.

⑤ 젊은이들은 삶터에 대한 새로운 비전을 가져야 한다. 젊은이들은 농촌과 도시의 경관
을 복구하여 탄산가스를 격리시키고, 야생지역을 복원하고, 생물학적 다양성을 지지하
고, 태양과 바람을 이용하며, 수렵·채취지역을 만들어내는 데 필요한 생태적 상상력을
갖추어야 할 것이다. 그렇게 만들어질 인간의 삶터는 우리가 상상하는 것 이상으로 야성의 지배를 받으며 보다 큰 전체의 부분
으로 존재해야 한다.
⑥ 진정한 교육은 단순히 사실과 정보, 기술과 요령을 전수하는 것이 아니라 그 이상의 것이어야 한다. 모든 대학에서 젊은이
들은 자신들이 이어받아야 할 유산이 분별 없이, 때로는 부정한 방법으로 탕진되고 있다는 것을 분명하게 인식해야 한다.

아이들은 오랜 시간에 걸쳐 숲에서 수염덩굴을 제거했고, 토착종을 심어 돌보기 시작했다. 수염덩굴이 많이 자랐던 곳을 몇 개 지역으로 나누어 지역마다 담당 학교를 정했다. 그리고 참여한 학생들은 모두 수염덩굴을 캐낸 자리에 나무를 심고 거기에 나무 이름과 자기 이름을 써붙였다. 아이들이 그렇게 열심이자 동네 할아버지들까지도 참여하게 됐다. 이제 이 지역에 살고 있는 모든 사람들은 수염덩굴에서 벗어난 마르스덴 계곡의 숲이 머지않아 다시 건강하고 아름다운 모습으로 되살아날 것이라고 믿는다.

생명놀이를 하는 대안학교 아이들

어린 시절, 방과 후 검정 고무신에 고둥이랑 미꾸라지를 담아 신나게 뛰어오다 논두렁 돌부리에 넘어져 쏟고는 서럽게 울던 기억, 소를 끌고 들로 나갔다가 풀벌레에 취해 잠깐 한눈판 사이 소를 잃어버리고 해거름도 지나 어두워지도록 헤매던 기억…….

그렇게 누가 가르치지 않아도 자연과 친구였던, 엄마 아빠의 어린 시절과 컴퓨터 오락에 빠진 지금 우리 아이들의 생활은 얼마나 다른가? 어쩌다 자연 캠프에 가서도 하루 종일 먹고 텐트에 틀여박혀 게임만 하다가 오기 일쑤인 우리 아이들……. 그러나 아이들의 잘못은 없다. 아이들이 거의 모든 시간을 바치는 학교생활에서 자연과 친구가 될 만한 기회도, 교육도 받지 못했으니 말이다. 그 동안 우리의 학교에서는 자연을 생물 교과서에 가두고 있었다. 아이들에게 '외우라'며 억지로 맺어주려 했다. 그러나 자연의 법칙, 그 끊임없는 공생과 무한한 생명력을 어떻게 암기해낼 수 있을까?

아이들 생활의 전부나 다름없는 학교에서 하지 못했던 일을 감히 시도하는 선생님들이 있다. '대안학교' 선생님들은 먼저 아이들을 자연 속에 풀어놓는다. 아직은 서먹한 만남이지만 아이들이 조금씩, 어느샌가 자연과 공동체를 이루리라 믿는다.

두밀리 자연학교

한 초등학교 아이들이 청량리 역에 모였다. 경춘선 기차를 타고 가평으로 향한다. 대성리를 지나 청평을 거치면서 시원한 북한강 줄기가 보이자 아이들의 얼굴이 조금씩 상기된다. 가평 역에 내려 다시 두밀리행 완행버스를 탄다. 엉덩이가 아프도록 덜컹거리는 시골버스에서 내려 두밀천을 따라 오르면, 드디어 '푸른 숲 할아버지 장승'과 '맑은 물 할머니 장승'이 환하게 웃고 있는 곳, 두밀리 자연학교다.

　"여기는 무슨 학교지?"

　"두밀리 자연학교요."

　"자연학교는 뭐 하는 곳이지?"

　"신나게 노는 학교요."

　두밀리의 봄 학교는 5월 첫 주부터 시작된다. 겨울 내내 쉬었던 밭을 갈아 토마토 · 오이 · 참외 모종을 심고, 지난해 인분을 넣었던 구덩이에 호박과 가지 · 고추 · 옥수수 씨앗을 심는다. 아이들의 떠들썩한 소리가 산 한자락을 차지하는 것도 바로 이때부터다. 아이들과 선생님들은 자기 반 밭에 신나게 모종을 심는다. 과연 여기서 무엇이 나올까 반신반의하며.

　그렇게 3주쯤 되면 어느새 토마토와 오이에서는 노란 꽃이 피어난다. 한 달 후에 다시 와보면 이미 방울토마토가 조롱조롱 매달려 있고 오이 모종에는 갓난아기 손가락만한 실오이가 예쁘게 달려 있다.

　여름이 시작되면 옥수수가 훌쩍 자란다. 여름이 더 짙어지면 아이들 키보

다 커버린 옥수수대 옆구리에서 암꽃술이 나오고 꼭대기에는 수꽃이 피어나 꽃가루받이를 한다. 또 봄의 끝 무렵에 탁구공만하던 새끼 수박, 그 조그만 몸통에 그려진 무늬는 앙증맞고 귀엽기만 했는데 어느새 야구공만하게 자라더니 한여름이 되면서 배구공 크기로 커져 익기 시작한다.

추석 무렵이면 고구마를 캔다. 6월 초에 온실에서 막 잘라온 고구마순을 두둑에 꽂아 젖무덤만하게 흙을 덮었는데, 어느새 무성해진 고구마 줄기를 젖히고 아이들은 고사리 손에 호미를 들고 고구마를 캔다. 어쩌다 머리통만한 고구마가 나올 땐 그걸 들고 신바람이 나 덩실덩실 춤을 추고 난리다.

이렇게 두밀리 자연학교의 아이들은 농부의 마음이 된다. 하나의 생명을 수많은 생명으로 거듭나게 하는 노동 속에서 신명나는 재미를 느끼게 되는 것이다. 씨앗 하나 땅에 심어 싹이 돋으면 정성스레 가꿔 그 열매를 자기 손으로 거둬들이는 놀이, 즉 생명놀이만큼 신나는 일은 없다.

창조학교

진득하니 덮어두고 기다려야 하는데, 조바심이 난 아이들은 시루 뚜껑을 열었다 닫았다 어쩔 줄을 모른다. 빨갛고 노란 과일들이 하얀 생크림에 화려하게 박힌, 그런 케이크만 찾던 아이들이 더디기만 한 떡시루에 목을 내놓고 있다니. 드디어 제 손으로 만든 시루떡을 꺼내들고 입이 함박만해진 아이들.

1998년 1월 5일, '우리 문화 숨쉬기'라는 주제로 열린 '창조학교'의 겨울방학 캠프 첫날 모습이다. 개학 기념으로 아이들이 시루떡을 만들었다. 성남시 분당구 정자동에 자리잡은 창조학교는 이 지역의 주민생활협동조합 주부들이 직접 이끌고 가르치는 대안학교다. 이 학교의 기본 교육목표는 '자유', 구속은 없다. 간섭이 있는 곳에서는 창의력도 주체성도 기대할 수 없다고 보기 때문이다.

다음날 아이들은 옛 놀잇감들을 만들었다. 복주머니, 연, 썰매, 팽이, 쥐불놀이 깡통 등, 전자오락에 빠져 있던 아이들에게는 낯선 것들이다. 그만큼 만들기도 익숙하지 않아 "어떻게 하나요?" 묻지만 엄마 선생님들은 첫 요령만 일러줄 뿐 나서주지 않는다. 아이들 스스로 이리저리 시도해보기를 바라서이다. 방패연 한가운데 구멍을 내기 위해 원을 그리려 애쓰던 한 아이가 다른 종이에 구멍 두 개를 뚫은 뒤 연필 두 자루로 즉석에서 컴퍼스를 만들어낸 것처럼.

이렇게 만든 놀잇감들을 들고 드디어 들로 나간다. 하늘로 연이 날아오르고, 추수 끝난 뒤 물이 차 얼음판으로 변한 논에는 팽이가 돈다. 해질 무렵이면 들녘에 모닥불이 피어오르고 쥐불놀이가 시작된다.

1995년 여름 '너희들 마음대로 실컷 해보라'는 주제로 열렸던 야영 캠프 이후 꾸준히 운영돼온 창조학교의 학생수는 초등학교 각 학년별로 15명 안팎이다. 정규학교 학기중에는 1주일에 하루씩 '창조체험교실'과 '과학교실'을 운영한다. 수업 내용은 아이들 스스로 선택한다. 생활 주변의 환경이 교과서이고,

마을에서 가까운 숲이나 문화현장은 모두 훌륭한 교실이다.

민들레학교

"저 들꽃의 이름은 뭘까?"

"물땅땅이, 깔따구, 콩중이, 팥중이 같은 작은 벌레들을 아니?"

"미꾸라지는 어떻게 숨을 쉴까? 매미는 왜 날면서 오줌을 눌까?"

"쑥과 쑥국새의 전설을 들어봐."

교과서에 없는 진짜 자연과 생명을 가르치는 학교, 늘 꿈속에만 있던 그런 학교를 직접 만들어보겠다고, 포부 큰 초등학교 교사들이 모였다. 1993년 여름 전국교직원노동조합 대구초등지회의 참교육 캠프에 참가한 교사들이다.

한살림 생명학교에 참가한 아이들.

운동장도 학생들도 없이 학교부터 만들었다. 민들레학교 교사들은 대구교육대 학생들의 도움으로 대구교육대 동아리방 등을 전전하며 밤을 새워 토론하고 고민했다. 그들은 얼마간의 돈으로 1997년 1월에야 겨우 모임공간을 마련했다. 초등학교 교사 15명과 대구교육대 학생 20여 명이 민들레학교의 '언니'들이다. 민들레학교에서는 선생님을 '언니'라고 부른다. '이빨이 먼저 난 이'라는 뜻의 언니라는 호칭은 단지 나이가 많다는 이유로 아이들의 가치를 미리 판단하지 않으려는 그들의 교육철학을 보여준다.

민들레학교의 언니들은 1993년부터 방학 때마다 아이들을 모아 들로 산으로 갯벌로 다녔다. 겨울 캠프에서는 '자치와 겨울 느끼기' '겨울 시골과 우리들'이라는 주제로, 여름 캠프에서는 '산·들·물·풀·흙·바람·생명을 느끼자' '자연과 자유' 등의 주제로, 산을 오르고 강을 찾고 질척한 갯벌을 맨발로 뒹굴면서 아이들은 자연을 느끼고 자연을 사랑하게 됐다.

그렇게 5년 동안 민들레학교를 다녀간 아이들만도 600명이 넘는다.

"민들레학교의 생명은 자유다. 자유롭게 놀고 이야기하는 속에서 공동체를 알고, 자연 속에서 민들레 같은 강한 생명력을 키워갔으면 한다. 학교 수업 시간에 교과서에 실린 그림을 보며 꽃과 나무, 별자리의 이름을 외우던 아이들이 민들레학교에 와서는 가슴으로 하늘을 느끼고 손과 발로 땅을 체험하게 된다." 이한우 '언니'의 말이다.

민들레학교는 '상생(相生)'을 꿈꾼다. 서로를 살리는 교육을 뜻한다. 개인과 개인, 개인과 공동체, 공동체와 공동체, 그 모두와 자연생태계를 서로 참되게 살리려는 노력이다. 자연 속에서 자유와 자치를 누리고 공동체를 배우는 것, 민들레학교가 꿈꾸는 교육의 참모습이다.

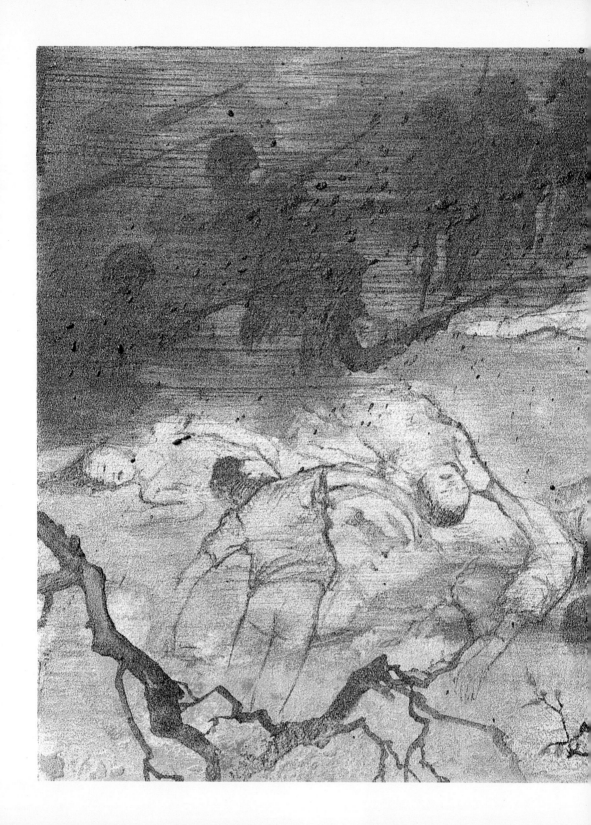

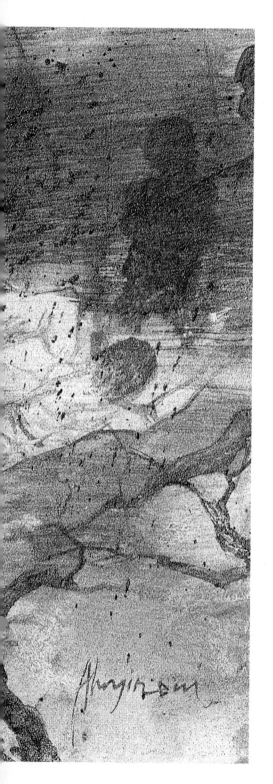

전쟁의 역사, 환경 테러의 역사

'냉전'이 끝난 지금도 세계는 전쟁중이다.

민족간의 폭력과 내전이 전염병처럼 번지고 있다.

1993년 한 해 동안만 해도 세계 곳곳의 전쟁터에서

600만 명의 사람들이 죽어갔다. 세상 모르는 아이들조차

화염 속에 고아가 됐고, 난민으로 떠돌고 있다.

핵무기와 화학무기가 불을 뿜는 전쟁은

사람과 자연의 생명력을 그야말로 '재생 불가능'하게 만든다.

특히 국지전은 꾸준히, 오랫동안 그 지역을 폐허 상태로

방치해 생태계가 회복될 기회마저 주지 않는다.

이제 지구와 인류는 생존을 위해 평화를 지킬 때이다.

뉴욕 시에 있는 사회과학 명문 대학원인 뉴 스쿨의 '세계정책연구소'는 1995년 5월 24일 〈전쟁터의 미국 무기: 분쟁지역에 대한 미국의 무기 공급〉이라는 제목의 보고서를 발표했다. 이 보고서에는 "미국 무기가 세계의 가장 처참한 인종 분쟁지역들에서 중심적인 역할을 하고 있다. …… 분쟁지역에 대한 미국의 무기 공급이 탈냉전시대의 가장 심각한 안보 문제다'라고 쓰여 있다. 냉전 종식 이후 소말리아·이라크·아이티·터키·아프가니스탄·과테말라 등 분쟁지역에서 미국 무기가 불법적이고 공격적인 목적에 사용됐다고, 이 보고서는 지적한다.

냉전이 끝난 지금도 세계 곳곳은 전쟁중이다. 사진은 르완다 내전.

1980년대 아프가니스탄의 근본주의 게릴라들에게 지원된 20억 달러 규모의 무기와 미국 중앙정보국(CIA)의 훈련 등이 이제는 전쟁과 테러리즘의 근원이 되고 있다. 과테말라에서는 미국 무기로 무장한 군부가 지난 30년 동안 무려 10만 명의 농민을 학살했고, 인도네시아·터키·멕시코·콜롬비아 등지에서는 억압적인 독재정권의 유지에 미국 무기가 사용됐다. 지난 10년 동안 세계 45곳의 분쟁지역에 420억 달러어치의 미국 무기가 공급됐고, 1993~1994년에 진행된 50곳의 지역·인종 분쟁에 미국 무기와 군사기술이 지원됐다. 그 분쟁들은 끝내 전쟁으로 치달았고 무기는 사람의 생명과 이름을 앗아갔다.

지금 세계에는 5만 여 기의 핵탄두, 7만 톤 이상의 독가스, 수백만 톤의 재래식 탄약과 폭약, 4만 5000대의 전투기, 17만 2000대의 탱크, 15만 5000문의 대포, 그리고 200척의 전함과 잠수함이 배치됐거나 비축돼 있다. 평화를 바라는 사람들은 "군수산업을 민간산업으로 전환해 평화와 비군사화에 투자하라"고 요구한다. 그러나 미국·러시아·중국·영국·프랑스 등 군사 강대국들은 보다 현대화된 무기의 생산과 수출 증대에만 관심이 있을 뿐이다.

그런데 무기는 어디로 흘러가는가? 먼저 이들 무기의 61%가 제3세계 분쟁지역으로 흘러들어간다. 대표적인 분쟁지역 아프리카에는 총 7억 3000만 명의 인구가 1000여 종족과 53개국의 독립국가로 묶여 살고 있다. 언어만 해도 모두 2000종이나 된다. 나이지리아 한 나라에만도 200종의 언어가 있다. 그만큼 분쟁의 소지도 크고 복잡하게 얽혀 있다.

앙골라 내전이 다시 시작됐으며, 에티오피아와 에리트레아 간의 분쟁도 끝나지 않았다. 기니·알제리·시에라리온·수단·소말리아·나이지리아·카메룬 경계지역이 분쟁 중이며, 라이베리아·자이르·콩고·코모로·나이지리아·니제르·차드·중앙아프리카공화국·잠비아·짐바브웨·레소토·스와질란드·마다가스카르와 케냐의 리프트밸리 지역 등에는 언제나 전쟁의 불씨가 잠복해 있다. 무기 수출국들에게 이곳은 그야말로 무궁무진한 시장이다.

남아프리카공화국의 민간사회단체인 '아프리카 안보연구소'의 안보정보분석 책임자 리처드 콘웰은 "아프리카 분쟁의 주된 이유로 종교적인 갈등과 반목을 꼽지만 미국·프랑스 등 강대국의 자본에 의해 조종되는 측면도 무시할 수 없다"고 말한다.

미국을 비롯한 강대국들에게 아프리카의 땅속은 그야말로 '보물섬'이다. 금(세계 매장량의 54%)·다이아몬드(39%)·코발트

걸프전 당시 공습으로 불타버린 유정.

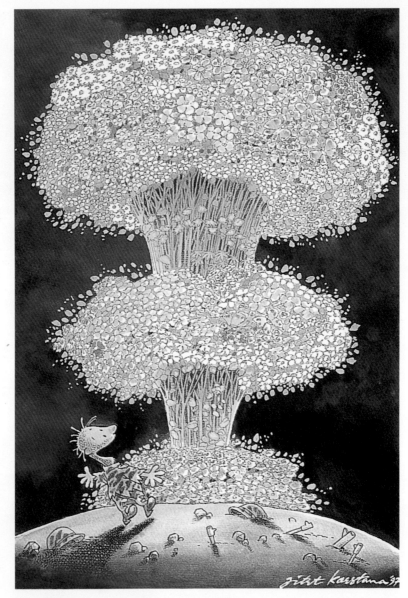

전쟁과 파괴를 상징하는 핵폭발
대신 평화를 갈망하는 그림.
1997년 서울 국제만화전 아트부
문 수상작으로 인도네시아 작가
지테트 코에스타나의 작품이다.

(68%)·백금(75%)·크롬(95%)·우라늄(31.5%)·원유(10.1%) 등의 지하자
원이 이곳에 있다. 이 자원들을 둘러싸고 미국·프랑스·캐나다 등의 광산재벌
들이 경쟁을 벌였고, 곧 아프리카 분쟁의 씨앗으로 불거졌다. 실제 나이지리아
의 민족 분쟁은 석유개발에 열을 올린 군부와 다국적 석유회사 '쉘'에 대한 소

수민족의 반발로 더욱 심화되었고, 소말리아 내전에 미국이 개입한 것도 미국의 대형 석유회사가 소말리아의 풍부한 유전개발권을 확보하면서부터였다. 남아프리카공화국에는 80개의 캐나다 광산회사와 30개의 오스트레일리아 광산회사가 광물 탐사에 몰려들어 크고 작은 분쟁을 일으키고 있다.

무기는 또 어디로 흘러가는가? 처치 곤란한 쓰레기로 쌓여 지구를 장악할 것이다. 특히 현대의 전쟁은 화학전 · 핵전쟁 등의 양상을 띠면서 사람과 자연을 그야말로 '재생 불가능'하게 만든다.

제2차 세계대전 종전 이후 최소한 1960년대 말까지 전쟁에서 노획했거나 오래된 화학무기들이 노천 소각, 지하 매장, 해양 투기 등 상상할 수 없을 만큼 무모한 방식으로 처리됐다. 미국 · 소련 · 영국 · 프랑스 같은 나라들이 수십만 톤의 화학약품을 알래스카와 캘리포니아 그리고 플로리다 앞바다에 버렸으며, 발트 해 · 북해 · 지중해 · 바렌츠 해와 우리나라 동해 등에 쏟아부었다. 이것들이 어장에 미칠 영향이나 장기적인 위험 따위는 언급조

다국적군의 개입으로 본격화한 코소보 전쟁.

차 되지 않았다. 그러나 화학물질이 강으로 흘러들어가 물속 생물의 떼죽음을 부른 제임스 강 오염사건(1977)이나 수천 명의 사람들이 미친 고양이처럼 버둥거리다 죽어간 미나마타 사건(1953) 등을 떠올리면 훗날 있을 어떤 재앙을 예감하게 된다.

미국 '군사 유독물질 네트워크' 소속의 레니 시걸은 현대의 핵무기와 화학무기를 다음과 같이 묘사한다.

"생산하기도 위험하고, 사용하기도 위험하며, 그리고 폐기하기도 위험하다."

베트남 전쟁에 빼앗긴 미래

"우리는 너희가 불러서 여기 왔다. 너희 정부가 되도록 미국의 청년을 죽지 않게 하려고 우리를 청했던 것이다. 이런 더러운 전쟁과 우리와는 아무 상관이 없다. 그래, 우리는 너희들이 던져준 몇 푼에 팔려왔다."

황석영의 소설 《무기의 그늘》에서 주인공 안영규 병장이 미군 중사를 향해 내뱉은 이 절규는 베트남 전쟁 참전의 본질을 지적하고 있다.

베트남에서 벌어진 전쟁이 우리나라에까지 고통을 남겼다.

박정희 정권이 베트남 파병을 결정한 것은 외교·군사적 측면과 경제적 고려에 따른 것이었다. 박정희 정권은 우선 미국을 중심으로 한 '자유세계'가 한국 전쟁 당시 대한민국을 지원한 데 대한 보답으로 파병이 불가피하다는 논리를 내세웠다. 그러나 군 전력 증강 지원과 차관 제공 등의 경제적 보상을 약속한 미국의 '브라운 각서'가 한국군 파병의 결정적인 요인이었다.

한국군이 1964년에서 1973년까지 연인원 30여만 명의 병력을 파병해 지원했음에도 베트남 전쟁에서 미국은 치욕스러운 패배를 당했다. 한국 역시 그 치욕의 상당 부분을 함께 뒤집어써야 했지만, 달콤한 보상도 없지 않았다. '베트남 특수'를 통해서 한국은 10억 달러 이상의 외화를 벌어들였으며, 그 덕분에 전쟁 기간 동안 연평균 12%라는 높은 성장을 계속할 수 있었다. 그러나 외화 획득과 경제성장 뒤에는 5000여 명의 사상자와 고엽제 피해자들의 한과 고통이 숨어 있다.

1968년 맹호부대 소속으로 안케에서 복무한 뒤로 자신이 왜 아픈지 병원마다 찾아다니며 물었지만 언제 죽을지 모른다는 말만 들어야 했던 김병우 씨는 1992년 8월 7일 사망했다. 김병우 씨와 같은 해에 맹호부대로 배치돼 송카우에서 싸웠던 김형만 씨도 10년 넘게 죽음의 문턱을 넘나들다가 1992년 12월 6일 숨을 거두었다.

죽지 않고 살아 남은 자들도 여전히 고통을 겪고 있다. 삼형제가 베트남 전쟁에 참전해 화제가 되었던 최철규 씨 형제는 "전쟁이 모든 것을 앗아갔다"고 말한다. 1967년 백마부대원으로 파병됐던 첫째는 10여 년 전 육군 중령으로 예편한 뒤 교회에서 주선한 영세업체에서 일하며 근근이 살고 있다. 둘째 최웅기 씨는 아직도 '전쟁중'이다. 충북 진천에서 면사무소 공무원으로 일하다가 1965년 맹호부대 1진으로 베트남 전쟁에 참전한 뒤 전쟁공포증으로 정신병자가 돼버렸다. 산기슭에 천막을 치고 숨어살던 최웅기 씨는 낯선 사람만 보면 일단 베트콩으로 의심한다. 그는 "베트콩 3만 명이 나를 잡으러 한국에 들어와 있다" "나를 간첩으로 몰아 항복을 요구하지만 반드시 읍 소재지를 함락하고 재산을 되찾겠다"는 말들만 반복하고 있다.

택시기사로 일하는 막내 최철규 씨는 총알이 등과 허벅지, 팔을 관통한 탓에 신경통과 고혈압에 시달리고 있다. 게다가 고엽제 때문에 온몸이 울긋불긋하다. 갑자기 정신을 잃고 쓰러져 앰뷸런스에 실려가는 일도 잦고, 2시간마다 피로회복제와 진통제를 먹어야 한다.

"모기약이라니까 그런 줄로만 알았다. 나는 속으로 미국이라는 나라는 무슨 돈이 많아 공중에서 모기약까지 뿌릴까 했다. 오렌지색 드럼통에 들어 있는 그 약을 풀에 뿌리라고 했는데 뿌리는 도구도 없고 달리 주의를 받은 것도 아니어서 손으로 뿌렸다. 한 열흘 정도 그 일을 했다"는 권기덕(1968, 백마부대) 씨는 원인 모를 병에 걸려 신장 조직까지 떼내 조사했지만 원인은 알 수 없다는 진단을 받았다.

이재랑(1965, 맹호부대) 씨는 한국 신문 쪼가리만 주어도 깨끗이 털어 가

베트남에 파병됐던 고엽제 피해자들의 시위.(위)
아직도 전쟁중인 최웅기 씨.(아래)

속속에 간직하고 태극기를 단 헬기만 보면 감동에 젖던, 애국심 하나로 이국 땅 전장에서 버틴 젊은이였다. "모기약이라는데, 고참들은 밤에 모기 때문에 고생하지 않으려면 온몸에 저거 맞아두자고까지 했다. 죽을지 모르고 환장한 거지, 모르면 어쩔 수 없다." 1979년 길을 건너다 쓰러진 뒤 깨어났을 때 의사는 폐가 다 녹아버렸다고 했고, 그 뒤로 그는 '반송장'으로 살고 있다.

이일희(1968, 맹호부대) 씨는 원인 모를 하체마비로 보훈병원에 장기 입원하고 있다. 조길성(1971, 비둘기부대) 씨도 마흔 넘어 오른쪽 다리를 자르고 장기 입원중이지만 절단수술을 맡았던 의사조차 원인을 몰랐다. 온

베링거 인겔하임과 다우 케미컬, 그리고 고엽제

다이옥신은 250g이면 한 지역을 오염시키고, 그 지역주민들에게 기형아 출산과 조산, 사망을 부를 수 있는 독약이다. 1976년 북이탈리아 밀라노 근교 마을 세베소에 있는 이크메사 화학공장의 폭발 사고로 다이옥신이 퍼졌다. 이때 세베소의 가축들이 무더기로 죽어갔고, 기형아가 증가하는 등 각종 피해가 이어졌다. 이 사고로 세계는 다이옥신의 무서움을 알게 됐다. 바로 그 다이옥신이 의도적으로 베트남 전쟁에 뿌려졌다.

'에이전트 오렌지'라고 불린 제초제를 처음 생산한 제약회사는 어디일까? 우리나라에도 많은 약을 팔고 있는 독일의 유명한 제약회사 '베링거 인겔하임'이다. 제2차 세계대전이 끝난 1950년 초, 제초제를 만들기 위해 함부르크의 베링거 인겔하임

1995년 그린피스는 고엽제와의 전쟁을 선포했다. '다우 케미컬의 다이옥신이 중대한 것들을 중독시킨다'는 경고 문구가 쓰여 있다.

은 'T산'을 제조했는데 처음에는 제조과정에서 부산물로 TCDD가 생기는 것을 몰랐다. TCDD는 현재까지 알려진 다이옥신 중에서 가장 독성이 강하다.

1953년 베링거 인겔하임에서 T산 제조에 참가했던 노동자들에게 '클로로아크네'라는 피부질환이 생겼고, 1954년 12월에 T산의 생산은 중지됐다. 당시 60명의 노동자가 이 질환을 앓았다. 그러나 베링거 인겔하임은 생산공정을 발전시켰다며 1957년부터 다시 T산을 생산했고, 1960년대 중반 '다우 케미컬'이라는 미국 회사에 T산을 팔았다. 다우 케미컬은 T산을 주원료로 베트남 전쟁에 사용된 '에이전트 오렌지'를 생산했다. 그런데 베링거 인겔하임은 T산을 팔 당시 이 상품에서 TCDD라는 인체에 치명적인 다이옥신이 생기는 것을 알고도, 또 그 상품이 미국에 의해 군사적 목적으로 사용될 것임을 알았으면서도 자기의 이익만을 위해 살인 무기를 팔았다.

한편 T산이 제조된 지 30년이 지난, 1984년에 이르러서야 T산 제조과정에 참가했던 노동자들이 수년간 건강장애로 고생하고 있다는 것이 밝혀졌다. 산업재해보상보험조합에 직업병으로 인정받기 위해 250건이 제출되어 있을 정도였다. 그러나 베링거 인겔하임은 수많은 노동자들이 피부질환 및 정신장애, 신경장애로 고생하고 있는데도 계속 무시하다가 여론의 비난이 거세지자 마지못해 시인하였다. 1993년 2월 12일 베링거 인겔하임은 독일 노동자들의 피해를 보상하고 독성물질로 심하게 오염된 공장 부지를 정화하겠다고 발표했다. 그러나 고엽제로 인해 다이옥신에 노출된 베트남 사람들과 참전 군인들에 대해서는 베링거 인겔하임도 다우 케미컬도 침묵하고 있다.

몸에 벼룩이 뛰는 것처럼 가렵고 울긋불긋 흉하게 돋아난 피부병, 물고기 비늘처럼 가슬가슬 벗겨지는 살갗, 다리마비, 시력 상실, 경련…… . 서울, 부산, 대구의 큰 병원, 용한 의원을 다 찾아다녔어도 하나같이 "모르겠다" "혹시 농약 중독 아니냐"고만 했단다.

총알이 빗발치던 전쟁터에서 순식간에 울창한 밀림을 말려버린 그 '모기약'이 무엇인 줄 몰랐고, 살아 남아 고국 땅에 돌아와서도 자신들이 왜 아픈 줄 몰랐던 이들, 그러나 불행은 거기쯤에서 끝나지 않았다. 대물림되고 있는 것이다.

김용상 씨는 1969년 맹호부대 1연대 소속으로 베트남 전쟁에 참전했다. 1987년 다리부터 시작된 마비 증세가 순식간에 온몸으로 번져 이제는 대소변도 가리지 못하는 상태다. 몇 년 전부터는 다리 살갗이 검게 변하면서 발가락이 썩어 문드러지는 고통까지 겪고 있다. 그도 다른 전우들처럼 헬기로 고엽제를 뿌리면 들끓던 모기들이 한 마리도 보이지 않아 "참 좋은 모기약이구나"고만 생각했지, 그것이 20여 년이 지나 이렇게 끔찍한 결과를 가져오리라고는 상상도 못했다. 1992년 부인이 집을 나갔고, 지금은 친지들의 도움으로 겨우 생계를 이어가고 있다. 둘째 딸은 고등학교 1학년 때 학업을 그만두고 그의 병수발을 맡고 있다. 그러나 김씨에게 더 끔찍한 일은 자신에게 내려진 형벌이 자식들에게도 계속되고 있다는 사실이다. 귀국한 뒤 1년여 만에 낳은 첫 아이는 며칠 시름시름 앓다가 죽었고, 1976에 태어난 딸은 정박아로 놀림을 받았다.

1968년 맹호부대 26연대 소총수로 베트남 전쟁에 참가했던 충북 청주의 오씨, 오씨의 맏아들은 세 살 때 고엽제 후유증인 두통과 수족마비에 시달리다 열네 살 되던 1987년 끝내 숨졌다. 맏아들을 잃은 슬픔을 다 거두지 못했는데, 또다시 둘째 아들마저 같은 증세로 입원시켜야 했다.

1968년 맹호부대원으로 참전한 뒤 시시때때로 찾아오는 전신마비로 고생하는 김길용 씨도 아들만 보면 기가 막힌다. 이제 다 큰 청년인데, 아버지처럼 하체가 마르더니 다리에 뼈만 남아 서지도, 걷지도 못하기 때문이다.

"고엽제 피해자 가족들은 자녀의 혼사 문제 등에 걸림돌이 될까 봐 발병 사실을 숨기고 있는 실정이다." '고엽제피해모임'의 한관형 부회장은 베트남 참전 군인들, 이른바 '따이한'들은 고엽제의 후유증을 천형처럼 짊어지고 살아간다고 했다.

지구촌의 또 한 곳, 베트남도 미국과 그들의 전쟁, 특히 '에이전트 오렌지'라 불린 무기를 결코 잊을 수가 없다. 그들은 참담했던 과거를 '전쟁범죄박물관'에 고스란히 보관하고 있다. 그곳에서는 미군이 베트남 사람들에게 저지른 갖가지 만행을 기록한 사진들과 함께 부모가 고엽제에 노출되어 세상을 보지 못한 채 죽은 온갖 형상의 기형 사산아들이 20년이 넘도록 포르말린 병에 담겨져 전쟁을 원망하고 있다.

또 '평화촌' 아이들이 있는 한 베트남은 과거는 물론 미래에도 전쟁의 기억으로부터 자유로울 수 없다. 평화촌에는 전쟁에 참전했던 아버지로 인해 기

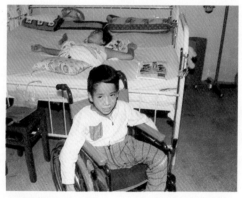

고엽제에 중독된 베트남 참전 군인들에게서 기형으로 태어난 평화촌 아이들.

형이 된 아이들이 자라고 있다. 손가락이 말라 줄어들어 결국 두 손이 마비된 한 사내아이에게는 정신지체인 큰누이와 다리가 자라지 않는 병을 앓다가 죽은 작은누이, 걷지 못하는 동생이 있다. 이 정상적이지 않은 형제들……. 그들은 모든 베트남 아이들의 형제이기도 하다. 베트남의 모든 아이들은 자신과 형제들의 과거에 의문을 갖고 미래를 고민하게 될 것이다.

베트남 해방전선군의 근거지를 없애기 위해 미군이 사용한 에이전트 오렌지, '느린 탄환'이란 별칭을 갖고 있는 고엽제는 1962년부터 1972년까지 10년간 뿌려졌다. 물론 사람만이 이 치명적인 무기에 희생된 것은 아니었다. 미국은 7200만 l나 되는 고엽제와 5300만 톤의 폭탄을 베트남에 쏟아부었다. 베트남 국민 한 사람당 260kg의 폭탄을 맞은 셈이자 제2차 세계대전중 미국이 사용한 폭탄의 2배 분량이다. 이 집중 폭격으로 베트남에는 9000만 개나 되는 폭탄 구덩이가 생겼다. 230kg짜리 폭탄 한 개가 터지면 직경 10m, 깊이 5m 가량의 구덩이가 생기고 그곳의 표토층은 날아가버린다고 한다.

1985년 '국제자연보호연합'이 조사한 바에 따르면 베트남 국토의 39%인 1만 2000ha가 황무지로 변했다고 한다. 또 밀림을 집중 공격한 고엽제와 소이탄 등으로 1만 4500ha에 이르던 숲이 전쟁 후에는 7300ha에 불과하게 됐다.

모든 것이 죽어버리고 '아메리칸 호프'만이 자라는 꾸몽 고개.

나무를 적어도 5억 그루는 심어야 자연환경이 회복될 것이라고 한다.

지금은 어지간한 어른 걸음이면 10분 만에 정상에 오를 수 있는 꾸몽 고개가 20년 전 고엽제가 뿌려지기 전에는 가시덤불을 헤치고 울창한 나무숲을 비집고 올라야 했기에 정상까지 한나절이 족히 걸렸던 삼림이었다는 걸 사람들이 기억할까? 거대한 무덤처럼 모든 것이 죽어 있는 그 고개에 유일하게 자라난 잡초가 있다. 베트남 사람들에게 낯설기만 한 그 잡초, 사람들은 그것을 '아메리칸 호프'라 부른다.

지구를 인질로 잡고 치른 전쟁들

아테네와 스파르타 사이에 펠로폰네소스 전쟁이 발발한 지 두 해째인 기원전 430년, 아테네에는 전대미문의 '역병'이 돌아 인구의 4분의 1이 죽었다. 결국 지도자인 페리클레스도 이 역병으로 죽고 전쟁에서 패배한다. 이 일은 《오이디푸스 왕》의 배경이기도 하다. 그런데 아테네 사람들은 이 역병을 펠로폰네소스 사람들이 저수지에 독을 풀었기 때문이라고 믿었다. 고대 전쟁에서는 저수지나 우물에 독을 타거나 동물의 시체를 버려 전염병이 돌게 하는 게 중요한 전술이었다. 군이 의도적인 전술 때문이 아니더라도 전쟁은 매번 장티푸스 · 페스트 · 나병 · 매독 등의 역병을 남겼다.

아테네 역병 외에도 로마와 이집트의 전쟁에서는 '유스티니아누스 역병' 페스트가, 십자군 전쟁에서는 나병이, 나폴레옹과 나이팅게일이 등장한 크리미아 전쟁에서는 발진티푸스가, 제2차 세계대전에서는 인플루엔자가 맹위를 떨쳤다. 이렇게 전쟁은 질병을 불렀고 곳곳을 전염시켰다.

영국의 육군 원수 버나드 로 몽고메리는 《전쟁의 역사》 '전쟁의 윤리'편에서 이렇게 말했다.

"기원전 500~기원전 400년 그리스 전쟁 초기에는 우물에 독을 타거나 무기에 독을 바르고 반역을 유도하는 등의 방법이 사용되었다. 중세에는 포위공격을 할 때 죽은 동물의 시체들을 수비군 지역에 던져넣어 부패한 시체를 통해 질병이 확산되도록 하곤 했다. 그것은 최초의 세균전 사례라고 말할 수 있을 것이다."

전쟁의 후유증, 지뢰

지뢰는 전쟁이 남긴 물리적인 후유증이다. 냉전이 한창이던 지난날 내전을 겪은 캄푸치아 · 아프가니스탄 · 소말리아 · 앙골라 · 모잠비크 · 에티오피아 등 제3세계 국민들은 총성이 멎은 지금도 과거의 부산물인 지뢰로, 매주 100명 이상이 목숨을 잃거나 불구가 되는 심각한 후유증을 앓고 있다.

국제인권단체 '인권 파수꾼'과 '인권을 생각하는 의사들'은 1994년 미국 국방성의 비밀보고서를 참고해 지뢰 문제의 실상과 심각성을 보고했다. 그 보고서대로라면 현재 제3세계에 매설돼 있는 지뢰의 수는 1억여 개, 세계인구 50명당 1개꼴이다.

아프가니스탄에는 지뢰 1000여 만 개가 그대로 방치되어 있다고 한다. 과거 소련군은 전투가 한창 치열하던 1980년대 초

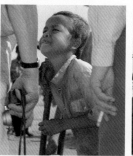

지뢰 폭발로 한 다리를 잃은 이 아이는 매일 메콩 강 선착장에 나와 외국인을 상대로 구걸을 한다.(왼쪽)
'국제지뢰금지운동' 대표 조디 윌리엄스.(오른쪽)

반, 병사들을 동원해 일일이 지뢰를 매설하는 번거로움을 덜려고 아예 헬리콥터와 수송기로 반군들이 자주 출몰하는 산간지역과 파키스탄 국경지대에 살상 효과가 높은 대인 지뢰를 한꺼번에 수천 개씩 공중 살포했다. 더구나 소련군이 철수한 뒤에도 회교 반군들 사이에 유혈충돌이 끊이지 않으면서 새롭게 매설되는 지뢰의 수가 급격히 늘어나는 추세라고 한다. 아직도 산발적인 내전에 휩싸여 있는 모잠비크 역시 마찬가지다. 미국과 남아프리카공화국의 지원을 받는 반군과 사회주의 노선의 정부군 사이에 전투가 한창 격렬하던 시절에 양측이 매설해놓은 지뢰가 900만~1100만 개에 이르며 아직 90% 가까이 그대로 남아 있다.

1970~1980년대에 미 · 소 양국의 대리전을 치른 앙골라에서도 900만 개의 지뢰가 그대로 방치돼 있어 매주 평균 20~30명 이상의 사상자가 속출하고 있다. 캄푸치아에는 1970년대 당시 공산 게릴라의 침입을 막기 위해 미군이 매설해놓은 것부터 최근 정부군과 크메르루주 반군 양측이 주요 촌락과 도로를 따라 묻어놓은 최신형 지뢰까지 합쳐 400만~700만

그는 또 제1차 세계대전 당시 화학전을 기록했다. "시간이 지남에 따라 방어는 더욱 세련된 모습을 갖추었다. 독일군은 다양한 유형의 가스를 전장에 도입했다. 질식가스·최루가스·수포가스가 그것이었다. 수포가스 가운데 이페릿(mustard gas)이 가장 독했는데 그것은 사람을 무력하게 했을 뿐만 아니라 공기가 정화되는 데 오랜 시간이 걸렸다."

제네바 군축회담의 미국 대표 스티븐 리도가는 전쟁무기로 발생한 환경 문제를 지적한 바 있다.

"탱크를 예로 보자. 보통 탱크에는 기름과 윤활유·수소 혼합가스·석면·방사성물질·섬유강화물질·중금속 등이 포함돼 있다. 어떤 폐기방식을 이용하든간에 탱크 한 대에 350~700l까지 들어 있는 이 액체물질을 먼저 배출시켜야 한다. 만약 이 액체들이 배출과정에서 혼합된다면 그것들은 유독성 폐기물로 취급돼야 하고, 또 배출이 안 된 상태에서 폭발 파괴방식이 사용된다면 장비에 불이 붙고 대량의 유해 연기가 발생할 것이다."

우리나라도 대인지뢰금지협약에 가입할 것을 촉구하는 시민단체 회원들.

개에 이르는 지뢰가 매설돼 있는 것으로 밝혀졌다.

유엔은 미국·영국·프랑스 등의 지원을 받아 지뢰탐지기 등을 동원해 지뢰 제거작업에 뒤늦게 나서고 있지만 성과는 미미하다. 우선 장비가 절대 부족한 데다 매설지역 가운데 상당 지역이 아직 준전시상태이거나 접근이 힘들고 최신형 지뢰가 많이 설치되어 탐지에 애를 먹고 있다고 한다.

지뢰 제거비용 또한 만만찮다. 미국의 폭탄 해체 전문가인 패트릭 블래든은 "전 세계의 모든 지뢰를 제거하기 위해서는 2000억~3000억 달러의 엄청난 비용이 필요하다. 1년 동안 새로 매설되는 지뢰를 제거하는 데만도 보통 6억 달러가 소요될 것이다"고 했다.

그런데 더 큰 문제는 지뢰가 제거되는 속도보다 훨씬 더 빠르게 생산·설치되고 있다는 점이다. 매년 8만 개의 지뢰가 제거되는 반면에 200만 개가 새로 매설되고 있다. 지난 25년 동안에 2억 5000만 개가 넘는 지뢰가 생산됐고, 지금도 연간 1000만~3000만 개의 지뢰가 생산되고 약 1억 개가 비축되어 있는 것으로 추정된다.

게다가 지뢰 제조국들과 업체들 간의 경쟁은 여전하다. 냉전이 끝나 이렇다 할 전쟁이 일어나지 않자 그 동안 지뢰 수출로 재미를 보던 업체들이 이제는 무더기 덤핑 경쟁에 나선 것이다. 서구의 일부 업체들은 아예 은행에 신용보증을 서주면서까지 구매자를 찾고 있는 실정이다. 뿐만 아니라 판매 부진을 타개하기 위해 생산방식 역시 다양해지고 있다. 발셀라·미사르·마우스 등 플라스틱 지뢰로 국제적인 명성을 얻고 있는 이탈리아의 지뢰 제조업체들은 식별과 탐지가 곤란하도록 주변환경과 계절에 따라 색상이 다른 제품들을 특별 생산하고 있는 것으로 알려졌다.

한편 1997년 '국제지뢰금지운동(ICBL)'과 대표인 조디 윌리엄스가 노벨 평화상을 공동 수상하면서 지뢰 문제가 세계의 관심사로 떠올랐고 '대인지뢰금지협약'에 캐나다·오스트리아·벨기에 등 89개국이 동의하게 되었다. 그러나 아직도 지뢰 매설에 책임이 가장 큰 미국이나 지뢰 피해국의 하나인 우리나라는 가입하지 않고 있다.

우리나라의 매향리는 군사기지가 들어서 주거환경이 파괴된 대표적인 예이다. 지금도 주민들은 미군들의 비행과 사격 훈련에 따른 소음과 포탄의 위험 속에 방치돼 있다. 미군기지측은 기지 앞 하천에 "이 물은 식수는 물론 농업용수로도 절대 사용할 수 없음"이라고 버젓이 공고하고 있다.

뿐만 아니라 군사시설 주변의 환경오염도 날로 심각해지고 있다.

"우리는 더 이상 정원을 가꿀 수 없고, 안심하고 목욕을 할 수도, 물을 마실 수도 없다." 1991년 미국 커틀랜드 공군기지 인근에 살고 있는 캘리포니아 주 마운틴뷰의 주민 로레인 헙스터틀러와 이웃 사람들은 인근 모펫필드 공군기지에서 유출된 독성 화학폐기물이 이 지역의 상수원을 오염시켰다며 항의했다. 군부대는 페인트 · 용제 · 시안화물 · 페놀 · 발사용 화약 등의 화약물질과 폭발물들로 이루어진 곳이다. 1989년 11월 미국 네바다 주의 공군 폭격장 주변은 군 공유지를 넘어 외부로 떨어진 1389개의 불발탄과 5만 5962kg의 폭탄 파편, 2만 8136발의 탄약으로 인간이 사용할 수 없는 땅으로 인정돼 영구 폐쇄됐다.

냉전이 끝나고 동유럽에서 소련 군대가 철수했지만 그들이 점유했던 군사기지는 화학물질 집합소나 다름없었다. 체코의 모라비아 북부 프렌스타트의 지하수는 "땅을 파면 실제로 경유를 퍼올릴 수 있을 정도"로 오염돼 있다고 한다. 또 보헤미아 비소크미토의 지하수는 독성물질이 허용 기준치의 50배 이상임이 밝혀졌다.

1993년 독일 정부가 통일 이후 처음 실시한 환경조사에 따르면 제1차 세계대전 때부터 지금까지 군사시설에서 배출된 각종 폐기물로 독일 내 4400곳이 잠재적 오염지역으로 나타났으며, 이를 정화하는 데 적어도 수십억 마르크가 들 것으로 추정했다. 헤센 주의 경우 제2차 세계대전중이던 1941~1943년 '노벨'사가 다이너마이트를 생산했던 곳에 건설된 한 저수지를 정화하는 데만 7000만 마르크를 쏟아붓고 있다. 헤센 주는 주민들의 높은 백혈병 발병률이 오염된 저수지 물의 사용과 관련이 있다고 보고 1987년부터 정화작업을 벌여왔다.

국지전은 꾸준히, 오랫동안 그 지역을 폐허 상태로 방치하기 때문에 생태계가 회복될 기회마저 주지 않는다. 파푸아뉴기니로부터 분리를 위해 10년 넘게 전쟁을 벌여온 부겐빌레 섬과 파푸아뉴기니의 광산업자들은 구리 채광에만 열을 올려 부겐빌레 섬은 광물 부스러기와 오염물질로 덮여버렸다. 카카오와 바나나 농사를 망쳤고, 광산 폐수로 하천이 오염되어 물고기마저 사라지게 됐다. 이에 섬 주민들은 분리운동을 벌여왔고, 지금 이 섬의 5분의 1은 완전히 파괴되어 아무것도 남아 있지 않다.

1980년부터 1992년까지 12년간 내전을 치른 엘살바도르는 전쟁 후 원시림이 겨우 2% 정도 남았고, 농경지의 75%가 황폐화되었으며, 강물의 90%가 오염됐다. 생태계

걸프전이 끝나고 쿠웨이트에 남겨진 포탄들. 유엔 국제환경사진전에 출품된 쿠웨이트 사진작가 예한 리자브의 작품이다.

가 그 모양이 되자 아이들은 호흡기질환으로 죽어가고 국민의 80%가 식수난으로 위장질환을 앓고 있다. 1960년대 초반부터 30년을 끌어온 과테말라 정부와 반정부 게릴라 군대(URNG)의 전투로 1960년대만 해도 과테말라 국경의 90%를 덮고 있던 삼림이 현재 30%로 줄었다.

1991년 걸프전은 전쟁으로 자연환경이 얼마나 쉽게 파괴될 수 있는지를 아주 간단히 보여준 사례다. 제2차 세계대전이 끝나고 대형 유조선이 등장한

이래 지금까지 360여 건의 원유 유출 사고가 발생했는데, 그 중 세계 최대 원유 유출 사고는 역시 걸프전 때 사담 후세인 이라크 대통령이 다국적군의 상륙을 막기 위해 100만 톤의 원유를 페르시아 만으로 흘려보낸 일이다. 1989년 해양오염사에서 유명한 '엑슨 발디즈 호' 좌초 사고가 일어나 원유 4만 2000톤이 유출된 것과 비교할 때 실로 엄청난 사건이었다. 그때 엑슨 발디즈 호에서 유출된 원유로 1930km의 알래스카 주 해변이 오염돼 바다새 58만 마리, 수달 5500마리, 물개 30마리, 고래 17마리가 죽었다. 엑슨사는 매일 1만 1000여 명을 동원해 기름 제거에 나섰고 25억 달러를 썼다.

페르시아 만 연안은 염류토의 평지 또는 염분으로 덮인 사브카라는 독특한 습지로, 매우 다양한 생태계를 이루던 곳이다. 사브카에서 자라는 수많은 종의 식용 어류와 무척추동물, 이곳에서만 서식하던 희귀 동식물 모두가 걸프전 때의 의도적인 원유 유출로 기름 속에 묻혀버렸다.

또한 페르시아 만 연안에 위치한 사우디아라비아 · 바레인 · 카타르 · 아

유엔 평화유지군을 평가하라

제2차 세계대전 종전을 앞둔 1945년 6월 26일 미국 · 영국 · 소련을 비롯해 51개국의 대표가 미국 샌프란시스코에 모여 '유엔 헌장'을 채택했다. 각국 대표들은 헌장 전문에서 전쟁 억제를 통한 세계 평화와 안전의 유지가 유엔의 목적이라고 했다. 그로부터 50여 년이 지난 지금 유엔은 현재 6개 주요 기구에 16개 전문 기구와 200여 개 하부 기구로 구성돼 있다.

유엔 평화유지군은 "휴전협정 체결 후 국경지대 및 완충지대 감시, 불법무기 유입 방지, 무장 세력의 무장 해제 및 해산 감독, 보호지역 설정, 선거 및 인권보호 사항 감시, 피난민 송환, 기반시설 재건 등"의 목적을 가지고 1948년 창설되었다. 창설 이후 40년 동안에는 단지 13번의 유엔평화유지군 파견이 있었다. 그러나 최근 들어 유엔 평화유지군의 개입 건수가 증가하고 있다. 유엔 평화유지군의 활동 규모가 커지고 임무 수행에서도 더 적극성을 띠어감에 따라 활동비용도 급격히 늘었다. 1980년대 중반에는 연간 3억 달러에 못 미쳤으나 1992년에는 27억 달러나 됐다. 유엔 평화유지군의 참여인원도 1990년의 1만 500명에서 1992년 5만 명으로 늘었다.

어떤 이들은 제3차 세계대전이 발발하지 않은 것만으로도 유엔 평화유지군의 활동은 성공한 것이라고 주장하고 있다. 또 전쟁 도발 당사자를 유엔 평화유지군의 이름으로 응징한 것도 성공사례로 꼽고 있다. 한국 전쟁이나 걸프전에 개입한 것이 그 대표적인 경우이다. 현재 유엔은 보스니아 이외에도 세계 15곳에, 84개국 소속 6만 4000여 명의 평화유지군을 파견하고 있다. 그 밖에도 나미비아 · 콩고 등 식민지 국가의 독립을 도왔고, 분쟁이 계속돼온 유고 · 리비아 · 이라크 · 소말리아 등에 경제 봉쇄를 단행하고 있다.

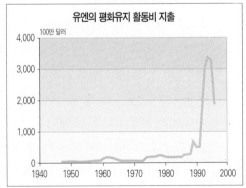

유엔의 평화유지 활동비 지출

랍에미리트 등의 국가들은 식수의 90% 이상을 해수를 담수화해 사용해왔는데, 걸프전으로 페르시아 만 연안의 해수 담수화 공장들이 폐쇄되자 졸지에 식수원을 잃게 됐다. 전문가들은 바다가 원상회복되려면 앞으로 200년 내내 원유 제거작업을 해야 할 것이라고 내다보았다.

오랜 분쟁으로 기아에 시달리는 이들에게 총알을 던져주는 미군 또는 평화유지군의 실체를 비꼰, 일본 작가 마사푸미 기쿠치의 만화.

이라크는 또 다국적군의 쿠웨이트 상륙에 대한 대응으로 유전시설을 파괴했다. 알와스라 유정과 슈아이바 · 미나압둘라 정유시설을 폭파하는 과정에서 발생한 화재는 이후 몇 달간 계속됐다. 매일 수백만 배럴의 원유가 타면서 발생한 매연은 햇빛을 가렸고, 검은 연기와 불기둥에서 바다와 육지로 유황산 오염물이 떨어져 토지를 산성화한 것은 물론 음료수와 수원을 오염시켰고 인체 호흡기에 큰 영향을 끼쳤다. 하늘 높이

1988년 유엔 평화유지군에 노벨 평화상이 수여됐을 때 당시 사무총장 페레즈는 "국제적으로 군대가 전쟁 수행이나 지배권의 획득이 아닌, 그리고 어느 국가 혹은 국가집단의 이익이 아닌 목적을 위해 헌신한 것은 역사상 유엔평화유지군이 처음이다"고 했다.

그러나 유엔 평화유지군이 실패했다고 주장하는 사람들은 제2차 세계대전 이후 지금까지 지구상에서 크고 작은 분쟁이 끊임없이 일어나고 있는 점, 또 그 분쟁을 유엔 평화유지군이 부추긴 점을 든다.

유엔 평화유지군의 최고 책임자였던 브라이언 우카트는 "유엔 평화유지군은 비폭력 원칙을 지킬 때에만 초월적인 지위를 얻을 수가 있다. 비폭력 원칙을 위반한다면 유엔 평화유지군 자체가 분쟁의 한 당사자가 될 수밖에 없을 것이다"고 했다.

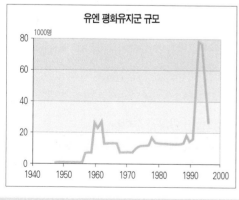

유엔 평화유지군 규모

사실 미군이 중심이 된 유엔 평화유지군은 지역 분쟁을 비폭력 원칙보다는 전투를 통해 해결하는 쪽으로 나아가고 있다. 미국이 제의하고 유엔 안전보장이사회가 결의해 다국적군의 개입을 결정한 소말리아 내전에는 미국에서 2만 8000명, 프랑스 · 영국 등 30여 개국에서 3만 5000명이라는 어마어마한 병력이 파견됐다. 그런데 소말리아 내전에 개입한 유엔 평화유지군에 대해, '유엔 인도주의활동' 사무차장인 엘리어슨은 가차없이 비판한다. "유엔 평화유지군이 구호 · 복구보다는 군사활동에 비중을 두고 있다. 소말리아의 구호 및 복구 활동에 필요한 1억 6000만 달러 가운데 15%도 못 미치는 돈이 걷힌 것에 비해 유엔이 군사작전에 지출한 돈은 15억 달러나 된다." 결국 구호는 명분일 뿐 다국적군에 속한 나라들의 무기를 팔아주기 위한 전쟁이었다고 할 수 있다.

이라크의 기름 탱크. 석유자원이 분쟁의 주요 원인이자 공격 대상이 되고 있다.(위)
전쟁은 인간만이 아니라 숱한 생물 종의 생명도 앗아간다.(아래)

치솟은 산성물질은 인근지역에까지 날아간 후 비에 섞여 쏟아졌다. 쿠웨이트는 말할 것도 없이 인접국가인 이란·사우디아라비아에도 몇 달간이나 검은 비가 내렸다.

이라크는 전후 복구 사업비로 무려 2000억 달러를 들였다. 그러나 '지구를 인질로 잡고 치른 전쟁'이었던 만큼 '환경 복구'까지 합하면 앞으로 얼마나 더 비용이 들지 모를 일이다.

한편 미국에서는 걸프전 참전 군인들에게서 원인 모를 질병이 발생해 논란이 되고 있다. 참전 군인들은 기억력 감퇴에서 면역체계 약화에 이르기까지 고질적인 장기 증상을 보이고 있음이 뒤늦게 확인됐다. 의학 박사 윌리엄 레아는 1993년 1월 7일 CNN의 한 프로그램에서 '새로운 질병의 하나'로 걸프전 참전 군인들에게서 나타난 이상한 질병을 소개했다. 그를 비롯한 일부 의사들은 이를 '환경질병'이라고 주장한다. CNN 보고서에 따르면 상당수 의사들도 '환경질병' 증상의 하나인 기억력 감퇴를 보이는 퇴역 군인이 있다는 사실을 인정했다.

7000명 이상의 걸프전 참전 군인이 캠페인을 벌이며 항의하자 미국 의회에서도 '사막폭풍증후군'이라 불린 이 괴이한 질병을 조사하기 위해 재향군인위원회를 소집했다. 그런데 걸프전 참전 군인 대부분은 자신이 앓고 있는 병이 이라크의 공격에 의한 것이 아니라 미국이 사용한 무기 때문이라고 믿고 있다. 특히 탄피에서 나온 폐기 우라늄이 그 주요 원인이라고 주장한다.

대규모 작전계획과 첨단무기가 등장하는 현대의 전쟁은 이렇듯 자연과 사람을 더 큰 규모로 파괴한다.

지금도 전쟁은 계속되고

베트남 전쟁도 끝났고 냉전도 종식됐고 이데올로기의 대립마저 해소된 지금, 그러나 '전쟁'만큼은 여전히 진행중이다.

　미국의 연구단체인 '월드 프라이어리티'가 해마다 발표하는 보고서 〈세계의 군사·사회비용〉(1994)은 "1990년은 커다란 약속으로 출발했다. 그러나 오늘날 평화는 거대한 환상처럼 보인다. 냉전이 사라진 대신 민족간의 폭력과 내전이 전염병처럼 번지고 있다"고 지적했다. 이 보고서에 따르면 1993년 한 해 동안 세계 곳곳에서는 29건의 대규모 전쟁이 일어나 600만 명이 숨졌다고 한다. 대규모 전쟁이란 '두 개 이상의 정부가 개입한, 연간 사망자수 1000명 이상의 전쟁'을 말한다. 제2차 세계대전이 끝난 뒤 지구상에서는 149건의 대규모 전쟁이 일어났으며 이로 인해 2314만 명이 목숨을 잃었다. 이는 캐나다 전체 인구가 사라진 것과 같다. 이 보고서의 대표집필자 루스 시버드는 특히 사망자 중 92%가 제3세계 사람들이라는 사실을 지적한다.

1995년 뉴욕 유엔본부에서 열린 NPT 재검토 회의장 앞에서 각국 NGO 회원들이 NPT 연장 반대와 핵전쟁 반대시위를 벌였다.(위) 터키의 쿠르드계 신문 《우르케디군딤》을 정부군이 탄압하자 항의하는 쿠르드계 사람들.(아래)

　또 미국 '평화연구소'의 1993년 연구에 따르면 "제3세계 233개 소수민족 집단들이 정치적·경제적 차별로 인해 '위험한' 상태에 있다. 1990년 이들 집단은 세계인구의 17%에 해당하는 9억 1500만 명이었다. 이들 중 1945년 이후 정치적·경제적·민족적 이유 등으로 충돌을 일으키지 않은 나라는 27개 민족에 불과하다"고 한다.

　이렇게 제3세계에서 민족 분쟁이 끊이지 않는 이유는 무엇일까? 그것은 식민 통치가 빚은 갈등 때문이다. 제국주의자들은 식민지를 지배하면서 자신들의 이익에 맞게 국경선을 그었다. 그 결과 동일한 문화와 언어, 민족성을 가진 사람들이 각기 다른 나라로 나뉘었는가 하면 문화와 언어, 생활양식이 다른 이들이 한 국가를 이루게 되었다. 또한 제국주의자들은 지배를 쉽게 하기 위해 특정 종족을 우대해 그들로 하여금 다른 종족을 대리 통치하게 했고 종족간의 차별이 생겨났다. 스리랑카에서는 신할라족보다 타밀족을, 레바논에서는 이슬람교의 수니파·시아파보다 기독교 아랍인을 우대한 것 등이 그 예이다. 이들은 독립 후에도 민족이나 종교에 따라 계속 분열하고 갈등해왔다.

국가간의 전쟁이 줄어든 대신 내전이 증가하면서 자기 고향에 머물 수도, 그렇다고 국경을 넘어 다른 나라로 피할 수도 없어 국내에서 표류하는 난민이 늘어나고 있다. 이들을 '국내난민'이라 하는데, 국경 밖으로 탈출하지 못하고

분쟁의 불씨가 꺼지지 않는 나라들

지구촌 여러 나라의 분쟁은 부족과 종교에 기반을 둔 세력들이 벌이는 파워게임으로 나타난다. 어떤 종족이든 일단 권력을 잡은 뒤에는 권력을 공유하려 들지 않는다. 반대파는 처벌되고 자기 편은 보상을 받는다. 또한 선거를 통한 민주화도 극히 어렵다. 통치자가 선거과정을 통제하기 때문이다.

한편 분쟁은 무기 구입자금 마련을 위해 자원을 피폐시키고, 사회·경제구조를 악화시킨다. 송유관, 도로, 유정, 댐 등 사회간접자본이 목표물이 되었고, 모든 분쟁지역은 무기 판매에 열을 올리는 열강들의 표적이 되고 있다.

• 아프리카 지역
'분쟁의 대륙' 아프리카는 앞으로도 종족 유혈분쟁과 장기 독재국가들의 쿠데타와 역쿠데타로 이어지는 악순환의 고리에서 벗어나기 힘들 전망이다.
· 알제리—과격 이슬람교도들의 무차별한 학살로 1997년 12월 20일부터 1998년 1월 1일까지 열흘간 400여 명이 숨졌다. 알제리에서는 1992년 이후 이슬람 무장 세력과 군부의 충돌로 8만 명이 희생됐다.
· 부룬디—종족간의 적대관계가 계속되고 있다. 1997년 12월 31일 수도 부줌부라의 공항을 공격한 후투족 반군들을 정부군이 제압하는 과정에서 민간인 약 100명이 숨졌다.
· 나이지리아—나이지리아의 사니 아바차 군사정권과 분리정부를 세우려는 이보족·오고니족 등 소수종족들의 싸움이 계속되고 있다. 사니 아바차 군사정부는 이슬람교를 믿는 북부의 종족으로서 특권을 누려왔다. 오고니족 등 소수종족은 그들 북부 종족에게 자원을 제공하기 위한 각종 오염시설로 고통을 받고 있다. 아바차 군사정권은 정부

1994년 4월 이후 르완다에서 학살된 투치족은 100만 명이 넘는다. (위)
라빈 이스라엘 총리 사후 극우 민족주의 성향의 네타냐후 정권이 등장해 중동 평화가 위협받기도 했다.(아래)

국경 안에 갇혀 있다는 점에서 전통적 의미의 국제난민과 구별된다. 난민구호
사업에 종사하는 이들은 "전통적 난민은 국제법으로 규정된 신분이다. 그러나
국내난민의 경우 주권 불가침을 이유로 세계는 이들의 문제에 끼여들려 하지
않는다"고 지적한다.

유엔 난민 고등판무관실(UNHCR)이나 각종 난민구호단체의 자료를 종
합해보면 현재 세계의 국내난민수는 2740만 명(국제난민수는 약 1820만 명)
에 이른다. 수단(400만 명) · 남아프리카공화국(400만 명) · 모잠비크(200만
명) · 앙골라(200만 명) · 보스니아─헤르체고비나(130만 명) · 필리핀(100만
명) · 라이베리아(100만 명) · 에티오피아(80만 명) · 아제르바이잔(80만
명) · 소말리아(70만 명) 등지에서 대규모 국내난민이 발생하고 있다.

무력 진압되는 인도의 반 수하르
토 정부 시위.(위)
1998년 5월 29일 있은 자이르 카
빌라 대통령의 취임식. 대통령 선
거를 전후해 자이르에는 다시 내
전의 분위기가 감돌았다.(아래)

전복 기도 등 쿠데타 혐의로 소수종족 출신의 장교들을 체포하는 등 긴장을 고
조시키고 있다.
· 케냐 ─ 1998년 1월 대통령 선거 기간 동안 3명의 사상자가 발생했다.
· 자이르 ─ 1997년 5월 내전이 종식됐지만 정국은 여전히 유동적이다.
· 소말리아 ─ 군벌간 화해협정에 합의했지만 역시 유동적이다.
· 남아프리카공화국 ─ 몇 년 동안 비교적 안정을 유지해온 나라이지만 다시
곧 선거정국에 들어가게 되는데, 이 기간에 충돌이 예상된다.

· 중동 지역
유대 정착촌 건설을 강행중인 이스라엘과 팔레스타인이 팽팽하게 맞서면서 긴
장이 계속되고 있다. 특히 1998년은 팔레스타인 잠정 자치단계가 끝나는 해로
1999년 독립국가 선포를 목표로 하는 팔레스타인 자치정부와 이스라엘 간에
긴장이 고조될 가능성이 높다.
한편 걸프전에 대한 책임으로 7년 동안 금수조처를 당해 경제 파탄에 처한 이
라크의 불만이 높고, 아프가니스탄도 탈레반과 반(反)탈레반 연합의 내전이
끊이지 않아 갈등이 폭발할 위험이 큰 지역으로 지목되고 있다.

· 기타 지역
캄푸치아에서는 1997년 7월 훈센 제2총리의 쿠데타 이후 훈센과 라나리드 전
제1총리, 크메르루주 간의 다툼이 계속되고 있다.
친 영국 왕당파 거두 빌리 라이트가 공화파 죄수들에 의해 살해되면서 신구교간 유혈충돌이 확산된 북아일랜드는
유럽 평화를 위협하는 지역으로 부각되고 있다.
이 밖에도 인도네시아와 동티모르의 분쟁, 스리랑카 정부군과 타밀 엘람 해방호랑이(LTTE) 반군 간의 무력충돌, 파
키스탄과 인도의 국경 카슈미르 분쟁, 터키와 그리스 간의 키프로스 영유권 분쟁, 터키와 이라크 분쟁, 멕시코 무장 민
병대 봉기, 콜롬비아 정부군과 반군의 충돌, 코소보 분쟁 등이 여전히 지구촌의 주요 분쟁으로 꼽는다.

분쟁이 끝나거나 잠잠해지면 난민들은 고향으로 돌아간다. 그러나 고향 땅은 이미 황폐해져 더 이상 살 만한 곳이 못 된다. 결국 이들은 다시 타향을 떠돌 수밖에 없지만 세계는 어떤 해결책도 내놓지 못하고 있다.

미국 조사통계국의 분석가들은 걸프전 후 이라크에서는 10만여 명의 민간인이 굶주림과 질병으로 숨졌다고 말한다. 이는 전쟁 때 숨진 이라크 병사수와 거의 맞먹는 숫자다. 전쟁으로 숨진 다국적군 병사가 불과 231명인 것과 비교할 때 피해 규모가 얼마나 엄청난지를 실감케 한다.

제1차 세계대전 당시 사상자 중 민간인의 비율은 1.5%에 불과했다. 이비율은 제2차 세계대전중 50%로 늘어났고, 1990년대 들어서는 사상자의 90% 이상이 민간인인 것으로 나타났다. 전쟁은 군인은 물론 모든 사람에게 재앙이지만 특히 자기보호 능력이 없는 어린아이들에게 치명적이다. 걸프전의 민간인 피해자 중 상당수가 설사 · 폐렴 등에 걸린 어린아이인 것으로 알려졌다. 5세 미만의 어린이 가운데 29%인 90만 명이 영양실조에 걸렸다는 통계도 있다.

유니세프(UNICEF, 유엔아동기금)는 1998년 3월 26일, 지난 10년 동안 지구촌 곳곳에서 발생한 내전, 민족 분쟁으로 200만 명의 어린이가 사망했고, 600만 명의 어린이가 불구가 됐다고 발표했다. 한 예로, 1998년 초까지 유고 연방에서 전쟁으로 죽은 아이들이 15만 명, 또 다친 아이가 3만 5000명, 집을 잃은 아이가 65만 명이라고 했다. 보스니아의 수도 사라예보의 어린이 1500명을 대상으로 유니세프가 조사한 결과 55%가 총에 맞은 경험이 있었다. 보스니아의 다른 도시 모스타르에서는 어린이 가운데 절반 이상이 다쳤고, 80%가 심리적 압박으로 인한 위장병을 앓았으며, 75%가 밤마다 악몽에 시달리고 있었다.

유니세프는 또 전 세계 분쟁지역에서 지금까지 20만 명 이상의 소년병들이 전투에 참가해 피를 흘렸다고 발표했다. 국제협약상 15세 미만의 청소년은 군인이 될 수 없음에도 아프리카(자이르 후투족 반군, 라이베리아 민족애국전선, 수단 민족해방군), 아시아(아프가니스탄 무자헤딘, 인도 타밀 반군, 미얀마 카렌 민족해방군), 중동(하마스), 중남미(멕시코 치아파스 반군)에서 공공

연히 동원되고 있다. 이들 소년병은 대부분 총알받이로 전락(라이베리아 민족
애국전선 600명, 후투족 반군 4500명 등)하고 있다.

　　또한 주거지를 잃거나 피난길에 오른 난민의 50%가 어린이들이다. 이 어
린이들은 종군위안부로 끌려가 성폭력 대상이 되고, 영양실조와 전염병·설사
병 등을 앓고 있다.

유니세프는 지난 10여 년간 전 세
계 분쟁지역에서 20만 명 이상의
소년병이 전투에 동원돼 총알받이
가 됐다고 발표했다.

21세기, 물전쟁이 벌어진다

칠레의 한 어촌에서는 안개로 물을 만든다. 높은 지대에
나무로 기둥을 세우고 플라스틱 물 수집판을 걸어
안개 속의 작은 물방울을 모아 먹는 물을 만드는 것이다.
사람들은 그렇게 자연 조건에서 물을 얻는
'원시적'인 방법에서 벗어나 자꾸 엄청난 계획만 세운다.
인위적으로 물을 가두고, 강제로 물길을 내고…….
그러나 자연법칙을 거스른 이 엄청난 계획들은
생태계를 파괴하고 분쟁을 부르면서, 물을 더 고갈시키는
악순환을 불렀다. 그런데 '물 부족'에 의한
물전쟁이 예고되는 건조 국가들은 바로 그렇게
원시적인 방법들을 다시 시도하고 있다. 하수 재활용,
얕은 우물, 빗물 모으기 등의 소규모 프로젝트들은
댐 건설 같은 '엄청난' 계획들을 비웃고
분명한 대안이 되고 있다.

아프리카 남쪽, 어느 강 한 줄기의 은혜도 받지 못한 나라 모잠비크. 아예 강이 없어 물 한 방울이 귀한 곳이다. 땅은 갈수록 사막화되고, 쉬코모 마을의 우물은 아예 모래흙에 묻혀버렸다. 사람들은 오랜 내전이 휩쓸고 간 폐허를 뒤지기 시작했다. 바오밥나무나 마룰라 같은 나무의 뿌리를 찾아 수액을 얻기 위해서다. 팍팍하게 마른 대지에서 몇 남지 않은 나무뿌리를 찾아내면 갈증을 제법 달랠 수 있다.

수도가 있는 마을은 언제나 시끄럽다. 파이프가 고장이라도 나면 수돗가는 순식간에 전쟁터가 된다. 수도를 가진 마을의 주민들은 텃세를 부리고, 일찍부터 물을 얻겠다고 물동이를 지고 집을 떠나온 다른 동네 여자들— 아프리카 여느 나라들처럼 모잠비크 역시 물 긷는 일은 여자들의 몫이다— 은 필사적으로 달려든다. 물을 얻지 못하면 집으로 돌아갈 수 없다고 생각할 정도로 절박한 사람들은 "신이 우리가 먹을 것을 빼앗아갔다"며 원망하기도 한다.

물을 갈구하는 마음이 분노로 변하면서 치열해지는 이들의 몸싸움은 하나의 생존권 투쟁이다. 싸움판 한쪽에선 물장수들이 유혹을 하지만 여자들은 물을 살 돈이 없다. 제한된 시간 안에 물을 길러야 한다는 중압감과 초조에 그만 울음을 쏟아내는 여인네들, 그저 며느리를 빨리 얻어 고통을 분담할 날만을 기다린다.

학자들에 의하면 사람이 생활하는 데는 최소한 80*l*의 물이 필요하다고 한다. 그러나 세계인구의 4분의 3은 하루에 고작 50*l*의 물만 쓸 수 있다. 뿐만 아니다. 케냐의 시골에서는 하루에 단 5*l*밖에 사용할 수 없고, 나이지리아의 한 마을은 단 하나의 수도꼭지에서 식수를 공급받고 있다. 인도는 수천 곳이나 되는 마을에 물이 없어 꽤 먼 곳까지 가서 물을 운반해 쓴다. 인도 정부가 인도 북부에 2700개의 우물을 팠지만 그 중 2300개는 말라버렸다. 제3세계의 많은 사람들, 특히 어린이들은 대부분 수인성 질병에 걸려 죽어간다. 불결하고 비위생적인 물 때문에 하루 평균 1만 5000명이 죽어간다는 것이다.

그런데 미국인 한 명이 하루에 쓰는 물은 평균 1000*l*나 된다. 그것도 대부분 스프링클러로 잔디에 뿌리거나 세차하는 데 쓰인다. 어느 나라에서는 깨끗한 수돗물로 자동차를 닦는 마당에 어느 나라에서는 마실 물이 없어 죽어가

물의 자연스런 흐름을 따라 생긴 사행천. 사람들은 이 자연스런 곡선을 억지로 직선으로 바꾸려 한다. 그러나 그런 무리한 선택은 때로 큰 재앙을 부른다.

고 있으니, 참 불공평한 일이다.

　　물 부족이 심각하게 나타나는 아프리카 · 중동 지역의 지도자들은 부족한
물 때문에, 또 여러 국가가 함께 공유하는 물길의 이용권 때문에 21세기에는
물전쟁이 일어날 가능성도 있다고 말한다. 이제 물은 무기가 된 것이다. 물 부
족으로 인한 또 하나의 갈등은 인간과 생태계 사이에서 빚어지고 있다. 까마득
한 날, 지구와 함께 태어나 바다와 땅을 만들고 온갖 생명체를 잉태해온 물. 물
은 산업의 확대 · 도시의 성장 등에 반드시 필요한 것이지만 동시에 모든 생물
과 자연계를 유지하는 역할을 한다. 그런데 이 두 가지 역할은 이미 충돌하기
시작했고 물 부족이 심해질수록 갈등도 첨예해지고 있다. 구소련 광활한 땅에
담수를 공급했던 아랄 해는 세계에서 네번째로 큰 호수였다. 그러나 호수의 절
반 이상이 소금밭과 사막으로 변했다. 아랄 해로 흘러들어가는 강을 이용한 과
도한 관개시설과 인근 면화밭에서의 지나친 농약 사용 때문이었다.

　　인도의 나마다 강, 미국 캘리포니아의 모노 호수, 플로리다 남부의 에버글
레이즈 습지, 스페인의 도다냐 습지, 수단의 수드 습지 등 야생생물의 서식지가
인간의 파괴적인 '물관리'와 개발 정책으로 바닥을 드러냈거나 수장될 위기에
있다. 앞으로 인간의 '물관리'는 국가간 갈등과 생태적 갈등을 동시에 해결해야
한다는 무거운 짐을 짊어지게 됐다.

소금밭과 사막으로 변한 아랄 해.

흐르지 않는 모래강

해발 2400m에 자리잡은 에티오피아. 비록 1인당 국민소득 120달러로 아프리카 최빈국이라는 오명을 안고 있지만 수도 아디스아바바엔 아프리카 최대의 시장이 있다. 하루에도 수천의 인파가 모였다 흩어지는 마르카토 시장. 흥정으로 수선스런 시장통 곳곳엔 지구를 몇 바퀴쯤 돌다 왔을 법한 낡은 공산품들이 가득하다. 이 중 에티오피아 여자들이 가장 좋아하는 물건은 플라스틱 물통이다. 하지만 가격이 비싸 누구나 살 수 있는 것은 아니다. 최고 인기상품이라는 플라스틱 물통 하나에 3~5달러, 우리 돈으로 4500원 정도다.

여자들이 왜 플라스틱 물통을 갖고 싶어하는 것일까?

에티오피아에서 가장 흔하게 볼 수 있는 모습은 물동이를 지고 마실 물을 구하기 위해 길을 나선 여자들이다. 이 여인네들은 2~3시간은 보통이고 심지어 7~8시간도 걸어 강이나 공동수도를 찾아간다. 그 먼 길을 새벽부터, 하루에 서너 번씩 오간다. 아무리 먼 길이라도 물 긷는 일은 반드시 여자가 한다. 에티오피아에서 집안 일은 엄격히 여자의 일이기 때문이다.

건기의 막바지인 5월이 되면 곳곳에 물이 말라 그만큼 물 찾는 일은 어려워진다. 물 한 동이를 얻으려면 긴긴 줄 끝에서부터 기다리고 또 기다려야 한다. 그들이 보통 쓰는 물동이는 질그릇 항아리다. 우리로 말하면 장독을 하나씩 등에 지고 다니는 셈인데 편편한 면이 없어 등에 메기 불편할 뿐더러 항아리 자체의 무게만도 10kg은 족히 될 것이다.

"여자들은 하루 평균 7km를 걸어가 물을 긷는다. 보통 20l쯤 되는 항아리를 짊어지고 다니기 때문에 육체에 무리가 따르고 부상당할 가능성이 있다." 아디스아바바 의과대학 가브레 에마누엘 테카 교수의 말이다.

아디스아바바 근교에 있는 아카키의 한 마을, 그곳에선 움푹 팬 땅에 고인 빗물이 유일한 식수다. 그것도 손을

아프리카 사막지대에서는 땅을 파서 물을 구하는 광경을 어디서나 볼 수 있다.

담그기 꺼려질 정도로 더럽고, 오랫동안 고여 있어서 심하게 부패했다. 그래도 이 웅덩이를 지키기 위해 마을 사람들은 보초까지 세우고 있다. 그 물을 마셔도 괜찮은 걸까? 주민들도 자신들이 먹는 물에 문제가 있다는 것을 알고 있다. 많은 사람들, 특히 아이들이 그 물로 병들고 죽음에까지 이른다. 그러나 그들에겐 선택의 여지가 없다.

아디스아바바의 블랙라이언 국립병원 소아과 응급실엔 생명이 위태로운

슬픈 갠지스 강

인도 문명을 잉태한 갠지스 강의 기원은 힌두 신화로 전해진다. 비슈누라는 속세의 수호신이 지하세계로부터 땅을 딛고 하늘로 올라가는 중에 마지막 세번째 걸음을 내딛다 하늘에 금이 생겼다. 이 틈새로 '갠자'라는 강의 여신이 강물이 되어 쏟아져내렸다. 이 강물은 마침 헝클어진 머리를 씻으려고 히말라야 산봉우리에 서 있던 파괴와 생식의 신 시바의 머리카락을 타고 인도 대륙으로 흘러내렸다.

한편 힌두 신화에서는 갠자 여신의 강림을 또 다르게 설명한 부분이 있다. 고대에 사가라는 왕이 있었는데 이 왕은 한 금욕주의자 승려의 노여움을 사 불에 타 죽었다. 갠자 여신은 6만 명이나 되는 왕자들의 영혼을 깨끗하게 씻어주고자 강물이 되어 내려왔다는 것이다. 힌두교 신자들이 갠지스 강에서 목욕을 하거나 물을 마시면 '모크샤(구원)'에 이를 수 있다고 믿는 것도 바로 이 신화 때문이다.

이렇게 창조와 파괴, 정화의 힘을 지닌 갠지스 강을 인도 사람들은 '갠자 어머니'라 부른다. 갠지스 강은 히말라야에 있는 인도 우타르프라데시 주 북쪽 끝 가우무크 동굴에서 시작된다. 고도 4200m의 얼음동굴에서 녹아내린 물줄기는 히말라야 산기슭을 지나 인도의 북쪽 평야지역을 횡단하며, 인도와 방글라데시 양국에 걸쳐 펼쳐진 삼각주를 거쳐 종착지인 벵골 만에 이른다.

갠지스 강 연안은 인구밀도가 매우 높다. 2020년이 되면 갠지스 강의 총인구가 7억 5000만 명, 2030년이 되면 10억으로 늘어날 전망이다. 남아시아의 지도를 보면 갠지스 강을 둘러싸고 실핏줄처럼 얽혀 있는 지류들이 보인다. 갠지스 강으로 들어가고 나오는 지류들이 부양하는 나라는 전 세계에서 가장 인구밀도가 높은 중국 · 네팔 · 방글라데시 · 인도 등이다. 인구밀도가 높은 만큼 갠지스 평야지대에는 산업 및 광업단지가 우후죽순 생겨났고, 강을 따라 29개의 도시와 70개의 소도시, 수천 개의 마을이 들어섰다. 이곳에서는 매일 13억 l에 가까운 하수가 발생하며 대부분은 강으로 무단 방류되고 있다. 또한 강변에 있는 수백 개의 공장에서는 연일 2억 6000만 l의 산업폐수를 무단 방류한다.

설상가상으로 갠지스 강 유역에는 하르드와르, 알라하바드, 바라나시를 비롯한 수많은 성지들이 있다. 독실한 힌두교도들은 갠지스 강 성지에 설치된 가트(목욕하는 곳)에서 몸을 씻는 것으로 영혼을 정화할 수 있다고 믿는다. 뿐만 아니라 죽은 후에도 시신을 화장하여 유골이나 재를 갠지스 강에 뿌리면 천상에 태어날 것이라고 믿고 이곳을 죽은 자들의 마지막 안식처로 찾는다. 세계보건기구에 의하면 안전한 식수는 100ml당 대장균이 10마리를 초과해서는 안 된다. 그러나 이곳에서는 100ml당 최고 10만 마리의 대장균이 검출되었다. 아메바성 이질 · 위장염 · 촌충 · 장티푸스 · 콜레라 · 바이러스성 감염 등 수인성 질병이 창궐해 바라나시 지역에서는 설사로 1분당 1명꼴로 주민들이 죽어간다는 데도 그 행렬은 끝이 없다.

15세기, 카비르라는 시인은 갠지스 강을 두고 이렇게 '예언'했다.
"지옥이 저 강을 따라 흐른다. 썩은 사람과 짐승이 따라 흐른다."

갠지스 강에 모여든 힌두교도들.

아이들이 병상을 메우고 있다. 수인성 질병에
걸린 아이들이다. 물이 옮긴 질병의 시작
은 설사다. 에티오피아에서만 매년 23
만 명의 어린이가 설사로 사망한다.
이렇게 설사가 심해 목숨을 잃는 아
이들이 많아지자 병원측은 아예 소
아과에 설사 병동을 따로 만들었다.
약이라곤 물에 전해질을 섞은 것이
전부다. 아이 엄마가 간호사를 대신
하는 초라한 병동, 이곳에서 아이들은
죽음의 고비를 넘겨야 한다.

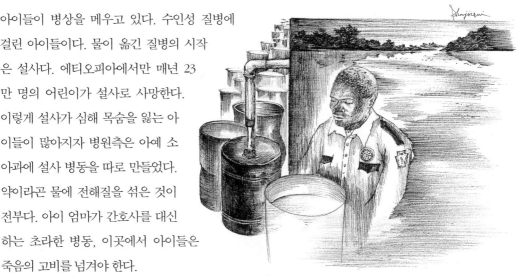

잠비아의 마을 공동수도장. 관리요
원이 물을 배급한다.

　　남쪽으로 내려갈수록 아프리카의 물사정은 더욱 좋지 않다. 잠비아의 수
도 루사카 남쪽에 있는 바울레니. 일찍부터 마을 공동수도장에 사람들이 모여
든다. 그러나 물을 얻는 데에는 제약이 많다. 관리요원이 1인당 물 배급량을 매
일 점검하는데, 한 번에 8*l*만 가져갈 수 있고, 저녁 8시가 넘으면 펌프를 잠궈
물을 끊는다. 그런데 제한적이나마 이렇게 물을 구할 수 있는 곳도 수도권에서
반경 40km 내의 지역에 불과하다. 8*l*의 물로 대여섯 명이나 되는 한 식구가
하루를 먹고 쓰는 것이다. 게다가 5월에서 7월, 건조기에는 지역별로 물이 얼
마나 공평하게 공급되는지 서로 감시하기도 한다.

　　"지역에 물을 배급할 때는 적절한 배급이 이루어지도록 하는 것이 의무
다. 또 인구는 자꾸 증가하고 대량생산이 꼭 필요한 이때 우리는 물 부족 사태
를 관리해야 한다."

　　잠비아 수도국의 심베에 이선은 치수장의 수위를 보면 물의 저장량을 알
수 있는데, 저장량이 얼마 안 돼 물을 공급하지 못하는 날도 있다고 했다.

　　마을 주민 멤피스 루카고는 "건조한 계절에는 그나마의 물도 없다. 전력
도 사용할 수 없게 된다. 농사에 쓸 물도 얻어야 하는데, 마을 한가운데 있는
공동수도장마저 말라버리면 개인이 땅에 구멍을 뚫어 물을 구한다"고 했다.

　　보츠와나의 보로 강, 20년 전까지만 해도 이곳에는 동물들이 많았다. 그

말리의 도곤족 소년들이 물을 나르고 있다.

러나 지금 동물들은 물을 찾아 오카방고 습지 깊숙한 곳으로 사라졌다. 목축을 하던 유목민들도 물이 없어 가축들이 죽어가자 남은 가축들을 몰고 물을 찾아 떠돌아다닌다.

가뭄에 익숙해진 아이들은 수맥이 흐르는 지점을 정확히 알아낸다. 메말라 모래만 쌓인 땅을 2m 이상 파면 구멍에서 물이 솟는다. 지하수다. 움푹 팬 바닥에는 하루가 지나면 다시 물이 차고, 이물질들이 그 속으로 가라앉는다. 그 물이 얼마나 오염됐는지 여부는 이들에게 전혀 중요하지 않다.

보츠와나는 물 부족 문제를 해결하기 위해 지하수 개발을 최대 과제로 삼았고, '워터 아프리카' 같은 외국의 지하수 개발회사들이 들어와 있다. 보츠와나가 물을 확보하기 위해서는 외국 자본의 기술과 재정 지원이 꼭 필요하다. 한편 스웨덴·영국·오스트레일리아 같은 선진국들은 수자원 개발에 참여함으로써 석탄·다이아몬드 등 보츠와나의 풍부한 광물자원을 얻으려 하는 것이다.

물을 길어 가는 두 소녀.

남아프리카공화국은 아프리카 남부의 다른 국가들에 비해 부유하지만 수자원은 가장 빈약하다. 100년 전 작은 지류들마저 말라버려, 아예 물길이 막힌 것이다. 남아프리카공화국의 수문학자 데이비드 스템슨은 인구 증가와 더불어 늘어나는 물 수요를 충족해줄 새로운 물길을 '레소토'에서 찾았다고 한다. 레소토는 남아프리카공화국의 영토 안에 있지만 엄연히 독립국가다. 발 강이 흐르는 레소토에 240개의 터널로 연결되는 6개의 댐을 건설해 물을 얻는다는 '레소토 하일랜드', 이 광대한 수자원 개발 프로젝트에 남아프리카공화국이 돈을 대고 물을 얻는 대신, 레소토에는 전기와 전화망이 구축되고 레소토 주민 6000여 명에게 댐 건설현장의 일자리가 주어질 것이다.

남아프리카공화국 수자원공사의 프랜시스 반위크는 "현재 우리는 1998년부터 레소토 하일랜드 계획하에 물을 운송하기 시작했다. 그 계획은 15~20년 내에 충분한 도움이 될 것이다"고 했다.

전쟁을 부르는 다국적 강들

"20세기의 국제분쟁 원인이 석유에 있다면 21세기는 물의 시대가 될 것이다."

1995년 8월 스웨덴 스톡홀름에서 열린 '국제 물 심포지엄'에서 '세계 물 정책연구소'의 샌드러 포스텔 소장이 한 말이다. 이 말은 결코 과장이 아니다. 수자원 전문가들은 2000년대에는 기름값보다 물값이 더 비싸질 것이며, 더불어 물을 더 많이 얻기 위한 나라간의 경쟁 또한 갈수록 치열해질 것으로 예상한다. 산업이 발전하고 인구가 늘어나는 만큼 물 수요는 계속 증가하겠지만 공급량이 그에 따르지 못해, 자원으로서 물의 가치는 그만큼 더 높아질 것이라는 얘기다.

수문학자들은 대략 1인당 물 공급량이 연간 1000~2000m³인 국가를 물 부족의 압박을 받는 국가로 평가하고 있다. 그리고 1인당 물 공급량이 연간 1000m³ 이하로 떨어지게 되면 물이 부족한 국가로 간주한다. 이러한 국가들은 물 부족으로 식량생산, 경제발전, 자연보존에 심각한 위협을 받게 된다.

현재 2억 3200만 명이 살고 있는 26개국이 물 부족 국가로 분류된다. 물 부족 국가가 가장 많은 곳은 아프리카인데 모두 11개국이다. 2010년이 되면 6개국이 더 추가될 전망이다. 아프리카 전체 인구의 37%인 4억이 물 부족으로 고통받게 되는 것이다. 중동의 경우는 14개국 중 이미 9개국이 물 부족 현상을 겪고 있고 몇몇 국가들은 앞으로 25년 내에 인구가 2배로 증가할 것으로 예상되므로 역시 물 부족 문제는 갈수록 태산인 셈이다.

한편 중동의 강들은 대부분 여러 국가를 거쳐서 흐르기 때문에 물 사용 권리를 둘러싼 국가간의 갈등이 2000년대에는 분쟁으로 번질 가능성이 높다. 물전쟁이 다가오고 있다는 말은 두 나라 이상의 영토에 흐르는 강을 놓고 생각할 때 쉽게 이해할 수 있다. 그런 강이 세계에는 214개나 된다. 대표적인 것이 이스라엘―요르단―레바논―시리아를 흐르는 요르단 강으로, 1967년에 일어난 '6일 전쟁'은 이스라엘과 회교 나라들 사이의 정치적인 갈등과 함께 요르단

현재 세계 최대 규모인 파라과이의 이타이푸 댐.

강의 물 문제까지 맞물린 싸움이었다. 또 수단·이집트·우간다는 나일 강을 두고, 미국과 멕시코도 콜로라도 강을 두고 종종 갈등을 벌인다. 마찬가지로 갠지스 강을 두고 인도와 방글라데시가 물 싸움을 하고 있다.

방글라데시의 파드마 강은 파라카 댐 때문에 고갈됐다. 1970년대 초 인도 정부가 국책사업으로 완공한 파라카 댐은 갠지스 강이 방글라데시의 파드마 강으로 흘러가는 것을 막고 인도 후글리 강으로 물길을 튼 거대한 댐이다. 그 결과 후글리 강의 유량은 늘어났고 캘커타 지방에 관개용수와 식수를 제공할 수 있었다. 그러나 이 물막이 댐으로 인해 파드마 강의 물이 고갈되자 건조기에 방글라데시는 심각한 물 부족 사태를 겪게 됐다. 그때마다 파라카 댐은 인도와 방글라데시 양국간의 정치적인 문제로까지 비화됐다.

시리아-이라크-터키는 티그리스 강과 유프라테스 강을 두고 물분쟁을 치르고 있다. 터키가 유프라테스 강에 아타투르크 댐(1995년 완공)을 건설했기

국민소득과 물 소비량

1인당 국민소득과 물 소비량을 비교해보자. 1995년 기준으로 우리나라의 1인당 국민소득은 1만 달러, 대만은 1만 500달러, 영국은 1만 8300달러, 일본은 3만 4000달러이다.

그렇다면 물 소비량은? 우리나라 국민들의 물 소비량은 국민소득이 우리의 배에 가까운 영국보다도 많다. 영국의 1인당 하루 물 소비량은 393l, 우리나라는 394l이다. 일본은 397l로 우리나라보다 국민소득이 3배가 넘는데 물 소비량은 단 3l가 많을 뿐이다. 우리보다 소득 수준이 높은 대만도 318l에 지나지 않는다.

우리나라 '보통사람'의 생활을 들여다보자. 아침에 일어나 양치질을 하는 동안 물을 계속 틀어놓으면 약 7l의 물이 낭비된다. 컵으로 따지면 48잔의 물이다. 만약 설거지를 하는 동안 물 틀어놓는 시간을 5분 줄인다면 1년에 11.4톤의 물을 절약할 수 있다. 그리고 집안에서 쓰는 물의 40%가 변기 사용에 있다고 한다. 변기의 물을 한 번 내릴 때마다 12l의 물이 내려가는데 그 양은 캔 음료 75개 분량이다. 사실 우리가 화장실에서 볼일을 보고 필요한 물은 6l면 충분하다. 만일 4인 가족이

1인당 연간 국민소득(달러)

한국	일본	영국	대만
10,000	34,000	18,300	10,500

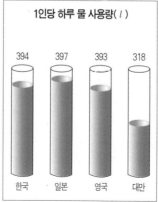

1인당 하루 물 사용량(l)

한국	일본	영국	대만
394	397	393	318

하루 평균 16회 변기 물을 내리던 습관을 8회로 줄인다면 1년에 3만 5000l 정도의 물을 절약하게 된다. 이 정도면 보통 크기의 수영장을 채울 수 있는 양이다. 하루 일과를 마치고 저녁에 욕조를 하나 가득 채워 목욕을 하면 보통 200l의 물이 드는데, 이 물은 십중팔구 그대로 하수구로 버려진다.

물은 언제나 풍부하다는 생각에서 이렇게 물을 써왔다면 다시 생각해볼 문제다. 옛날에는 무엇인가를 아낌없이 흥청망청 써버릴 때 "물 쓰듯 한다"고 했지만 이제는 물 부족을 체감할 때이다.

때문이다. 이 댐이 건설중이던 1990년 유프라테스 강은 한 달 동안 흐르지 못하고 완전히 정지됐다. 터키가 물을 막기 전에 이웃 나라로 흘러들어갈 물의 양을 어느 정도 늘려두었기 때문에 당장에는 큰 문제가 되지 않았지만 그 일이 있은 뒤로 시리아와 이라크는 큰 약점을 가지게 됐다. 시리아는 이미 물 부족이 절망적인 상태에 이르러 수도 다마스쿠스에서도 매일 급수를 제한하고 있다.

그런데 터키가 다시 카르카므시 댐 건설을 발표함으로써 주변국을 긴장시키고 있다. 인류 문명을 잉태한 티그리스 강과 유크라테스 강이 있는 땅 터키, 그러나 지금은 전 국토의 80%가 사막화로 몸살을 앓고 있다. 무분별한 벌채와 방목으로 터키는 이미 황폐해졌다. 자연에서 샘솟는 물을 구경하기 힘들어 사막에서 오아시스를 찾듯 가축을 몰고 물을 찾아 떠도는 것은 이제 흔한 풍경이 됐다.

제랄 카라타시라는 목부는 "100km 정도 이동해 수로를 찾아왔다. 수로 근처의 산에서 자고 아침에 이곳으로 양떼를 몰고 내려와 물을 먹이고 다시 올라간다"고 했다. 농업용수가 풍부하고 땅이 비옥해 인류 최초로 농경사회의 기

인공 댐의 재앙

지난 수십 년 동안 국토개발 계획자들은 새로운 댐을 만들거나 강물을 끌어오는 방법으로 물 수요 증대에 대처해왔다. 전 세계적으로 3만 6000여 개의 대형 댐이 건설됐는데, 1900년만 해도 1000여 개에 지나지 않던 것이 90여 년 동안에 수십 배나 불어난 셈이다. 댐이 가장 많은 나라는 중국으로 세계에 있는 댐의 절반 이상이 중국에 있다. 댐 높이가 15m 이상인 것만도 수만 개나 된다. 세계에서 제일 높은 댐은 1990년에 완공된 타지키스탄의 로군 댐이다. 높이가 335m로 120층짜리 건물과 맞먹는다.

현재 댐을 거치지 않고 곧바로 바다로 흘러들어가는 강은 드물며, 나머지 강도 머지않아 댐 건설로 유량이 통제될 것이다. 이렇게 댐은 물의 공급을 늘릴 수 있는 최고의 방법으로 여겨져왔지만 사실 댐을 만드는 일은 아주 위험하다.

1960년 가을, 이탈리아의 바이온트 강에 높이 262m의 인공 댐이 건설되었다. 퇴적암과 석회암으로 이루어진 댐 부근 지대가 물에 잠기자 석회암층이 서서히 용해되면서 그 위에 놓였던 거대한 바윗덩어리가 기울기 시작했다. 1960년 11월 산사태가 한 차례 일어나 흙과 모래, 돌들이 내려앉았을 때에도 별다른 이상이 없는 듯했다. 그러나 그로부터 3년이 지난 1963년, 2600여 명의 생명을 앗아간 사상 최악의 댐 재난이 일어났다. 1963년 8월과 9월 사이에 계속된 폭우로 댐의 물 높이가 상한선까지 올라갔고, 9월 말에는 댐 주위에서 살던 동물들이 어디론가 이동하는 이상한 현상이 나타났다. 그리고 10월 9일 마침내 댐을 둘러싼 산비탈에서부터 흙과 바위가 마구 무너져내리면서 댐의 물이 밖으로 쏟아져나왔다. 댐 하류에 있던 마을들은 넘쳐흐르는 물에 잠겼고 사람들도 그대로 수장됐다.

틀이 형성됐던 곳, 그러나 이제 물이 메말라버린 그 척박한 땅을 살리기 위해 1990년부터 시작된 터키의 국책사업이 바로 카르카므시 댐이다.

"2005년에 완성될 카르카므시 댐을 비롯해 이미 완공됐거나 지금 건설중인 댐이 22개다. 이 댐들은 모두 티그리스와 유프라테스 강물을 끌어들여 메마른 땅을 부활시키는 데 이용될 것이다."

상류의 댐은 언제나 하류에 자리잡은 나라들의 수자원을 위협하는 무기가 될 수 있다. 이에 대해 무하마드 알 마키(요르단 대학 학생) 같은 시리아인들은 "아타투르크 댐으로 인해 시리아로 유입되는 물이 줄어 시리아 전기발전에 큰 차질이 생겼다. 그런데 또 카르카므시 댐을 완성하겠다니, 터키는 수자원을 석유를 대신할 무기로 만들려 한다"며 항의한다.

유엔에서 논의중인 국제수로협약에는 하천을 개발하는 상류국이 하류국에 심각한 피해를 주어서는 안 된다는 의무조항이 있다. 그러나 터키는 이에 반발한다. "문제는 '피해'라는 용어가 하류국에 의해 얼마든지 자의적으로 해석될 수 있다는 점이다. 무엇이 '피해'이며 어떻게 증명할 수 있나? '피해'를

여름 장마 때면 언제나 범람 위기를 겪는 양쯔강 댐.

수자원을 확보하고 전력 공급과 홍수 대책 등을 위해 세계 곳곳에서 건설되어온 수많은 인공 댐이 붕괴하거나 물이 넘쳐 재난을 부른 경우는 수없이 많다. 20세기에 들어서만도 세계적으로 200여 개의 대형 댐 붕괴 사고가 기록되었다. 1979년, 2000여 명이 사망한 인도 마추 댐 붕괴 사고와 1989년 2200여 명이 사망한 미국의 사우스포크 댐 사고는 이탈리아의 바이온트 댐 사고와 함께 금세기 최악의 재난으로 꼽는다. 우리나라의 댐들도 이러한 재난으로부터 안전하다고 보장할 수 없다. 1961년 7월 11일 전북 남원군의 효기댐 붕괴는 129명의 사망자와 60여 명의 부상자를 낸 바 있다.

댐 붕괴에 대한 우려는 세계에서 다섯번째로 높게 짓고 있는 '테리 댐'에도 제기되고 있다. 히말라야의 강고트리 마을 주민들과 환경단체들은 한창 건설중인 테리 댐 건설에 반대한다. 히말라야 산맥은 매년 1~9cm씩 높아지는데, 이 수직 성장에는 끊임없는 침식작용이 동반된다. 침식으로 상당량의 흙이 하천으로 쓸려 내려가니 자연히 지반 침하의 위험도 커진다. 만약 댐이 완공되면 댐 상류의 수위가 높아져 가뜩이나 불안정한 지반은 과도한 수압을 받을 것이며, 갠지스 강물이 지반 틈새로 스며들어 지반 침하가 일어나면 댐이 허물어질 위험이 있다는 것이다. 그렇게 되면 뉴델리 일대가 전부 수몰될 것이라고 한다. 이렇게 인위적으로 물을 가두거나 물길을 바꾸는 일, 그것이 언제 재앙으로 돌변할지 모를 일이다.

유프라테스 강 유역의 분쟁을 부르는 아타투르크 댐.

끼치지 않으려면 상류국은 수자원 개발을 아예 포기해야 하는가?" 보스포루스 대학 대외경제학과 퀸 쿠트 교수가 말하는 터키의 입장이다. 터키는 하류국의 불안은 기우일 뿐이라고 단언한다. 그러나 강물의 유량, 유속을 조절할 수 있는 현실적인 무기가 터키에 있는 이상 하류국은 불안할 수밖에 없다.

1992년 미국 국방성에 미래 전쟁 시나리오가 보고됐다. 시리아 땅이 보이는 국경 마을 가잔테. 터키에서 발원한 유프라테스 강물이 시리아로 흘러들어가는 곳이다. 잔잔한 수면 위로 정적이 흐르고 겉보기엔 평화롭기만 한 강변. 그러나 바로 이곳에서 조만간 전쟁이 발발한다는 충격적인 보고서다. 이라크—시리아—이란 연합군이 터키의 티그리스와 유프라테스 강 계곡을 점령하고 아타투르크 댐을 장악한다. 이때 북대서양 조약기구(NATO) 조약에 따라 미군이 개입하고 중동의 물전쟁은 세계전쟁으로 발전한다. 아타투르크 댐은 높이 169m, 저수량 약 40억 톤 규모로 세계적인 대형 댐으로, 언제든 세계 정세를 뒤흔들 위험한 불씨로 주목받는다.

이처럼 지구촌에 흐르는 214개의 다국적 강, 언제 어디서 갈등이 불거질지 모른다. 이제 물은 한 국가의 전략적인 자원이자 걷잡을 수 없는 전쟁의 불씨가 되고 있다.

세계 각국의 물 다스리기

칠레의 한 어촌에서는 안개로 물을 만든다. 안개가 짙은 곳에서는 밤에 헝겊을 내걸어 습기를 빨아들인 다음, 아침에 헝겊을 짜 물을 얻을 수 있다. 이런 옛 사람들의 지혜를 이용해서 높은 지대에 나무로 기둥을 세우고 플라스틱 물 수집판을 걸어 안개 속의 작은 물방울을 모아 먹는 물을 만드는 것이다.

사람들은 자연 조건에서 물을 얻는 '원시적'인 방법에서 벗어나 자꾸 엄청난 계획만 세운다. 인위적으로 물을 가두고, 강제로 물길을 내고……. 그러나 자연법칙을 거스른 이 엄청난 계획들은 생태계를 파괴하고 분쟁을 부르면서, 물을 더 고갈시키는 악순환을 불렀다.

그런데 '물 부족'에 의한 물전쟁이 예고되는 때에 아프리카·인도 서부·중국 북부와 중부·남아메리카 남서부·중동과 같은 건조 국가들은 원시적인 방법들을 다시 시도하고 있다. 하수 재활용, 얕은 우물, 저렴한 펌프, 토양의 수분 유지법, 빗물 모으기 등의 소규모 프로젝트들인데, 이러한 방법들은 수십 년 동안 주력해온 댐 건설 등과 같은 '엄청난 계획'들을 비웃고 분명한 대안이 되고 있다. 지역의 자원을 주로 이용한다는 점에서 더 경제적일 뿐만 아니라 규모가 작은 만큼 환경에 끼치는 피해 또한 훨씬 작다.

더 이상 새로운 수자원을 찾을 수 없게 된 이스라엘은 1990년대 말까지 하수의 재활용을 확대한다는 계획을 의욕적으로 추진하고 있다. 이미 전국 하수의 70%가 재활용되어 1만 9000ha의 농경지에 관개용수로 사용되고 있다. 2000년까지는 이스라엘 전체 물 수요의 16% 이상을 재활용수로 충족할 계획이다.

서아프리카의 내륙국 부르키나파소의 야탱가 지방 농부들은 경사진 농경지에 등고선을 따라 돌담을 쌓아 큰 이익을 얻고 있다. 돌담 때문에 빗물이 경사면을 따라 곧바로 흘러내리지 않고 토양 속으로 천천히 스며들어가기 때문이다. 또한 이곳의 농부들은 토지를 개간할 때 근처에 얕은 웅덩이들을 함께 만들어 농작물의 생산성을 30~60% 높이고 있다.

나이지리아는 1980년대에 8600개의 우물을 만들었다. 각각 약 2ha의 농경지를 관개할 수 있는 아주 작은 우물들이다. 정부가 주도하는 대규모 프로젝트의 관개비용은 1ha당 3만 달러에 달했지만 이 작은 우물을 이용하면 펌프 구입비용을 포함해 1ha당 1000~2000달러의 경비로 충분했다. 이 방법을 이용한 농가에서는 우기의 수확량이 25~45% 증가했고, 건기에도 작물 재배가 가능해져 식량 자급은 물론 현금 소득도 얻을 수 있었다.

산업 부문에서는 특히 폐수 재활용이 효과를 보고 있다. 공업용수는 세계 물 사용량의 4분의 1을 차지한다. 모든 산업활동에는 물이 수반된다. 신문지 1

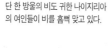

단 한 방울의 비도 귀한 나이지리아의 여인들이 비를 흠뻑 맞고 있다.

톤을 만들려면 물 150톤이 필요하고
철은 258톤, 휘발유는 25톤, 레이온은
2만 톤, 승용차 한 대를 만드는 데도 무
려 380톤의 물이 소비된다. 결국 공업
이 발달한 국가일수록 공업용수의 비
중이 더욱 클 수밖에 없다. 제3세계의
경우 전체 물 사용량의 10~30%가, 산
업국가 대부분은 50~80%가 공업용수
로 소비된다. 그러나 제3세계 역시 제
조 · 채광 · 원료 가공 등의 공업이 성
장하면서 물 수요가 증가하고 있다.

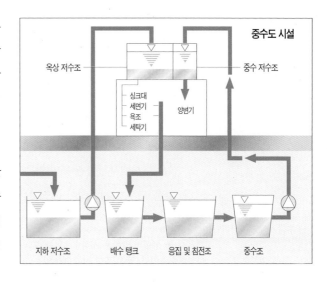

그런데 공업용수는 농업용수처럼 한번 사용하면 그대로 소실되는 것이
아니다. 공업용수는 냉각과 가공 같은 처리과정에서 가열되거나 오염되기는
하지만 물의 양은 대부분 그대로 남는다. 즉 공장에서는 물의 재활용이 훨씬
쉽게 이루어질 수 있다는 말이다. 한 예로 미국의 철강공장에서는 공업용수의
재활용을 통해 철강 1톤을 생산하는 데 따른 물 사용량을 평소의 280톤에서 14
톤으로 크게 줄였다고 한다.

도시생활의 '물 절약'도 각국 물관리 정책의 주내용이 됐다. 미국의 한 조
사기관은 도시의 한 가정에서 사용하는 물 가운데 마시거나 식사를 준비하는
데 이용되는 물의 양을 조사했다. 그 결과 깨끗한 수질을 필요로 하는 음용 및
취사, 세면, 목욕 등에 쓰인 물은 54.7%이며, 화장실이나 청소에 쓰인 물의 양
은 45.3%로 나타났다. 결국 화장실이나 집안 청소에 쓰이는 물만이라도 중수
도를 이용한다면 하수 발생량을 절반 가까이 줄일 수 있다는 말이 된다. 중수
도란 쉽게 말해 한번 쓴 물을 재이용하는 수도 시설이다.

실제로 일본에서는 집집마다 손 씻은 물을 그냥 흘려보내지 않고 다시 변
기 물통에 채워 쓰는 방법이 활용되고 있다. 우리나라도 하루 물 사용량이
1000톤 이상인 공장과 500톤 이상인 목욕탕, 300세대 이상의 공동주택 등에
대해 중수도 설치를 의무화한 바 있다. 중수도가 설치된 곳은 서울 송파구의

롯데월드, 군포·산본 신도시 5단지 아파트, 대전 정부종합청사 등이다. 1988
년 건설 당시 중수도 시설을 설치한 롯데월드는 변기 세척용, 청소용, 공조필
터 세척용 물을 중수도를 이용해 공급하고 있다.

또 도시의 상수도 배관시설에서 손실되는 물의 양에도 관심을 보이고 있
다. 도시의 상수도관은 세월이 지나면서 점점 부식하기 때문에 뚫어진 파이프
사이로 물이 많이 유실된다. 카이로·자카르타·라고스·리마·멕시코시티
와 같은 도시에서는 수돗물의 약 2분의 1이 낡은 상수도관 때문에 유실되고 있
다. 물을 모으고 정화하여 배급하는 데 쓰는 비용을 고려하면 이 같은 유실은

50년 후의 사우디아라비아는?

물 부족의 압박은 지하수 고갈로도 나타난다. 사우디아라비아는 물 수요의 75%를 '화석대수
층'에 의존하고 있다. 화석대수층이란, 땅속 깊이 지하수가 있는 곳으로 한번 지하수를 끌어올려 쓴 뒤 다시 채워지는 데 수
백, 수천 년이 걸린다. 석유와 마찬가지로 재생 불가능한 자원인 지하수를 빼 쓴다면 언젠가는 고갈될 것이므로 이에 의존
하는 농장이나 도시 들은 결국 물 부족을 맞이할 수밖에 없다.

더욱이 사막에서 대규모로 밀을 경작하겠다는 사우디아라비아 정부의 의지는 화석대수층의 지하수 수요를 더욱 증가시
키고 있다. 사우디아라비아는 보리를 비롯한 다른 식량작물들은 수입하지만 밀은 1984년부터 자급하기 시작해 중요한 밀
수출국으로 부상했다. 1992년 초 화드 국왕은 1991년에 400만 톤이라는 기록적인 밀 생산을 위해 21억 달러를 사용했는데,
이 경비는 세계 곡물시장 가격의 4배에 해당하는 것이다. 현재 연간 52억 m^3에 달하는 사우디아라비아의 지하수 사용량은
1990년대 말까지 50% 정도 증가할 것이다.

지하수 저장량의 80%까지 사용할 수 있다고 가정하면 사우디아라비아는 50년 정도 지탱할 수 있다. 그러나 2000년 이후
물 사용속도가 더 빨라진다면, 그만큼 고갈도 앞당겨질 것이다. 또 완전히 고갈되기 전이라도 지하수의 염분 농도가 크게

높아져 값비싼 처리과정을 거쳐야만 사용할 수 있게 된다. 결국 사우디아
라비아에서 생산되는 곡물은 생산국뿐 아니라 그것을 수입하는 다른 국가
에도 장기적으로 믿을 만한 식량 공급원이 되지 못한다. 이것은 자연적으
로 보충되는 것보다 더 빠른 속도로 지하수를 쓰기 때문에 발생하는 문제
다. 지하수의 과다 사용 문제는 중국·인도·멕시코·타이·미국 서부·
북아프리카·중동 등 세계 곳곳에서 나타나고 있다.

그런데 지하수 사용에서 가장 심각한 문제는 지하수면의 하강이다. 역
시 화석대수층에 의존하고 있는 북아프리카의 리비
아와 미국 텍사스 오갈라라의 지하수는 이미 4분의
1이 줄어들었다. 물 수요가 공급 가능한 양의 70%
정도 초과하고 있는 중국 베이징의 경우 1년에 1~
2m씩 지하수면이 낮아지고 우물의 3분의 1은 말라
버렸다. 멕시코시티에서도 지하수 사용량이 보충량
을 50~80% 초과함으로써 지하수면이 낮아지고 지
반이 가라앉고 있다. 특히 멕시코시티 오토노미스
의 유명한 메트로폴리탄 성당이 상당히 내려앉아
지하수면의 하강을 상징적으로 보여주고 있다.

거북이 등처럼 갈라진 땅. 무분별한 지하수 개발로 지반이 침하될 위기에 있다. (왼쪽)
지하 80m에 있는 암석. 암석의 구멍들 사이에 들어 있는 지하수가 암반수다. (오른쪽)

이집트 나일 강 제방 위에서 관개 수차를 돌리는 물소(왼쪽)와 예멘의 사나 부근에서 볼 수 있는 계단식 밭(오른쪽). 이런 광경은 2000년 이상 끊임없이 반복되어 왔다. 마치 원시적으로 보이지만 토양을 망치거나 물을 낭비할 염려가 없다.

엄청난 손실이다.

지구의 모든 생물체는 물이 있어야 살 수 있다. 그러나 지구 표면의 물 중에서 우리가 이용할 수 있는 맑은 물은 3%에 불과하고 그 중 대부분은 빙하나 만년설 상태로 존재한다. 지구촌 50억 인구가 결국 1%의 물에 의존하고 있는 것이다. 이미 우리는 물의 경제적 · 생태적 한계와 맞부닥쳤다. 이용할 수 있는 물의 양은 한정돼 있으니, 소비를 줄이고 공급을 평등하게 하는 데서 해결의 실마리를 찾아야 한다.

이미 물 소비를 줄이기 위한 각 나라들의 프로그램이 진행되고 있다. 이스라엘의 예루살렘에서는 절약형 설비 설치와 누수 점검 및 보수 등을 통해 1인당 물 사용량을 1989년에서 1991년 사이에 14% 감소시켰고, 중국의 베이징은 1992년 11월부터 물 사용량을 할당하여 초과 사용하는 경우 벌금을 물리는 정책을 실시하고 있다. 이 밖에도 멕시코시티, 보스턴, 멜버른 등 여러 도시들이 물 절약 정책을 펴 물 사용량을 줄여나가고 있다.

기업과 환경, 영원한 반비례?

이른바 '환경이 판치는' 시대에 살고 있다.

거대기업들이 텔레비전 속에서 "환경을 생각하고

인간을 사랑한다"며 환하게 손을 흔든다.

그런데 왜 우리는 그 모든 것을 '장삿속'이라며

냉소하게 됐을까? 기업경영과 환경 친화라는 말은

본래부터 조화로울 수 없는 관계인지도 모른다.

'지속 가능한 개발'이라는 말의 모순처럼.

그러니 기업은 늘 부담스럽고 우리는 늘

불만이었던 것 아닐까?

 그래서 환경을 고민하는 기업들을 만나도

'나름대로' '그래도 개중'이라는

인색한 토를 달아야 했던 것 아닐까?

공장 굴뚝에서 뿜어져나오는 검은 연기가 발전의 상징이던 시대는 끝났다.

"공업 생산의 검은 연기가 대기 속으로 뻗어가는 그날엔 희망과 발전이 눈앞에 도래했음을 알 수 있을 것이다."

울산공단의 첫 삽을 뜨던 1962년, 당시 국가재건최고회의 의장 박정희가 한 말이다. 울산 중심부에 우뚝 솟은 '공업탑'에 여전히 새겨져 있는 그 말처럼 어쩌면 기업 경영과 환경 친화라는 말은 본래부터 조화로울 수 없는 관계인지도 모른다. '지속 가능한 개발'이라는 말의 모순처럼. 그러나 언제부턴가 기업이 '환경'을 어떤 '압력'으로 받아들이고 있는 듯하다.

1991년 3월 21일, 두산전자에서 페놀이 섞인 폐수 325톤을 낙동강에 방류한 사건이 발생했다. 시민단체들의 규탄대회를 시작으로 두산그룹 제품 불매운동이 전국에 확산됐다. 4월 22일 낮, 페놀 원액 2톤이 또다시 유출되면서 급기야 국민들은 두산의 OB맥주를 땅바닥에 부어버리며 항의했다. '페놀 사건'의 제일 큰 피해자는 지역사회의 주민들이었다. 사고 직후 임신부들은 기형아 출산을 우려해 임신 중절을 권고받기도 했다. 어쨌거나 페놀 사건으로 두산은 커다란 리스크를 감수해야 했다.

쌍용은 경북 달성지구에 계획했던 자동차 제2공장의 건설을 포기해야 했다. 1993년 7월 건설부로부터 구미지방 공단 조성사업 기본계획 승인을 얻은 쌍용은 69만 평의 공장과 13만 평의 주거단지에서 발생할 하루 500톤의 공장 폐수는 무방류, 1500톤의 생활 오수는 생물학적 산소 요구량(BOD) 8ppm 이하로 방류하겠다는 환경영향평가서를 제출했다. 그러나 환경부는 낙동강 수질 문제를 이유로 "공단 내 생활 오수에 대해서도 무방류여야 한다"며 사실상 불허했다. 페놀 사건의 경우와는 유형이 다르지만 이 역시 '환경'이 기업활동을 압박하고 있음을 드러내는 예이다.

이렇게 대표적인 두 가지 유형의 압력은 기업으로 하여금 '환경'을 비용이 아닌 '투자'의 개념에서 고려하게 했다. "오염물질을 배출하여 적발될 때 내야 하는 범칙금과 처리비용 중 어느 쪽이 큰가"하는 식이다. 더구나 두산그룹의 경우처럼 '기업 이미지의 손상'이라는 상처 또한 계산하지 않을 수 없게 됐다. 환경 파괴로 인한 그룹의 이미지 실추와 고객을 잃는 현상은 무한대의 손실이 분명하기 때문이다.

1994년 5월 정주영 회장 은퇴선언 직후 열린 현대그룹 계열사 사장단 회의에서는 '현대환경선언'을 채택해 1996년까지 3년 동안 환경 분야에 3500억 원을 투자하겠다는 발표를 했고, 아울러 환경관리 업무를 효율적으로 수행하기 위해서 '환경위원회'와 '환경대책반'을 구성했다. 또 황·분진·이산화탄소 등 환경오염물질을 많이 배출하는 현대자동차, 현대전자, 현대중공업, 현대정유 등 주력기업에 자금을 집중 배정해 투자 효과를 높이기로 했다.

이러한 행보는 그린라운드에 대비해 국제경쟁력을 강화한다는 의미도 있지만 국내외적으로 핵심 이슈가 되어가고 있는 환경 문제에 어느 기업보다 '발 빠르게 대처하는 그룹'이라는 이미지도 계산에 넣은 것이라는 게 일반적인 평가다.

이제 너도나도 내세우는 환경기업, 그러나 기업은 여전히 부담스러워하고 우리는 늘 불만이다. 어쩌다 환경을 고민하는 기업들을 만나도 '나름대로'

1998년 4월 25일 세빌리아 근처 아즈나 콜라의 황화철광 광산 배수 유역의 둑이 무너져 500만 m³의 유독 쓰레기가 강물에 쏟아진 뒤 4월 27일, 유럽 최대의 조류보호지역인 스페인 남부 도냐나 국립공원을 관통하는 구아디아마르 강변에 죽은 물고기들이 떠올랐다.

'그래도 개중'이라는 인색한 토를 달게 되는 건 왜일까? "환경을 생각하며 인간을 생각한다"는 기업들의 구호에 우리는 왜 냉소하게 되는 걸까? 그 이유를 기업들이 스스로 찾지 않으면 투자된 비용과 의지가 '환경경영'의 가치로 회수되기 어렵다.

보팔, 끝나지 않은 재앙

1984년 12월 4일 새벽 1시, 백색의 독가스가 잠든 보팔 시를 덮쳤다. 갑작스런 사신의 엄습으로 수많은 사람들이 폐를 찢는 고통 속에 죽어갔다. 가스로 실명해 울부짖는 사람, 허둥대다 밟혀 죽는 사람……, 순식간에 무려 2500여 명이 죽었고 10만 명 이상의 환자가 발생했다. 말 그대로 아비규환, 생지옥이었다.

지금은 폐쇄된 유니언 카바이드.

"희생자들이 밀려들었다. 우리는 모든 시신의 사진을 찍고 옷에 번호를 붙여 보관했다. 동시에 인상착의를 기록으로 남겼다. 예를 들면 이 사람은 힌두교인이고 어떤 옷을 입었다 하는 식이다."

사고가 났던 지점으로부터 가장 가까운 병원에 근무했던 의사 삿파시는 자신이 혼자 처리했던 사망자의 수만 해도 966명이라고 했다. 시간이 가면서 희생자는 계속 증가해 7000여 명이 사고의 직접적인 영향으로 숨진 것으로 보고됐다. 로마 교황청은 이 사건을 1945년 히로시마 원자폭탄 투하 이후 최대의 재앙이라고 했다.

그 엄청난 사고의 정체는 무엇일까?

"사람들의 목숨을 앗아간 주범은 살충제와 제초제의 원료인 MIC 즉 '메틸이소시안산염'이었다. MIC는 아주 적은 양으로도 사람의 폐와 눈, 중추신경계와 면역체계에 치명적인 영향을 주는 독극물이다. 물과 결합하면 가스에 노출된 사람들의 눈동자에 화상을 입히기도 한다."

화공학 박사이자 과학 전문기자인 프라풀 비드와이는 보팔 사고에 관심을 가지고 집중적으로 취재해왔다. 그는 '유니언 카바이드'의 실수로 이 참혹한 사고가 발생한 것을 알아냈다. 인도 보팔 시 중심가에서 15km쯤 떨어진 곳에 있는 유니언 카바이드는 화학무기와 농약을 제조하는 다국적기업이다. 이 회사는 미국 시민들의 반공해운동에 밀려 제3세계로 찾아들었다.

사고가 난 후 세계를 가장 놀라게 한 것은 항상 위험 부담을 안고 있는 유독가스 저장 탱크가 인구 밀집지인 빈민가 한가운데에 자리잡고 있었다는 점이다. 지역주민들은 위험성을 알지 못한 채 무방비 상태로 살아온 것이다.

유니언 카바이드 공장과 길 하나를 사이에 두고 있는 빈민촌, 자이프라 카슈는 사고 당시 가장 피해가 심했던 곳이다. 골목 어느 집이든 피해자가 한두 명은 있었다. 일가족 모두를 잃은 사람을 찾는 것도 그리 어렵지 않았다.

"마치 성냥을 켤 때와 같은 냄새가 나더니 불이 솟고 연기가 오르는 것을

보팔 사고 당시 로마 교황청은 이 사고를 히로시마 원자폭탄 투하 이후 최대의 재앙이라고 했다.

보았다. 부모님이 그날 사고로 돌아가셨고, 내 아이 셋도 죽었다."

부인과 둘이서만 구사일생으로 살아 남은 한 남자는 '그날'을 정확하게 기억한다. 사고의 가장 큰 피해자는 어린아이들이다. 부모를 잃은 고아들이 거리를 메웠고, 사고 이후 태어난 아이들은 하나같이 신체 기형과 고통으로 가슴 앓이를 한다.

파라하 나즈는 체구로 봐서는 영락없는 세 살박이다. 그러나 나즈는 열네 살이다. 사고 이틀 후에 태어난 그는 아직 젖니인 상태 그대로다. 태어난 후 눈을 제대로 뜨지 못하더니 결국 앞을 볼 수 없게 됐다. 발육 이상과 기형의 징후가 뚜렷했지만 사고 이후 출생했다는 이유로 한푼도 보상을 받지 못했다. 다른 아이들에게서도 언제 어떻게 사고의 후유증이 나타날지 모른다.

보팔 사고 생존자의 대부분은 실명이나 호흡기장애, 중추신경계와 면역

다국적기업 '쉘'과 나이지리아의 영웅 켄 사로위와

켄 사로위와의 처형에 대해 세계 인권·환경단체들의 항의가 계속 이어졌다.

나이지리아의 남부 리버스 주 포트하커트 교도소. 손과 발에 쇠고랑을 찬 켄 사로위와는 결국 교수대로 끌려 갔다. 1995년 11월 10일 새벽의 일이다. 사형선고를 받은 지 불과 10일 만에 전격적으로 벌어진 이 일로 세계가 놀랐다. 정치범 켄 사로위와는 사형되기 얼마 전 옥중에서 세계적인 환경운동가에게 주는 '골드만 환경상'을 수상해 국제사회가 그의 석방을 요구하고 있던 중이었기에 충격은 더 컸다.

사로위와는 1941년 리버스 주의 오고니족이 모여 사는 보리에서 태어났다. 나이지리아 최고의 명문인 이바단 대학을 졸업한 사로위와는 고향으로 돌아와 아이들을 가르치다 1967년부터 행정관리로 일했다.

약 50만 명의 오고니족은, 전국에 250여 종족이 살고 있는 나이지리아 소수종족의 하나로 이들의 고향을 '오고니랜드'라고 부른다. 오고니랜드가 포함된 리버스 주에는 세계 굴지의 석유기업들이 일찍부터 들어와 있었다. 오고니랜드에는 대표적인 다국적 석유기업인 '쉘'이 있었다. 고향에 돌아온 사로위와는 '쉘'의 석유 개발과정에서 무참하게 파괴되는 오고니랜드를 지켜봐야 했다.

1967년 그의 인생에 중요한 영향을 미친 하나의 사건이 벌어진다. '비아프라 전쟁'이 그것이다. 또 다른 소수종족인 이보족이 나이지리아 연방 군사정부에 반기를 들고 분리정부를 세운 것이다. 이 내란으로 이보족 25만 명이 숨졌고 석유 매장지역을 두고 양쪽이 총격전을 벌이는 틈새에서 오고니족도 3만 명이나 희생됐다. 이 사건으로 사로위와는 자결권에 관심을 갖게 됐다. 이후 사로위와는 신문을 제작하고, 전쟁의 참혹함과 석유 개발로 파괴되는 고향의 환경, 군사정권에 대한 풍자와 해학이 깃들인 작품을 발표하면서 작가로 명성을 날린다.

한편 '쉘'의 환경 파괴에 산발적으로 저항해오던 오고니족 청년들의 지지를

체계 이상으로 고통받고 있다. 이들은 제대로 된 의료 혜택도 받지 못했다. 보팔 시 심바브나 병원의 2층에서는 인도의 전통적인 요가로 피해자들을 치료해 왔다. 의약품이 부족하고, 정확한 치료방법이 밝혀지지 않은 상황에서 요가 치료법은 피해자들이 가장 효과를 보고 있는 방법이기 때문이다. 이곳에서 요가 치료를 받고 있는 피해자들은 가만히 앉아 말을 하는 것도 벅찰 정도로 호흡 곤란에 시달리고 있다. 원래 사람의 폐활량이 800cc 이하면 의학적으로 기계적인 환기가 필요한 요주의 상태라 한다. 그러나 보팔 사람들은 평균 500cc 정도다. 250cc인 사람도 있다.

사고는 미국의 다국적기업 유니언 카바이드가 냈지만 그 피해는 보팔의 가난한 사람들이 고스란히 짊어져야 했다. 58만 3000여 명의 직·간접적인 피해자들이 유니언 카바이드를 상대로 피해보상 청구소송을 냈다. 회사 사장인

받으며 사로위와는 오고니족의 실질적인 지도자로 떠올랐고, '오고니족 청년 전국위원회(NYCOP)'가 만들어졌다. 이들은 종족의 자결권과 석유 수입의 일부분을 환경보호 분담금으로 배정할 것을 요구하면서 '쉘'을 상대로 태업을 벌였다.

세계 5위의 산유국인 나이지리아에서 석유는 수출의 90%를 차지한다. 특히 '쉘'로 대표되는 석유회사들로부터 얻는 수입이 정부 재정의 80%나 되는 만큼 '쉘'의 영업을 방해하는 행위는 반드시 진압하겠다는 것이 군사정부의 입장이었다. 군사정부는 1993년 8월 오고니랜드를 공격해 수백 명의 오고니족을 학살했고, 육·해·공군에서 차출한 엄청난 병력의 헌병대까지 주둔시켰다.

나이지리아 석유 개발의 이면에는 지역 차별 곧 종족 차별의 역사가 있다. 오고니족 등 소수종족이 주로 사는 남부지역의 환경을 파괴하면서 개발된 석유로 얻어진 수입이 전통적으로 엘리트를 배출해온 북부지역을 발전시키는 데 사용돼온 것이다. 주로 이슬람교도들이 살고 있는 북부지역은 수십 년간 지속된 군사정부의 지지기반이기도 했다. 이 때문에 석유 매장지역인 남부의 여러 주들이 불만을 품고 자결권을 요구했던 것이다.

당시 군사정부의 최고 권력자 사니 아바차 장군에게 사로위와는 잠재적인 최대의 정적으로 여겨졌다. 군사정부는 사로위와의 주장을 연방 탈퇴 음모라고 몰아붙이며 사로위와가 또 한 번 비아프라 전쟁을 일으키려 한다고 비난했다.

자결권 요구를 펼치기 위해 사로위와는 1994년 총선에 나섰다. 그러나 그 해 5월 22일 오고니족의 전통적인 온건파 지도자 4명이 살해됐다. 군사정부는 사로위와가 청년들을 선동해 이들을 살해하도록 사주했다는 혐의로 다음날 그를 다른 30명과 함께 체포했다. 그는 1년 6개월 동안 수감되어 있다가 1995년 10월 31일, 군사정부의 비밀재판에서 사형선고를 받았다.

사로위와는 1992년 《나이지리아에서의 대량학살 : 오고니족의 비극》에서 '쉘'의 환경 파괴와 이를 방조한 군사정부를 고발한 바 있다.

"나는 다국적 석유기업 '쉘'과 나이지리아의 잔인한 다수민족 및 군사독재자가 공모해 우리 오고니족을 무력하게 만드는 것을 보아왔다. 오고니족의 참상을 조사하고 사태 해결을 도와야 할 나이지리아 집권층은 어떠한 청원도 받아들이려 하지 않았다. 오고니족은 자신들의 후손과 함께 전통을 지켜나갈 결의에 차 있다."

사로위와가 처형된 뒤 국제사회의 항의가 계속됐고, 군사정부의 지역분할 전략과 종교적 차이로 사분오열돼 있던 나이지리아의 저항 세력은 1995년 12월 15일 한데 모여 아바차 군사정부의 조속한 민정 이양을 촉구하게 됐다.

집회에서 구호를 외치는 소년. 그의 어머니가 임신 6개월 때 보팔 사고를 겪은 후 태어났는데 아무런 말도 못하고 단지 구호만 외칠 줄 안다고 한다. "싸우자, 우리는 싸운다!"고.(왼쪽)
샤하자닌 공원에 모여든 보팔 사고 피해자들.(오른쪽)

워런 앤더슨을 살인혐의로 기소했지만 그는 법정에 서보지도 않았다. 미국과 인도 법정을 오가면서 진행된 재판은 사건 발생 4년 3개월 만인 1989년 2월 인도 대법원이 피고측이 33억 달러를 보상하는 것으로 사건을 마무리하고 모든 민·형사 소송을 파기했다. 피해자 한 사람이 받을 수 있는 피해보상금은 우리 돈으로 50~60만 원에 불과했다.

피해자측의 S. 무라리다 변호사는 말한다. "희생자들은 재판 진행과정에서조차 약자였다. 법령에 따라 정부가 희생자들을 대신해 사건을 맡고 기소했다. 법령에는 희생자들이 합의사항을 재심할 수 있도록 돼 있지만 실제로 희생자들은 자신들의 주장을 제시할 수 없었다. 그들은 또 미래에 겪을 어려움과 건강 문제 등을 증명하거나 호소할 수도 없었다."

보팔 사고로 가족을 잃고 자신감을 잃은 사람들, 질병과 가난을 짊어진 사람들, 그들은 책임지는 이 하나 없는 그 사건으로 인생을 송두리째 빼앗겼다. 그들은 참다 못해 거리로 쏟아져나왔다. 사고가 난 지 15년 가까이 된 지금까지 벌써 400회가 넘는 비폭력 시위를 벌이고 있다. 보팔의 샤하자닌 공원에서는 일주일에 한 번씩 어김없이 모여드는 그들의 행렬을 볼 수 있다.

"피해자들은 의료품 구입과 치료비 마련으로 빚더미에 올라 있다. 우리에게는 병원 치료와 배상, 사회적·경제적 지원이 필요하다. 우리는 이 일을 해결하기 위해 피해자협회를 만들었다."

'피해자협회'의 압둘 자파르 회장은, 이들이 분노를 삼키며 세상을 향해 울부짖는다고 했다. 죽음을 만들고 불행을 대물림시킨 이들에 대항해 끝까지 싸우겠노라고.

원진레이온, 중국에 가다

"병수도 나도 그리고 다른 동료들도 한 발 한 발 어떻게든 걸어보려고, 똥 오줌 가려보려고 애쓰며 살았다. 가족들에게 피해를 주지 않으면서 맘놓고 치료 한번 받아보고 싶었는데……."

못 쓰게 된 한쪽 다리 대신 지팡이에 의지해서라도 동료의 마지막을 지키겠다고 따라나선 박영묵 씨는 끝내 말을 잇지 못한다.

1997년 4월 14일 조병수(당시 62세) 씨는 사망했다. 동료를 또 한 명 멀리 보낸 원진레이온 노동자들은 주검 앞에 눈물을 감추지 못했다. 그리고 외쳤다.

"병수형, 미안합니다. 산재·직업병 없는 세상을 영전 앞에 약속합니다."

1982년 5공화국 당시 전두환 대통령의 육촌 형 전창록이 원진레이온 사장으로 있을 때 '경영합리화'를 이유로 1300명의 노동자를 해고했다. 세계적으로 원진레이온과 같은 공장은 이황화탄소에 노출될 위험이 크기 때문에 3교대 8시간 근무를 철칙으로 하고 있다. 그 사실을 알면서도 유독가스실의 근

원진레이온의 중국 수출은 곧 직업병 수출이라 할 수 있다.

무시간을 2교대 12시간으로 바꾼 것은 '살인' 행위와 다름없는 결과를 불렀다. 그 동안 진통제를 먹으며 버텨오던 노동자들이 하나둘씩 쓰러져갔다.

"근무한 지 몇 년 뒤부터는 까닭 없이 두통이 났다. 의무실에 가면 진통제를 주는데 나중에는 열 알씩 받아먹었다. 그렇게 진통제 먹기를 밥 먹듯 했다. 그래도 혹여 쫓겨날까 봐 아프지 않은 척했다. 밥줄 끊어질까 걱정만 했지 직업병이라고는 생각도 못했다."

그러나 박영목 씨도 결국은 쫓겨났다. 원진레이온 직업병의 최초 희생자는 이종구 씨로 알려져 있다. 1966년에 입사해 방사과에서 10년을 근무했지만 우울증을 앓으면서 해고된 뒤 청량리 정신병원에 입원해야 했다. 치료비로 집안 살림은 거덜났고, 1981년 10월 17일 세상을 떠났다.

1987년 고려대 환경의학연구소에 의해 '이황화탄소 중독으로 인한 직업병' 판정이 내려지기 전에 사망한 원진레이온 노동자들은 원인도 모른 채 죽어갔고 "판정 근거가 없다"는 이유로 가족들은 사후 보상도 받지 못했다.

삼남매를 둔 평범한 가장 강희수 씨는 갑자기 찾아온 전신마비로 1987년 강제 퇴사당했다. 병원과 한의원에서는 "중풍 같다"는 진단만 받다가 뒤늦게

1991년 김봉환 씨의 장례식 이후 전문 치료병원을 요구하는 원진레이온 직업병 대책위원회의 시위가 계속되고 있다.

직업병을 인정받았지만 치료비에도 턱없이 모자란 보상금 600만 원을 받았을 뿐이다. '미친 사람'이 돼버린 아버지로 인해 고통받던 가정도 끝내 깨졌다. 병 간호에 지친 아내에게 이혼당하고, 서울기독병원과 사당의원에서 치료받으며 "절대 죽지 않겠다"고 했던 그도 결국 1992년 2월 15일 사망했다.

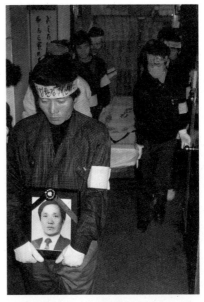

조병수 씨의 장례식.

1991년 4월 11일, 46세를 일기로 세상을 떠난 권경용 씨는 아들에게 "아빠는 직업병에 시달리다 죽어갔기 때문에 떳떳하다. 아빠는 원진레이온에 다니다가 병이 났다. 그래, 원진하고 싸우고 노동부하고 싸워라"는 말을 남겼다. 1977년 입사해 방사과에 8년 근무하다 중독 증세가 심해져 퇴직한 뒤 결혼 패물까지 다 팔아 정신병원에서 치료를 받았다. 아내와 헤어지고 아이들은 부모에게 맡긴 뒤 2평짜리 셋방에 격리돼 살았다. 칠순 노모가 음식을 싸들고 갔던 날 누군가에게 보낼 편지를 쓰고 있다던 아들, 결국 그 편지는 유서가 됐다.

1992년 137일이라는 유례 없는 장례투쟁을 일으킨 김봉환 씨의 사망은 원진레이온의 직업병 보상기준을 유해 부서만이 아니라 전체 부서로 확대하는 계기가 되었다. 성남에서 10년을 살며 농사를 짓던 김봉환 씨는 1977년 부인이 다니던 원진레이온에 입사해 원액2과에 근무하다 1983년 퇴사했다. 그는 아파트 경비원 생활을 하면서도 알 수 없는 병의 원인을 찾으려 애썼다. 사당의원에서 이황화탄소 중독 진단을 받고도 '비유해 부서'라는 이유로 산재요양 신청이 거부됐다. 그는 이에 굴하지 않고 동료들과 싸웠다. 1991년 1월 5일 드디어 노동부로부터 산재요양 신청 접수 통보를 받은 그날, 외동딸의 고등학교 입학금을 내고 집으로 돌아온 후 쓰러져 사망했다.

그렇게 조병수 씨까지 벌써 30여 명이 죽었다. 그리고 박수일, 이정남, 방희숙 씨 등 700명이 넘는 '원진병' 환자들이 생사의 갈림길에 놓여 있다. 이들은 1995년 3월 24일 서울기독병원으로 통원치료를 받으러 나섰다가 쓰러져 사망한 서지순 씨처럼 병든 몸을 이끌고 여기저기 병원을 찾아다니고 있다.

미나마타병에 걸린 환자의 모습.(위)
미나마타 만에서 염화비닐을 생산하던 일본질소비료의 공장이 수은을 방출해 생긴 이 병은 1953년부터 발견됐지만 13년이 지난 1968년에야 환경병으로 공식 인정됐다.(아래)

"그래서 전문병원이 시급하다. 반신불수로 누워 치료받아야 할 환자가 병실이 없어 통원치료를 받고 있고, 원진레이온 직업병에 대해 아무것도 모르는 병원에서 약이나 받아먹으며 치료받는 경우도 다반사이다. 그러다 보니 권경용 씨나 고정자 씨처럼 비관 자살하는 경우도 생겼다. 우리는 시간과 거리, 경제적인 부담이 없는 병원에서 당당히 치료받을 권리가 있다."

구기일 원진노동자직업병위원회 위원장은 이황화탄소 중독증 전문병원을 요구한다. 이황화탄소는 1796년 의약품 마취제로 발견됐는데 강력한 용제이기 때문에 고무공업이나 비스코스레이온 공업 등에 대량으로 사용하게 되었다. 전형적인 유독성 화학물질로 이에 대한 노출은 '근원을 알 수 없는 이상한 정신성 질환'을 부른다.

이황화탄소 노출 기간이 10년 이상인 사람을 대상으로 조사한 결과, 의식 상실·각막 및 인대 반응의 증가·호흡중추 마비 등이 나타났으며 심하면 사망하기도 한다. 깨어나더라도 중추·말초신경의 영구장애, 정신장애가 생길 수 있다. 중독된 사람이 이황화탄소 노출 환경으로부터 벗어나더라도 중독 증상은 치유되지 않는다. 선진국에서는 이황화탄소 중독의 유해성이 알려지면서 비스코스레이온 공업의 생산과정을 모두 기계화하였다. 그런데 우리는 21세기를 바라보는 지금도, 이미 40년 전에 다른 나라에서 사라진 이황화탄소 중독으로 앓고 있는 것이다.

제1차 경제개발 5개년 계획을 시작한 1961년, 박정희 정권은 정신대 문제, 강제징용 문제 등 '전후 보상'을 경제원조와 맞바꿨다. 이때 경제원조의 하나로 일본 도요레이온에서 방사기계를 들여오게 된다. 이미 20년 동안 가동해 감가상각이 끝난 중고 기계였다. 일본은 산업합리화 과정에서 폐기 처분된 레이온 기계를 39억 엔이라는 고가에 매각함과 더불어 이황화탄소 중독증이 알려지기 전에 한국에 건네준 셈이 됐다. 그렇게 해서 국내 유일의 레이온 제조회사가 경기도 미금시 도농동 19만 평 부지에 세워지게 된 것이다.

그런데 원진레이온은 36년 동안 공해업체라는 불명예를 벗어나지 못했다. 청량리−제천 간 산업전철이 개통된 것은 1973년 6월의 일이다. 하루에 열차가 90회 지나는데 애초 20년을 지탱하게 만들어진 전선이 유독 원진레이온에서 나오는 독가스가 스치는 부분만 시설한 지 1년이 못 가 끊어졌다. 그런가 하면 130년 된 느티나무가 공장이 세워진 후 말라 죽었고, 도농역 구내의 35년생 향나무를 비롯한 마을 나무들이 시들어갔다.

도농동 주택가에서도 원성이 끊이지 않았다. 텔레비전 안테나가 새로 세운 지 6개월도 못 돼 삭아버렸고, 계란 썩는 듯한 냄새와 독한 가스 냄새 때문에 한여름에도 창문에 못을 박고 살아야 했다. 만성 두통에 시달리던 주민들은 급기야 공장을 찾아와 "우리도 특수 건강검진을 받게 해달라"며 '공해병'에 항의했다.

세상이 바뀌어 나일론과 테토론 등의 화학섬유에 밀려 동남아시아 수출길이 막힌 원진레이온은 경영자가 여러 번 바뀌는 가운데 만성 적자와 공해산

클로드 모네의 〈생라자르 역, 노르
망디 기차의 도착〉. 증기기관차의
등장은 산업화에 박차를 가했다.

업이라는 취약점을 극복하지 못하고 산업은행의 관리에 놓이게 됐고 1993년 폐업, 공개 입찰됐다.

1994년 4월 21일, 산업은행은 원진레이온을 54억 1000만 원에 일괄 낙찰받아 기계 생산설비 일체를 중국의 한 화학섬유회사에 매각했다. 1996년 12월 중국측은 원진레이온에서 근무했던 근로자들에게 기술교육을 부탁했다. 원진레이온에서 공장장을 지냈고 기술 이전을 위해 중국에 다녀온 한상윤 씨는 "공장 전체 부지가 150만 평이나 됐고 그 중 인견사 솜만 생산하는 공장도 15만 평이었다. 원진레이온에서 가져간 기계를 그대로 쓰고 있었다"고 전한다.

원진레이온의 기계는 일본 도요레이온에서 20년, 원진레이온에서 36년, 그렇게 50년이 넘도록 사용한 기계이다. 수백 명의 목숨을 빼앗은 사업자는 단

녹색광고를 감시한다

우리나라에서 맨 처음 녹색광고를 시작한 기업은 유한킴벌리이다. 유한킴벌리는 1984년부터 "우리 강산 푸르게 푸르게"라는 환경보호 캠페인을 계속해왔고 '아름다운 자연의 친구'라는 시리즈 광고를 통해 한국의 민물고기, 나비, 새, 곤충 들이 살 수 있는 깨끗하고 맑은 자연을 가꾸고 지키자는 캠페인도 전개했다. 유한킴벌리의 지속적인 캠페인은 펄프를 원료로 화장지와 휴지, 종이기저귀 등을 생산하여 산림과 자연을 해치는 회사라는 부정적 이미지를 바꾸어놓기 위한 전략이었다.

노골적으로 상품 광고를 하지 않는 회사도 있다. 기업의 이미지만 환경 친화적인 것으로 홍보한다. 삼성전자는 "인간을 위한 기술은 환경을 먼저 생각합니다"라는 광고 문구를 내걸었다. 현대그룹은 "쓰레기는 발이 없습니다"라는 광고를, 태평양은 "한 해 음식 쓰레기 약 8조 원, 당신은 얼마나 버리세요"라는 광고로, 쌍용은 "우리 강산을 웃게 해줍시다" 등으로.

이러한 녹색광고들이 인기를 끌면서 각 기업은 너도나도 녹색광고에 관심을 기울이게 됐다. 그러나 이것으로 기업이 환경보호에 앞장서고 있다고 믿는다면 지나치게 순진한 생각이다. 녹색광고는 대부분 오염제품 생산업체들이 여론의 따가운 비판을 비켜가기 위해 이용한다. 이 회사들은 환경을 덜 오염시키면서도 우리의 생활을 풍요롭게 하는 제품을 개발하기 위해 온갖 노력을 다 쏟고 있다는 인상을 소비자에게 심어주려 한다. 또한 소비자들의 관심을 교묘히 이용해 상품의 값을 올리기도 한다.

지 '폐업'으로 사회적인 책임을 피했고, 직업병의 위험을 경고하기 위해 박물관에나 가 있어야 할 기계설비들이 버젓이 수출됐으니, 원진레이온 문제는 여전히 '진행중'이다.

자동차에서 향수까지, '그린 백태'

이탈리아의 '패러지' 그룹은 1990년, 11만 5000명의 종업원과 400억 달러의 수익을 자랑하며 화학과 농업 응용산업에서 세계 10대 기업에 선정되었다. 페러지 그룹의 빠른 성장에는 1979년에 취임한 라울 가디니 회장의 안목이 한몫했다. 그는 취임하자마자 환경 문제를 접어두고는 기업이 발전할 수 없다는 철

환경운동의 역사가 우리보다 훨씬 긴 독일 등의 나라에서는 거짓 녹색광고에 대한 소비자들의 고발이 잇따르고 있다. 포장우유 생산업체인 밀러우유는 "재활용할 수 있는 플라스틱 용기만을 쓰고 있다"고 광고했으나 실제로 재활용 실적이 전혀 없는 것으로 드러나자 광고 중지 명령을 받았다.

1986년 6월 미국의 모빌사는 환경운동가들의 요구에 부응하겠다며 자연 분해가 가능한 쓰레기 봉투를 개발·판매하기 시작했고, 모빌사의 신제품은 곧 소비자들에게 만족을 주었다. 시판된 지 6개월 만에 슈퍼마켓을 통한 쓰레기봉투 판매량 중 23%를 초과하는 시장점유율을 보였다. 그러나 대부분의 쓰레기들은 자연 분해가 억제되거나 불가능한 밀폐공간에 매립된다는 사실을 알게 된 소비자들은 자연 분해가 가능하다고 광고한 모빌사를 허위광고 및 소비자 기만 혐의로 법원에 제소했다.

이러한 소비자들의 적극적이고 호된 모니터링이 선전뿐이던 '녹색광고' 기업의 체질을 바꿔놓기도 한다. 팸퍼스 기저귀로 유명한 P&G처럼 말이다.

1989년 미국의 환경단체들은 매년 180억 개 이상의 1회용 기저귀가 쓰레기 매립장에 폐기되고 있으며, 이것은 쓰레기 매립장 내의 미생물로도 분해되지 않는다는 사실을 발표했다. 궁지에 몰린 P&G는 포장의 부피를 줄이기 위해 플라스틱 봉지를 사용, '압축 포장'을 광고하면서 대충 무마하려 했다. 그러나 소비자들은 적극적인 해결책을 요구했다. 이에 P&G는 1회용 기저귀를 이용해 혼합비료를 생산했고, 1회용 기저귀의 플라스틱 부분을 대체할 물질의 개발에 나섰다. 또 음식물 쓰레기, 산업 쓰레기, 폐지 등을 혼합해 꽃과 식물을 가꾸는 데 필요한 부식토를 만드는 데 10만 달러를 투자했다. 그 부식토에 자사 제품의 쓰레기를 처리했으며 또한 재활용 플라스틱의 수요를 확대시켰다. 청량음료 병을 100% 재활용한 플라스틱 용기의 세제제품을 개발했고, 섬유유연제 등의 대형 플라스틱 용기에 다시 채워넣을 수 있는 리필용 종이를 발매해 재활용률을 크게 높였다. 이러한 노력의 결과 P&G는 1회용 기저귀라는 대표적인 공해제품을 만들면서도 미국 내 여론조사에서 환경 문제에 관한 한 가장 의식 있는 기업으로 선정되고 있다.

미국 매사추세츠 주 보스턴에 있는 몬산토 화학공장의 폐기물 배출구를 막고 있는 환경운동가들.

도요타자동차의 자동화 시스템.

학을 밝혔다.

'살아 있는 화학'을 실현하기 위해 1989년에 이미 4억 6000만 달러를 환경 부문에 투자할 정도로 라울 가디니는 환경에 대해 어떤 확신을 가지고 있었다. 패러지는 농작물을 보호하면서도 에너지 산출을 도울 수 있고 미생물에 의해 분해가 가능한 플라스틱에 도전했고 천연물질 개발에 전력을 다했다.

가디니는 자신의 경영방침에 회의를 보이는 사람들에게 "당신들이 불신한다고 해서 환경경영을 포기하지는 않을 것이다. 앞으로 15년 후에 내가 다른 경쟁자들보다 얼마나 앞서 있는가를 보여줌으로써 답변을 대신하겠다"고 했고, 그 예측은 옳았다.

이제 많은 기업이 인간과 자연을 위한 방향으로 경영방침을 잡고 있다. 그것만이 인간과 자연은 물론 기업 자신도 생존할 수 있는 길이라고 판단한 것이다. '균형'의 미래를 염두에 둔 기업경영이 다투어 등장하고 있다.

'도요타자동차'의 "좋은 차를 말합시다"

일본의 '도요타자동차'는 1992년 1월 '도요타 환경대응계획'을 발표했다. 배기가스·소음·연비·프레온가스·에너지 절약·리사이클 등을 테마로 한 '도요타 5R 운동'이 그것이다. 즉 질 전환(Refine), 감축(Reduce), 재사용(Reuse), 다른 용도로의 이용(Recycle), 에너지 회수(Retrieve Energy) 등인데 이 운동에 힘입어 자동차 한 대에서 75% 정도의 소재가 리사이클링되고 있다. 이를 반영한 자동차 모델이 'AXV-IV'와 'Town Ace-EV' 등이다. 그 밖에도 사내에서 쓰이는 종이의 절대 사용량을 삭감한다는 목표를 세우고 재생지를 분리수거해 제지업체에 납품한 뒤 이를 다시 재생지로 구입한다. 이러한 방식으로 연간 1800톤의 폐지를 회수했으며 재생지 사용량은 5000톤을 넘는다고 한다.

그러나 자동차라는 제품 자체는 공해 이미지가 강하기 때문에 완전한 해결책을 찾기란 쉽지 않다. 여기서 생각해낸 것이 1993년부터 실시하고 있는 "좋은 차를 말합시다" 캠페인이다.

환경과 안전에 대해 회사가 안고 있는 고민이나 딜레마를 소비자에게 모두 알리고 "좋은 자동차란 어떤 것일까"에 대해 같이 대화를 나눠보자는 적극적인 그린 마케팅 캠페인인데, 소비자들의 호응이 높다고 한다.

'피아트'의 파레 시스템

이탈리아의 토리노는 자동차산업의 중심지이고, 여기에 '피아트'가 있다. 피아트는 최근 자동차의 미래를 위한 작업에 착수했다. 1992년부터 도입한 '파레 시스템'이 그것이다. 파레 시스템이란 자동차를 구성하는 물질의 재생과 분해를 위해 리사이클링이 가능하도록 한 피아트의 폐차 시스템이다.

유럽에서는 매년 1억 대 이상의 자동차가 폐기되는데 그 중 75%인 강철만이 재활용된다. 그런데 피아트는 나머지 25%를 차지하는 유리 · 플라스틱 등이 전혀 재활용되지 않고 버려지고 있는 점에 눈을 돌렸다. 1997년 한 해 동안 피아트의 폐차 차량 유리로 만든 900만 개의 포도주 병이 슈퍼마켓에 진열되었다. 또 자동차 시트 속에 들어 있던 패드는 따로 분리해서 잘게 자른 후 커다란 드럼통에 가득 채운 다음 120°C 이상의 고온으로 가열하면 본래보다 약간 딱딱한 패드를 만들어낼 수 있는데, 이 패드는 카펫의 속재료로 다시 쓰인다. 1997년 2000톤의 패드로 200만 개 이상의 카펫을 만들었고 이는 미국 호텔에 공급되었다. 이 시스템으로 피아트는 1992년부터 지금까지 약 35만 대의 자동차를 재활용했다.

피아트는 폐차의 차량 유리를 재활용해 포도주 병을 만들어 시중에 내놓았다.

그런데 피아트의 재활용 사업엔 원칙이 있다. 재활용 비용이 일반 자재 구입비용보다 더 들면 안 되고 재활용 과정에서 화학적 첨가물을 사용하면 안 된다는 것이다.

피아트 산업정책연구센터의 총책임자인 살바토레 디 카를로는 "온갖 수단을 가리지 않고 재활용하는 것은 의미가 없다. 오래되어 훼손된 자재를 화학처리하게 되면 오히려 환경에 해가 된다"고 말한다.

콜라병으로 스웨터를 만든 '몬테 피브레'

대중이 가장 쉽게 접하는 소비재인 의류와 가구에서도 '생태학적 소재' 붐이 일고 있다. 패션의 도시 밀라노의 몬테나폴리오네 거리. 세계 일급 디자이너의 작품이 내걸린 쇼윈도 앞에는 세계 패션의 최신 경향을 살피려는 사람들이 끊이지 않는다. 이 패션의 거리는 늘 관광객들로 북적거린다. 또한 멋쟁이들이 가장 많이 몰리는 곳이기도 하다.

'몬테 피브레'의 복도 벽에는 이색적이게도 콜라병이 붙어 있다. 콜라병을 따라 재미나게 이어져 있는 화살표 끝에는 솜뭉치와 스웨터가 있다. 사실 페트병은 일찍부터 재활용 연구의 대상이었다. 몬테 피브레는 1995년 말부터 재생 폴리에스테르 섬유의 개발에 착수했다. 1997년 말 처음 선보인 페트병 재활용 옷은 가격이나 품질 면에서 천연 폴리에스테르와 전혀 차이가 없었다.

"이 옷이 페트병으로 만들어졌다는 것을 소비자에게 알려주지 않으면 일반 옷과 차이를 느낄 수 없다."

마케팅을 담당하는 조르지오 벨레티는 페트 조각을 확산, 정제해서 얻은 순수 폴리에스테르 칩을 녹여 가늘게 만들면 솜 덩어리가 되는데, 여기서 실을 뽑아낸다고 했다. 이 회사의 폴리에스테르 총생산량인 11만 톤의 8% 정도가 페트 조각으로 만들어진다.

페트 조각으로 섬유를 만드는 과정.

자연이 주는 만큼만 만드는 '세레스'의 철학

'세레스'는 이탈리아의 한적한 시골 17세기 건물에 있다. 이 회사에서는 제품을 소량 주문 생산한다. 이곳에서는 의류를 만들 때 석유에서 추출한 합성물질을 전혀 쓰지 않고, 염료 또한 식물의 꽃·잎·뿌리 등에서 추출한 것만 사용한다. 가구도 마찬가지다. 이곳의 가구는 인간이 자연에 속하는 한 부분임을 전제로 색상·형태·재료 등에서 인간적인 느낌을 살려 제작한다. 원목과 천연 밀랍을 재료로 하고, 금속으로 된 연결 부위가 없으며, 인간의 신체를 반영하여 디자인한다. 침대 하나에도 이처럼 세레스의 철학인 '자연 속의 인간'이 반영되어 있다.

색과 형태, 재료에서 인간을 반영한 세레스의 가구.

"식물의 뿌리·줄기·잎은 그 속에 살아 있는 빛과 재료를 갖고 있다. 우리는 자연이 제공하는 순수한 형태의 것들을 받아들이려고 노력한다. 인간의 요구에 의한 수요가 아니라 자연이 인간에게 제공하는 범위에서 생산량을 결정해야 한다."

세레스의 대표 다닐리오 필로스의 말처럼, 자연의 순리에 따라 인간이 아닌 자연의 요구에 맞춰 제품을 디자인하고 생산한다는 것이 바로 세레스의 정신이다.

환경운동의 메신저 '보디숍'

"환경을 생각하는 기업은?" 하고 물으면 알 만한 이들은 모두 런던에서 남쪽으로 2시간 거리에 있는 리틀햄프턴의 '보디숍'을 꼽는다. 전 세계 74개국의 4000여 점포에서 26가지 언어로 화장품을 판매하는 보디숍은 다른 기업들이 지킬 것만 지킨다는 수동적인 환경 개념을 갖고 있을 때 환경운동으로 승부를 거는 발상의 전환을 이루었다.

보디숍은 환경을 파괴하지 않는 상품을 만들겠다는 창업자의 철학에 따라 제조에서 판매에 이르기까지 환경보호와 재활용 이념을 철저히 적용하고 있다. 생산과 폐기 과정에서 에너지를 낭비하는 상품, 멸종 위기에 처해 있는 동식물과 고갈되어가는 천연 원료를 사용한 상품, 동물 학대와 관련된 상품, 제3세계나 개발도상국에 악영향을 미치는 상품, 불필요한 폐기물을 남기는 상품 등을 취급하지 않는다는 '보디숍 헌장'을 모든 기업행동의 지침으로 삼고 있다. 그래서 제품 개발과정에서도 동물을 실험에 이용하지 않으며 인간의 건강을 위해서 원료는 가능한 한 자연 성분이 많은 것을 선별하여 사용한다.

재생과 절약정신은 제품 포장에서도 찾아볼 수 있다. 재생 플라스틱을 사용하여 내용물만 교체해주는 서비스를 제공하며, 화장품에서 중요한 포장재도 최대한 자제해 회사 로고와 간략한 제품 설명만 기재한다. 홍보와 광고에서도 화장품업계의 상식을 넘어 환경보호에 대한 메시지만을 고객에게 전달할 뿐 제품에 대한 선전은 전혀 하지 않고 있다. 뿐만 아니라 자동차 배기가스를 억제하기 위해 사원에게 염가로 자전거를 제공하는 재미있는 제도도 만들었다.

보디숍의 리필 화장품 용기.

1976년 보디숍을 창업한 애니타 로딕은 기업가라기보다는 환경운동가에 가까운 인물이다. 그는 기업이 기업 자체의 이익보다는 대중의 이익을 추구해야 한다는 경영철학을 가지고 있다. 기업은 자신의 행동에 스스로 책임져야 하고, 소비자에게 솔직한 정보만을 전달해야 하며, 그래야 소비자가 제품은 물론 기업이 하는 행동 모두에 동조한다고 믿는다.

그래서 보디숍은 1986년 환경단체 그린피스와 함께 한 '고래를 구하자' 캠페인으로부터 '가출 여성 찾아주기' '열대우림의 파괴 반대' '동물실험 반대 캠페인' 나아가 '핵실험 반대'에 이르기까지 줄곧 기업의 사회적 책임을 얘기해왔다.

요즘 이들은 '원조가 아닌 무역(Trade not Aid)', 즉 가난한 민족과 원주민들에게 무조건적인 원조 대신 그들이 갖고 있는 자원이나 노동력을 이용해 자립할 수 있도록 하자는 프로그램을 진행하고 있다.

"브라질 열대우림의 카야포 인디언들이 땅콩을 일구면 우리는 그 땅콩을 사서 천연 재료로 쓴다. 인도산 목재, 네팔의 종이, 아메리카 원주민의 파란 옥수수, 자몽과 바나나, 야생 들꽃과 나무뿌리에 이르기까지 오지나 저개발국가들에서 사들인 천연 재료는 보디숍 제품의 주원료가 된다."

보디숍은 원주민의 자원과 노동력을 활용해 그들의 자립을 돕는다.

애니타 로딕은 천연 재료가 인간에게 이롭기도 하지만 국제시장에서 새로운 무역관계를 형성하기 위해 이런 노력이 필요하다고 했다. 이익의 극대화보다 사회적 빈곤을 줄이려는 노력을 통해 기업의 성공 여부를 평가해야 한다는 것이 보디숍의 경영철학이기도 하다.

생명공학, 진보인가 재앙인가

생명을 조작하는 일,

영국의 한 생물학자는 "유전자공학은

나쁜 과학과 나쁜 상행위가 위험한 동맹관계를

맺은 것"이라 했다. 과학기술과 생명윤리는

인류가 시작된 날부터 오늘까지 끊임없이 갈등해왔다.

이대로라면 미래에도 역시 그럴 것이다.

우리는 민주적인 통제를 벗어난 오만한 과학과

생명에 대한 어떤 외경도 갖고 있지 않은

상행위의 음모에서 언제까지 아웃사이더여야 하는가?

복제 양 돌리.

"슈퍼마켓에서 정자를 산다? 마이클 잭슨, 리처드 기어, 빌 게이츠……, 누구의 정자가 가장 비쌀까?"

한 스포츠 신문에 실렸던, 해외 가십 기사의 제목이다. 이 기사에서처럼 정말 슈퍼마켓에서 더 뛰어난 사람의 정자가 날개 돋친 듯 팔리지는 않을까? 금세기 최고의 천재, 아인슈타인을 부활시키자고 하지 않을까? 아인슈타인은 죽었어도 그의 뇌가 보존돼 있는 걸 세상이 알고 있다. 인간 게놈 프로젝트 등으로 인간의 천재성을 결정하는 주요 유전자가 밝혀지면 그의 뇌에서 유전자를 분리할 수 있을 테고 유전자를 클로닝하여 인체의 배(胚)에 도입할 수 있다. 물론 아인슈타인의 복제 뇌에서 천재성이 그대로 재현되느냐는 별개의 문제이다.

"정자를 사고 파는 일은 이미 공공연하게 진행되고 있다. 시험관 아기 역시 마찬가지다. 예전의 공상과학 드라마에서는 '6백만 불의 사나이' 따위의 인조인간처럼 주로 팔과 다리 등 인체의 한 부분을 기계적으로 만들어냈지만 이제는 유전자를 조작하게 됐다. '인간 설계도' 자체를 바꿀 수 있게 됐다는 뜻이다. '인간 게놈 프로젝트'가 현실이 돼가고 있지 않은가?"

서울대 의대 예방의학과 황상익 교수의 말이다.

도대체 우리는 어떤 시대에 살고 있는가. 이른바 인간 게놈 프로젝트가 실현되는 때다. 게놈(Genom)이란 생물이 지니고 있는 모든 유전정보의 집합체를 일컫는 말이다. 완두를 이용해 식물 유전을 연구한 멘델 이후 과학자들은 유전물질이 무엇인지 알아내고자 노력했으며, 결국 유전물질이 DNA(유전자의 본체로 디옥시리보오스를 함유한 핵산)임을 규명했다. DNA는 아데닌(A), 시토신(C), 구아닌(G), 티민(T)이라는 4종의 염기를 함유하는데, 이 염기의 수많은 조합 쌍을 통해 유전정보가 보관, 전달된다. 인간의 DNA는 30억 개의 염기를 갖는다고 한다. 인간 게놈 프로젝트는 바로 인간 DNA의 염기 서열을 파악하고 유전정보를 판독하려는 시도이다.

1996년 영국 에든버러에 있는 로슬린 연구소의 이안 윌머트 박사 팀이 277번의 시도 끝에 탄생시킨 복제 양 '돌리'는 과학의 경이를 넘어 공포로까지 받아들여졌다. '돌리' 이전의 모든 동물 복제는 생식세포를 이용한 것이었다. 즉 수정란을 분할해 서로 똑같은 형질의 유전자를 가진 여러 새끼들을 탄생시켰다. 이 경우 일란성 쌍둥이처럼 1세대와 2세대의 유전자는 다르지만 2세대들의 유전자는 서로 같다. 그런데 복제 양 돌리의 경우는 생식세포가 아닌 어미 양의 체세포를 가지고 세포핵 이식기법을 사용해 새끼 양을 복제해냄으로써 1세대의 유전자와 똑같은 2세대를 탄생시킨 것이다. 더구나 생명체의 세포를 적절히 냉동 처리해두면 그 생명체를 언제든지 복제할 수 있는 가능성이 열렸다는 데 주목해야 한다.

'돌리'를 창조한 윌머트는 "인간 복제도 열심히 연구하면 1~2년 안에 실현 가능하다"고 했다. 어떤 과학자들은 다음 세대가 끝나기 전에 최초의 복제인간을 볼 수 있을 것이라고 감히 예견했고, 한 언론에서는 아인슈타인이니 테레사 수녀니 박정희니 하면서 사람들이 복제하고 싶어하는 대상이 누구인지 호들갑스럽게 보도하기도 했다.

한편 '돼지 6707호'는 생명공학의 횡포를 되짚어보게 한 상징적인 사건이다. 메릴랜드 주 벨츠빌에 있는 미국 농무성 연구센터의 푸셀 박사와 그의

양 복제에 성공한 윌머트 박사.

동료학자들은 역사상 최초로 사람의 성장 유전자를 돼지에게 주사했다. 성장 속도가 훨씬 빠르고 몸집이 큰 돼지를 만들기 위한 것이었다. 그러나 돼지 6707호는 슈퍼 돼지가 되지 못했고 돼지에게 주사한 사람의 유전물질은 돼지를 상상치 못한 모습으로 바꿔놓았다. 제대로 서 있지도 못하고, 지나치게 털이 많고, 관절염에 명백한 성교 불능, 사팔눈 등 그야말로 희비극적인 창조물이었다. 농무성은 이 돼지가 그래도 근육덩어리에 기름기 없는 고기라며 변명하려했지만, 돼지 6707호는 윤리가 결여된 과학의 비참한 실패작으로 기록되고 말았다.

사람들은 유전공학을 통해 상상의 세계를 현실의 세계로 바꾸려 한다. 그러나 유전공학이 초래할 수 있는 위험은 거의 논의조차 되지 않고 있다. 유전적으로 조작된 산물은 다른 상품과는 달리 재생산, 돌연변이, 이주가 가능하다. 일단 방출된 다음에는 이 살아 있는 상품들을 실험실로 다시 불러들이기란 거의 불가능하다. 돼지 6707호와 같이, 아니 반대로 실험이 성공했다 하더라도 그 이후를 예상할 수 없는 생물공학의 산물이 대량 방출되기 전에 다음과 같은 물음에 답해야 한다.

"누가 신의 역할을 맡을 것인가?"

사이버 토마토에서 복제인간까지

1992년 미국 식품의약국(FDA)은 '캘진'이라는 벤처기업이 개발한 '후레브 세이브' 토마토의 시판을 승인했는데, 이것이 상업화된 유전공학 식품 제1호이다. 그때《푸드 앤 워터》는 "더 오래 진열할 수 있도록 더 천천히 익는 토마토"를 개발한 '캘진'을 칭송했다.

토마토와 감자를 세포융합한 '포마토'.

유전공학 식품이란 이렇게 유전공학 기술에 의해 개발되었거나 유전공학적 방법으로 개발된 물질을 함유한 식품을 일컫는다. 세계 굴지의 대기업인 미국의 '몬산토' '뒤퐁'을 비롯, 스위스의 '시바가이기', 네덜란드의 '유니레버', 일본의 '미쓰비시카세이' 등이 이 분야에 중점 투자하고 있다. 그 중 '몬산토'가 대표 격이다.

1995년에 몬산토는 플로리다 주 나폴리에 근거를 둔 미국 최대의 토마토 생산업체인 '가길로'의 최대 주주가 됐다. 또 유전적으로 변이된 '후레브 세이브' 토마토를 개발했지만 토마토를 사도록 소비자들을 설득하지 못해 1996년 여름 부도 위기를 맞은 캘진의 주식 49.9%를 구입해 캘진과 후레브 세이브를 살려냈다. 몬산토는 가길로와 캘진의 경영을 통합했고, 이제 유전공학 토마토를 세계의 가정에 퍼뜨리려 하고 있다. 가길로의 '가길로 농장'과 캘진의 '맥그리거'라는 상표를 달고 팔리게 된 이 토마토는 이미 인디애나 주와 뉴욕 주에서 시험 판매되고 있다.

스위스의 다국적기업인 시바가이기는 농작물을 갉아먹는 해충에 치명적인 토양 박테리아 '바실러스 수링기엔시스'의 독성 유전자를 농작물에 이식했다. 이미 이런 옥수수, 목화, 감자 등이 상업화돼 전 세계적으로 80종의 형질전환 작물이 재배 허가를 받았거나 신청중이며, 시험 재배지도 3600곳이 넘는다.

그런데 유전공학 농산물은 독소에 대한 해충의 내성을 키운다. '바실러스 수링기엔시스'의 독성 유전자를 이식받은 농작물이 광범위하게 재배되면 3~5년 후엔 목표 해충이 이 독소에 대한 저항력을 갖게 될 것이다. 이렇게 되면 박테리아 독소를 무공해 농약으로 널리 써온 유기농가는 치명적인 타격을 입게 된다. 내성이 커진 해충을 퇴치하기 위해 이들은 다시 화학 제초제로 돌아가야 할지 모른다. 아니면 더욱 강력한 살충 독소를 생성하는 작물이 다시 개발될 때까지 기다려야 할 것이다.

과학자들은 농작물의 유전자 외에 세균과 곤충의 유전자까지도 조작하고 있다. 1996년 가을 미국 환경보호국에 근무하던 몇몇 사람들이 유전자 조작으

로봇, 사이보그, 안드로이드

공상과학의 대표적인 가공 생명체인 인조인간은 어떻게 탄생했을까? 영화 속에 당당히 등장하는 그들은 단순한 '공상'의 범주에 머무를까, 아니면 어느 날 우리 앞에도 나타날까?

인조인간은 크게 로봇과 사이보그, 안드로이드로 구별된다. 로봇은 체코 말로 '일한다' 혹은 '강제노동'의 의미를 갖는 로보타(robota)에서 유래한 말이다. 그러다 '자동으로 작동하여 인간이 하는 일을 대신하는 기계'라는 의미로 사용되었고, 이제 '자동인간' '인조인간'으로 불리게 됐다.

사이보그(cyborg)는 인공두뇌학(cybernetic)과 유기체(organism)의 합성어인데 특별히 의식하지 않아도 기능이 조절·제어되는 기계장치나 인공 장기 등이 이식된 개조인간을 의미한다. 그러니까 태권 V나 아톰은 로봇이지만 6백만 불의 사나이와 소머즈는 사이보그이다. 사이보그를 확대해 정의하자면 인간이 가지고 있는 근원적인 한계를 기계의 도움으로 극복한 사람으로, 혹자는 인공 심장을 이식받은 사람에서부터 심지어 콘택트 렌즈를 착용한 사람까지도 사이보그로 분류하기도 한다.

안드로이드(android)는 그리스어로 '인간을 닮은'이라는 뜻이다. 이름이 내포하듯 안드로이드는 세포 등의 원형질로 돼 있어서 겉으로 보기에는 인간과 전혀 구별할 수 없다. '복제인간'이라고 불리는 그들에게도 수명이 있다. 분자생물학의 발달로 탄생한 복제인간은 영화가 아닌 현실에서도 이미 '실험적'으로는 성공했다고 보고된 바 있다. (데이비드 로비크의 《복제인간》에서)

로 '슈퍼 박테리아'를 만들었다. 연구가들은 '슈퍼 박테리아'가 클로버 · 콩 등의 식물 뿌리에 서식하면서 식물의 질소 고정 효율을 증가시킬 것이라고 선전했다. 그런데 이 세균은 이질을 일으키는 '시겔라'와 또 다른 병원성 세균인 '클렙시엘라 뉴모니아'의 유전자를 가지고 있음이 뒤늦게 밝혀졌다.

이렇게 유전자가 조작된 파리 · 모기 · 꿀벌 · 목화솜벌레 등 많은 종류의 곤충과 세균이 다양한 목적으로 개발되고 있다. 그런데 이것들은 번식 속도가 빠르고 먼 거리를 이동할 수 있으며 한번 방출되면 통제가 불가능하여 어떤 심각한 생태적 위험을 가져올지 모른다. 그런데도 이에 대한 위험성이나 문제 제기에는 아무도 귀를 기울이지 않고 있다.

최초의 동물 복제실험 대상은 개구리였다. 1952년 개구리의 배에서 뽑아낸 세포핵을 개구리 난자에 집어넣어 개구리를 복제했지만 발육에는 실패했다. 1970년 다시, 세포핵을 없앤 난자(탈핵난자)에 다른 개구리의 세포핵을 넣어 개구리 복제에 성공했고 올챙이까지 발육시켰다. 1983년에는 최초로 포유류 복제에 성공했다. 수정란 분화 초기의 세포를 다른 탈핵난자에 이식하는 핵이식으로 쥐의 복제에 성공한 뒤 양 · 토끼 · 돼지 · 소와 영장류인 원숭이까지 복제했다. 1996년 7월 5일, 다

황우석 교수 팀이 탄생시킨 체세포 복제 젖소 '영롱이'와 그 대리모.(위)
복제 생쥐. 공공연한 동물 복제는 인간 복제를 현실로 느끼게 한다.(아래)

자란 양의 유방에서 떼어낸 체세포를 탈핵난자에 넣어 융합한 수정란으로 복제 양 '돌리'를 탄생시키는 데 성공했다. 그런데 동물 복제는 곧 인간 복제로 연결될 수밖에 없다.

"유전자 조작은 어제오늘의 일이 아니다. 그러나 '토마토'에서 '동물'로, 다시 동물에서 '사람'에게로 유전자 조작이 도입되면서 윤리성이라는 사회적 문제와 대립하게 됐다. 1978년 여름 영국의 과학자들에 의해서 세계 최

초로 시험관 아기가 태어났을 때 세계는 경악했다. 사람이 인위적 경로로 태어난다는 데 대해 사회적인 거부감이 컸던 것이다."

경희의료원 불임 클리닉이 인간 배 복제에 성공했다는 보도가 나가자 환경단체들이 경희의료원 앞에서 유전공학 반대시위를 벌였다.

서울대 의대 박상철 교수의 말처럼, 복제인간이 한 발 앞으로 다가왔다는 두려움이 퍼지자 세계 각국은 서둘러 '족쇄' 만들기에 나섰다. 10여 년 전 이미 유전자 조작의 위험성을 경고했던 교황청이 연구 중단을 촉구했다. 미국의 클린턴 대통령은 인간 복제 연구에 정부 자금을 지원하지 않겠다고 선언했고, 동물 복제의 법적·윤리적 문제를 검토하도록 지시했다. 유럽 의회는 이미 제정된 '생물윤리 강령'에 이어 인간 복제를 금지하는 의정서를 추진중이다. 사회적 합의에 의한 정책 결정의 전통이 깊은 유럽의 덴마크·프랑스·이탈리아·스웨덴 등 19개국은 '인간복제연구 금지 의정서'에 서명했다. 그런데 돌리의 탄생지인 영국은 이 조약이 지나치게 엄격하다는 이유로 서명하지 않았고, 반대로 독일은 이 조약이 현행 독일법보다 더 약하다는 점을 들어 서명하지 않았다.

우리나라도 천주교 주교회의가 '복제실험 금지법' 청원서를 국회와 정부에 보낸 바 있고, 환경·종교단체가 유전자 복제 금지를 촉구하는 시위를 벌였다. 그러나 복제 금지를 강제하는 법적인 제재장치는 여전히 마련되지 않고 있다. 다만 보건복지부가 1997년 '유전자 재조합 실험지침'을 제정해 간접적인 생물재해 방지장치를 마련했을 뿐이다.

유전자 조작에 반대하는 논리는 한마디로 인간 복제가 신의 영역을 침범하는 것이며, 영혼을 지닌 인간의 존엄성을 떨어뜨리고 유전자 조작으로 예측할 수 없는 인간종과 생태계의 파괴가 일어날 수 있다는 것이다. 그럼에도 미국 시카고의 물리학자 리처드 시드 박사는 "어느 누구도 과학과 새 기술의 발전을 가로막을 수 없다"고 말한다.

그의 말처럼, 생명체 복제는 '돌리' 이후로도 계속되고 있다. 1997년 8월 미국의 축산회사 '에이비에스'가 6개월 된 체세포 복제 송아지 '진'을 공개해 복제동물의 대량생산기법이 세계적인 주목을 받았다. 1998년 1월 미국 위스콘신 대학 연구팀이 원숭이, 돼지, 양 등 동물의 태아세포를 소의 탈핵난자에 넣어 복제해 임신에는 성공했지만 유산됐다. 5월에는 미국 리저브 대학 교수팀이 원숭이 머리 교환 수술에 성공했다.

지금도 많은 복제동물이 세계 곳곳에서 만들어지고 있다. 과학의 발전은 막을 수 없으며, 막으려 한다면 그것은 역사와 문명을 거꾸로 돌려놓으려는 것과 같다는 과학 운명주의 혹은 과학 지상주의적인 믿음을 가진 사람들이 있기 때문이다.

이렇게 해서 인간 복제가 가능해진다면? 최고의 과학기술 앞에서 우리는 마치 '지킬 박사와 하이드' 같은 이중인간이나 '프랑켄슈타인' 같은 괴물인간의 출현을 우려하게 되고, 올더스 헉슬리의 소설 《멋진 신세계》에 나오는 복제인간 국가가 출현하지 않을까 두려워한다.

"유전공학의 개념은 생물 진화의 진로를 완전히 바꿔놓을 수도 있다. 그 설계과정에서 한번 실수를 저지르면 다시 돌이킬 수 없을 것이다."

고려대 자연자원대 이세영 교수는 치명적인 오류를 피하기 위해서는 인간성의 문제, 생명의 존엄 문제 등 윤리적 문제를 충분히 논의해야 한다고 했다.

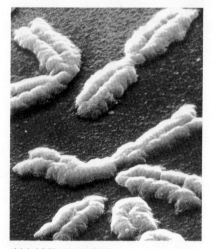

인간의 염색체를 3만 5000배 확대한 모습.

유전자 조작은 '판도라의 상자'?

《휴먼 게놈을 찾아서》의 저자 다니엘 코엥은 현대과학이 인류를 더욱 풍요롭게 할 것이라는 신념을 가진 사람이다. 그는 인간 게놈 프로젝트가 인류를 질병에서 해방하는 데 결정적인 기여를 할 것이라고 믿는다.

"인간 게놈 프로젝트에 박차를 가하면 향후 10~20년 안에 대부분 병의 정체를 파악할 수 있을 것이다. 생물학적 존재로서 자신을 더 잘 알게 되면 사람들은 자신을 더 잘 관리하게 될 것이다. …… 몇몇 사상가들은 인간이 태어날 때부터 유전적 신분증명서를 갖는 체제에 대한 말만 들어도 공포에 떨면서 '멋진 신세계'의 망령을 들먹인다. 하지만 상상해보라. 모든 사람이 자기가 앞으로 어떤 병에 걸릴지를 정확히 알 수 있는 미래를."

다니엘 코엥은 인간 복제기술은 유전적 질병의 원인과 치료법을 정확하게 밝혀내 선천적 장애의 불행을 없앨 것이며, 인공 수정을 지금보다 더 쉽게 해 불임으로 고통받는 사람들에게 희망을 주고, 병에 걸려 고통받는 이들에게 훨씬 저렴하게 장기를 제공할 것이라고 자신한다. 그와 같은 입장을 가진 이들은 유전자 조작에 반대하는 사람들에게 묻는다.

미국 '인텔'사에서 만든 슈퍼 컴퓨터. 슈퍼 컴퓨터는 유전공학에 필수적인 준비물이다.

"누가 고통과 불행 속에 있는 사람들에게 인간 복제기술이 비윤리적이니까 참고 있으라고 말할 수 있을까?"

그러나 박상철 교수는 생명이 상업적으로든 군사적으로든 악용될 수 있음을 우려한다. "동일한 인간을 만들어서 필요한 경우에 한쪽 개체를 희생시키거나, 동일한 외모와 성질을 가진 제2의 복제인간에게 사회활동을 대행시켜 범죄를 저지르게 하고도 아무런 죄의식을 갖지 않는 사회가 될 수 있다. 혹시 우리는 인간을 대상으로 한 생명과학 연구 특히 복제인간, 특수인간의 개발에 대해서는 경천동지할 사건으로 간주하고 이를 혐오하고 부정하면서도 은연중에 이러한 특수인간, 복제인간의 가능성에 공감하고 묵인해온 것은 아닐까?"

박상철 교수는 지금의 상황에서 '복제인간은 가능한가?'라는 질문은 합당하지 않다고 했다. 오히려 '복제인간의 제조를 허용할 수 있는가'가 더 큰 문제라고 했다. 그는 인간이 새로 개발된 기술이 갖는 장점에 매료돼 결국 용인하고 그것이 초래하는 사태로 고민하는 운명에 처할 것이라며 걱정한다. 그러니 이제 진지하게 생명과학 연구의 진로와 목적을 되짚어보아야 할 때라고 지적한다.

"기술상의 문제는 언젠가는 해결될 수 있는데 당위성의 문제는 많은 검토가 있어야 한다. 과학이나 의학의 목적을 위한다는 명분으로 초래되는 윤리의 파괴는 생각만 해도 소름이 끼친다. 이러한 사회적 변화를 우리가 감당할 수 있을까?"

그런데 한국과학기술연구원 부설 '유전공학연구소'의 이대실 책임연구원은 다른 방향에서 생명과학을 본다.

유전자 조작 식품을 거부한다!

요즘 미국과 유럽에서는 유전자 조작 식품을 반대하는 움직임이 뚜렷해지고 있다. 미국 식품의약국은 1993년, 소의 성장 호르몬을 젖소에 처리하면 우유 생산량이 10~30% 늘고 소의 체중을 증가시키는 효과가 있다는 이유로 축산에 이용하는 것을 정식으로 허가했다. 그런데 이 허가를 놓고 유전공학 비판 세력과 소비자들이 열띤 논쟁과 반대시위를 벌였다. 그들은 모든 유전공학 식품에 대해 의무표시제를 요구했다.

독일의 유전자 조작 반대운동은 '유전자 조작을 반대하는 시민연합'이, 오스트리아는 '글로벌 2000'이라는 단체가 주도하고 있다. 이들은 모든 유전자 조작을 중단시키자는 것에서부터 유럽연합 내의 모든 유전자 조작 식품에 대해 유전자 조작 식품이라는 표기를 해야 한다는 것에 이르기까지 다양한 목표를 내걸고 싸우고 있다. 대표적인 구호는 "우리는 사이버 마을에서 자란 사이버 식품을 거부한다" "유전자 조작은 판도라의 상자!" 등이다.

정당으로는 역시 독일의 녹색당이 가장 적극적이다. 녹색당은 당 소속 의원들의 기부금으로 운영되고 있는 '생태재단'을 통해 유전자 조작 반대운동을 하는 민간단체들을 재정적으로 지원하고 있다. 대학생들 역시 이 문제에 관심이 높아서 각 지역의 소비자센터와 연계, 학교식당에서 제공되고 있는 음식물 중에서 유전자 조작 식품을 재료로 한 음식을 거부하고 있다. 한편 '글로벌 2000'의 갤럽조사 결과는 유전자 조작 반대운동의 지지기반이 얼마나 넓은지 보여준다. 오스트리아 국민의 75%가 유전공학을 이용한 식품 생산에 반대하고 6% 정도만이 찬성했다고 한다. 또 독일의 가장 영향력 있는 여론조사기관인 '엠니드'의 조사 결과도 독일 국민의 60~70% 정도가 농산물 등의 유전자 조작을 반대하는 것으로 나타났다.

최근 들어 나타난 이 운동의 성과로는 독일의 화학재벌 '회이스트'의 자회사 '아그레보'가 1996년 4월 오스트리아에 신청했던 '유전자 조작을 이용한 옥수수 개량종자의 자연이식' 프로젝트를 철회한 것과 1996년 6월 '시바가이기'가 유전자 조작 옥수수의 시장 판매 허가를 유럽연합으로부터 받아내려 했지만 오스트리아의 반대운동으로 무산된 것 등이다.

그 동안 유전자 조작 농산물의 판매를 허용했던 프랑스는 1997년 총선에서 녹색당과 손잡은 사회당이 집권하면서 더 이상 유전자 조작 농산물을 승인하지 않겠다고 선언했다. 영국에서는 1998년 300곳 가량의 유전자 조작 농산물 시험장 가운데 40곳 이상이 환경단체의 반대운동으로 훼손됐다. 여론조사 결과에서도 영국 국민의 77%는 유전자 조작 농산물의 금지에 찬성했다. 찰스 황태자도 최근 "유전자 조작은 신의 영역에 도전하는 행위"라며 반대운동에 가세했고, 영국 전역에 체인망을 갖춘 일부 소매점들은 유전자 조작 식품을 판매하지 않기로 결정했다.

미국과 유럽에서는 핵에너지 문제와 함께 유전공학 문제가 정치권 · 학계 · 시민단체 · 언론을 통틀어 가장 뜨거운 주제라 할 수 있다. 그러나 우리나라 사람들은 유전자 조작 식품을 먹어도 되는지 생각해볼 틈도 없이, 소비자로서의 의지와는 무관하게 그 식품들을 먹어왔다. 1995년부터 미국산 유전자 조작 농산물이 수입돼 들어와 버젓이 팔렸기 때문이다. 물론 우리나라 소비자들은 그 농산물들이 유전자가 조작된 식품이라는 사실은 짐작도 할 수 없었다.

"미지의 미래를 예측한다는 것이 희망적이기도 하고 다른 한편으로 두려움을 느끼게 한다. 인간이 유전자 정보를 통해 인간 자신의 자화상을 분자 수준에서 들여다보는 것이다. 신비의 베일에 싸여 있던 생명의 문제가 명문화된 정보로 우리 앞에 대두할 것이다.…… 게놈 연구는 계속되어

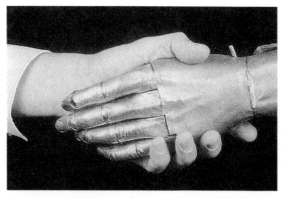

인간과 인조인간의 공생은 가능한가.

야 한다. 또 그렇게 될 것이다. 결국 사람의 양식과 가치관 문제이지 과학과 기술 그 자체가 문제는 아니다."

생체 안의 수많은 효소, 호르몬, 생체분자 등을 이용한 새로운 생명공학과 생물산업이 21세기를 주도할 것으로 보는 그는 우리 역시 역사적인 과학기술의 행진에 참여할 것인가 아니면 도태될 것인가를 선택할 때라고 했다.

"모든 문제의 답은 쉽지 않다. 성 감별, 낙태 등을 대부분의 사람들이 반대하는 것 같지만 정말 절실한 사람들도 있다. 사회가 개인, 부부의 결정에 대해 개입하는 건 단순한 문제가 아니다. 마취기술이 처음 도입됐을 때 분만시 마취하는 것에 대해 사회가 얼마나 저항하고 반대했는가. 산고를 치르는 것이 신과 자연의 섭리라고 말이다. 그러나 지금은 많은 사람들이 그리 생각하지 않는다." 황상익 교수는 과학기술이라는 것이 역사 속에서 늘 인간의 삶에 개입해왔음을 지적한다.

특히 의학적으로 유전자 조작이 '필요에 의해' 이용돼온 예는 얼마든지 있다. 인류 최초의 유전자 요법은 유전질환인 ADA결핍증 환자를 대상으로 시행됐다. ADA는 면역체계 유지에 필수적인 효소로 이것이 결핍되면 심한 면역결핍증을 초래하게 된다. 이 병에 걸린 아이들은 외부로부터 아주 작은 세균이나 바이러스만 침입해도 견디지 못하고 거품과 같이 약하다고 해서 일명 '버블 베이비'라 한다. 미국의 과학자들은 정상적인 ADA를 생산할 수 있는 유전자 리트로 바이러스를 이용해 이 병을 치료했다. 그때 인류 최초로 유전자 치료를 받았던 아산디 데실바(당시 4세)는 지금까지 정상적으로 자라고 있다.

한편 유전자 지문을 알게 되면 범죄현장에 남아 있는 조그만 흔적만으로

러시아 화가 일리야 레핀의 대표작 〈아무도 기다리지 않았다〉의 내용을 변형해 인간 복제를 비꼰 만화. 중국 작가 류 리앙의 작품.

도 범인을 추적 · 확인할 수 있고, 모호한 친자관계로 분쟁이 일어났을 때도 과학의 힘으로 해결할 수 있다. 미식축구 영웅 O. J. 심슨이 아내와 그 정부를 살해한 살인범으로 기소됐을 때 유전자 지문법을 채택해 심슨의 DNA 견본이 제시된 예나, 부산 강영주 양 유괴살인 사건 당시 자동차에서 발견된 머리카락의 유전자 정보를 감정한 것도 같은 경우이다.

　　"생명공학의 발달과 이용에서는 선과 악의 구분이 뚜렷치 않다. '악용'의 경우를 떠나 '선용'에 대해서만 봐도 인간이 만든 기술을 이롭게 쓰는 게 왜 나쁘냐는 견해가 있는가 하면 생명을 건드리는 자체를 악으로 보는 사람도 있다. 가톨릭의 경우 인공 수정은 물론 유산, 피임 등 생명의 인위적인 조정은 신의 섭리에 어긋나는 악으로 본다."

　　황상익 교수는 "나는 현재의 과학기술이 멸망을 향해 치닫고 있다고 보는 사람"이지만 어떻게 제어할 수 있는지는 어렵기만 하다며 많은 질문을 쏟는다.

"과연 기왕의 생명 패턴만이 생명일까? 그렇다면 산업 등 인간의 모든 활동이 반생명일 수도 있다. 그래서 과학기술의 현재를 무조건 반생명으로 보는 것은 힘없는 주장이다. 자연적인 것이란 무엇인가도 마찬가지다. 인간의 인위적인 노력은 다 부자연적인 것일까? 그렇다면 생존 자체가 불가능하다. 농업은 또 자연적인 것일까? 그것도 어려운 문제다. 결국 생명공학에 대한 문제 제기는 철학 문제로 돌아간다. 이제 과학자들이 과학의 사회적 의미에 대해 더 성찰하는 분위기가 요구되어야 된다. 핵폭탄을 만든 과학자들이 그 영향과 의미를 모르고 과학에만 충실했던 것도 그런 성찰이 부족했기 때문이다. 한편 우리에게 익숙하지 않다고 해서 과학의 수준을 악마적인 것으로 취급해서도 안 된다. 어떤 과학기술에 대한 비판이 반과학적인 경향으로 흐르는 경우가 많다. 물론 '우려'란 중요한 것이다. 인간의 삶과 자연의 존재를 재고하게 해주니 말이다."

동물 복제국 대열에 선 우리나라

1995년 1월 서울대 황우석 교수(인공임신학)가 수정란의 분화 초기 세포를 난자에 이식하는 핵이식법으로 슈퍼 송아지를 만들어내는 데 성공한 바 있다. 그 뒤로 정부는 생명공학 분야의 연구개발을 촉진하겠다며, 1997년 7월 '생명공학 육성법'을 개정했다. 또 이 법을 근거로 2002년까지 5년 동안 1조 3275억 원을 투자한다는 내용의 '생명공학 육성 제2단계 기본계획 및 1998년도 실행계획'이 의결됐다.

황우석 교수는 1998년 8월 28일 복제 송아지를 임신한 어미 소를 공개했다. 암·수의 수정을 거치지 않고 체세포를 복제해 만든 송아지 4마리(한우 1마리와 젖소 3마리)가 각각 대리모의 자궁에서 자랐는데 그 중 첫 탄생이 1999년 2월 19일에 있었다. 체세포 복제 젖소 '영롱이'의 탄생을 기념해 온 매스컴이 떠들어댔다. 나머지 한우 1마리와 젖소 2마리는 유산됐다.

복제 양 돌리를 탄생시켰던 체세포 복제술은 어른 세포 속에 있는 유전자 핵을 꺼내 전기충격으로 난자와 결합시킨 뒤 대리모 자궁에 집어넣는 기술이다. 체세포가 복제된 송아지의 유전자 핵 속에는 어미 소의 유전정보가 고스란히 들어 있게 되어 어미 소와 복제된 송아지는 완전히 똑같은 모습이 된다. 황우석 교수는 이처럼 체세포 복제술이 실용화되면 우수한 소를 대량생산해 농가 소득을 올릴 수 있고, 나아가 사람의 장기도 복제해 질병 치료의 가능성을 높일 수 있다고 주장한다. 그러나 동물 복제는 곧 인간 복제로 가기 위한 단계라는 점에서 '생명윤리'에 대한 논란이 끊임없이 일고 있다.

경희의료원 불임 클리닉의 이보연 교수 팀은 1998년 12월 14일 '인간 배 복제'에 성공했다고 발표했다. 그런데 실험이 성공해 인간의 몸에 옮기기만 하면 되는 단계에서 실험을 중지했다는 것이다. 미국의 《뉴욕 타임스》, 일본의 《아사히 신문》 등은 한국이 세계 최초로 인간 복제를 위한 배 복제에 성공했다고 보도하면서 윤리적인 우려도 함께 실었다.

체세포 복제 젖소 '영롱이'.

유네스코 한국위원회, 참여연대 과학기술위원회, 환경운동연합, 한국생명윤리학회 등은 지금 우리나라엔 생명공학에 대한 법적인 제재 장치가 없음을 지적했다. 이들은 1997년 마련된 '유전자 재조합 실험 지침'이라는 장치가 있지만 이를 다루거나 집행할 기구가 없어 실효성이 의심스럽다고 했다.

이제 동물 복제국 선두에 선 우리나라. 생명윤리에 대한 논쟁도 더불어 불붙게 됐다.

황상익 교수는 더 무서운 것은 정작 따로 있다고 했다. "기술의 지식이나 이해를 일부에 국한된 이들만 알고 활용해왔다. 나는 대부분의 사람들이 아웃사이더, 객체, 대상이 되는 게 더 끔찍한 일이라 본다. 유전공학만 해도 그걸 활용해야 할지, 말아야 할지, 어디에 활용해야 할지 등에 대한 결정이 대부분 비민주적으로 내려진다."

방송통신대학 이필렬 교수는《녹색평론》에 발표한 〈과학의 민주적 통제를 위하여〉라는 글에서 근대과학 이후 인간은 자연의 모든 것을 알 수 있다는 믿음을 가지게 되었고, 이 믿음 위에서 자연을 완전히 발가벗기는 일을 진행해왔다고 했다. 또 과학기술의 성장으로 사회에서 영향력 있는 지위를 얻게 된 과학자들이 '전문성'을 무기로 대중을 배제하고 그들만의 결정을 내리는 것은 위험하기 짝이 없는 일이라고 했다.

1960년대 서독에서는 임신부들이 우울증 치료를 위해 복용한 탈리도마이드의 영향으로 무려 1만 명의 기형아가 태어났다.

"과학이 사회적으로 심각한 문제를 일으키는데도 전문과학자들이 이에 대해서 침묵하거나 오히려 전문성을 내세워 그 심각성을 덮어버리려고 한다면 시민들이 해야 할 일은 전문가 신화를 깨고 스스로 과학기술과 관련된 결정에 참여하고 감시하는 일일 것이다."

로얼드 호프먼은《같기도 하고 아니 같기도 하고》에서 자신 역시 과학자이지만 과학자들이 전문성을 내세워 대중을 비합리·반과학주의로 몰아가는 것에 대해 비판한다. 그는 1960년대 서독에서 무려 1만 명이 넘는 기형아를 낳게 했던 '탈리도마이드(Thalidomide) 약물 사건'을 지적하면서 과학자의 책임에 대해 말한다.

"과학자들은 자신들의 창조물이 어떻게 이용되고 오용되는가에 대해 절대적인 책임을 져야 한다. 새로운 물질이 가지고 있는 위험성과 오용의 가능성을 사회에 알리기 위해서 모든 노력을 기울여야 한다."

누가 신의 역할을 맡을 것인가

영화 〈쥐라기 공원〉의 해먼드 박사는 호박 속에 갇힌 모기로부터 공룡의 DNA를 얻었다. 먼저 공룡의 DNA를 분리·증폭·교정하고 악어 알을 빌려 이미 지상에서 사라진 생물, 공룡을 탄생시키게 된다. 애초에 쥐라기 공원은 거대한 상품으로 계획되었다.

현재의 이론과 기술로 추측 가능한 질문들을 해보자. 생명공학이 계속 발달하고 유전자 복제가 공공연하게 허용될 때 발생할 수 있는 가장 최악의 상황은 무엇일까? 무엇보다 '생명'마저 이윤 추구의 상품으로 전락하고 말 것이라는 점이다.

"대학의 연구실에서 가장 연구비가 많이 나오는 분야는 생명공학이다. 지금 생명공학은 복제인간, 스페어 인간을 만들 수 있는 수준에까지 와 있다. 그러니까 김 아무개라는 내가 있으면 나하고 염색체도 똑같고 세포 조직도 똑같고 성격도 똑같은 또 하나의 내가 여기 있게 되는 것이다. 하버드·MIT·버클리·스탠퍼드 대학이 연구라는 이름으로 그런 짓을 하고 있고 미국 정부가 원조하고 대기업들이 돈을 대고 있다."

《녹색평론》의 발행인 김종철 교수는 벌써부터 생명공학이 과학자들의 탐구 열정을 이용한 자본의 개입으로 완성되고 있다고, 즉 생명공학 산업으로 기

영화 〈쥐라기 공원〉에서 생명공학을 이용해 공룡 유전자를 복제해 만든 알을 살펴보고 있다.

능하고 있다고 지적한다.

　'돌리' 연구만 해도 'PPL'이라는 제약회사의 지원으로 이루어진 것이다. '돌리'의 성공으로 'PPL'의 주식은 하루에 15.5%씩 뛰었고 특허 취득에 의한 이익만도 엄청났다.

　미국 국립보건연구소는 1998년 초 지능지수에 관한 유전자를 찾아내기 위해 60만 달러를 지원한다고 발표했다. 3년으로 계획된 이 프로젝트에 참여하고 있는 심리학자 플로민은 자신들의 연구가 '정말 훌륭한 아이'를 식별하는 데 도움을 줄 것이라고 했다.

　경제협력개발기구(OECD)가 발표한 '1998 기술 · 산업전망'에 따르면 21세기에는 유전공학이 엄청난 산업으로 세계경제에 영향을 미칠 것이라고 한다. 세계 생명산업 시장은 1992년 100억 달러에 불과했으나 2000년에는 1000억 달러, 2005년에는 3000억 달러로 급부상할 것으로 예상된다.

　앤드루 킴브렐은《휴먼 보디숍—생명의 엔지니어링과 마케팅》이라는 책에서 이미 상업화된 인체와 유전자 조작기술들을 신랄하게 비판하고 있다. 그가 비판한 '인체시장'을 들여다보자.

　먼저 태아 조직의 판매이다. 1988년 11월, 콜로라도 주 덴버의 의사들이 미국 최초로 태아의 뇌 조직을 이식하는 데 성공했다. 컬트 프리드 박사가 이끈 팀은 태아의 뇌에서

인간의 정자와 난자에는 각각 23개의 염색체 위에 7만 5000개의 유전자가 있다.(위)
미국 캘리포니아의 정자은행.(아래)

떼어낸 조직을 52세의 넬슨이라는 사람의 뇌에 이식했는데 당시 그는 파킨슨병으로 고생하고 있었다. 이식수술은 넬슨의 두개골에 구멍을 뚫고 태아의 뇌세포를 깊숙이 이식하는 것이었다. 파킨슨병은 대뇌에서 신경전달물질인 '도파민'을 생성하는 세포가 파괴되었기 때문에 일어나는데, 이식된 태아의 뇌 조직이 도파민을 생성하므로 파킨슨병 치료에 큰 효과를 가져왔다.

　이 수술로 많은 과학자들이 태아의 장기를 사람들에게 이식하는 일이 앞으로 생명공학의 유망사업이 될 것이라고 전망했다. 태아의 장기 이식으로 홍

분에 들뜬 것은 과학계만이 아니다. 태아의 연구
나 이식이 엄청난 이윤을 보장한다는 걸 아는 쪽
에서도 흥분했다. 그리고 곧 우려할 만한 일들이
이어졌다. 태아 조직을 얻기 위해 처음부터 낙태
를 전제로 임신하는 일이 빈번해진 것이다.

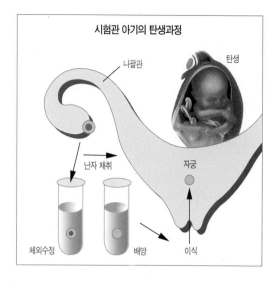

시험관 아기의 탄생과정

나팔관

탄생

난자 채취

자궁

체외수정

배양

이식

한 예로 펜실베이니아 주 엑스턴에 있는
'의약품 발전을 위한 국제기구(IIAM)'의 해부
전문가들은 그 지역의 병원들을 순회하면서 낙
태수술로 발생한 잔존물을 수집하는 업무를 받
았다고 한다. 그들은 태아의 온전한 심장과 뇌
의 일부, 그리고 태아 장기의 찢긴 조각들을 찾
아 헤맸다. 또 미네소타 대학의 의학윤리 전문가인 아서 캐플란은 한 여인이
알츠하이머병을 앓고 있는 아버지에게서 인공 수정을 제안받았다고 했다. 유
전공학에 의해 생산된 태아의 세포를 병 치료에 사용하기 위해서였다. 또 당뇨
병이 심한 어떤 여인은 병세를 호전시키기 위해 낙태를 전제로 한 임신을 시도
했다. 역시 태아로부터 췌장세포를 얻으려고 한 행위였다.

이렇게 여성은 인체시장에서 새로운 상품을 제조하는 공장이 됐고, 이 상
품의 주거래자나 사용자는 진료소와 병원이다. 정자 또한 인체시장에서 거래
되고 있는 주요 상품이다. 미국에서는 매년 1만 1000명이 넘는 의사들이 약 17
만 2000명의 여성들에게 인공 수정을 해주고 있다. 그 중 38%가 출산에 성공
해 매년 3만 명의 아기들이 기증된 정자로 태어나고 있다. 인공 수정을 받는 여
성의 거의 절반이 익명의 기증자에게서 정자를 제공받는데 기증자들은 대개
의대생들이다. 이들은 한 차례의 기증으로 50달러를 받으며 대개 수년 동안 일
주일에 두세 차례씩 기증한다.

12명이나 되는 아이를 낳게 한, 어떤 작은 마을의 기증자는 자신의 기증
으로 태어난 아기들이 서로 모르는 채 결혼할 수 있다는 가능성을 우려했다.
많지는 않지만 이미 그런 예가 보고되어 있기 때문이다. 환자 부부 역시 인공
수정으로 정신적인 고통을 받는다. 환자인 여성은 정자를 여러 차례 수정받아

유전공학의 알 수 없는 미래가 다음
세대에 어떤 영향을 끼칠 것인가,
그것이 우리의 고민이어야 한다.

야 하는데, 이 과정에서 불쾌감을 느끼는 여성들이 많다. 또 남편들은 다른 남자가 자신의 아내를 임신시켰다는 피해의식과 무력감을 갖는다고 한다. 그렇게 태어난 아기 역시 자신이 증여 수정 즉 상업 행위의 일부로 태어났다는 점에 혼란스러워할 것이다.

우리나라에서는 현대판 '씨받이'라 할 수 있는 '대리모'가 논란을 빚었다. 1994년 부산의 한 산부인과는 선·후천적으로 임신이 불가능한 여성의 난자와 정상적인 남편의 정자를 시험관에서 체외수정한 후 이를 10개월간 임신했다가 출산해줄 대리모를 공개 모집했다. 우리나라의 대리모 임신은 1989년 처음으로 이뤄진 이후 1992년 14건, 1993년 7건이 성공했다.

그런데 바야흐로 인간 복제가 시작되고 공공연히 이루어진다면? 헉슬리의 소설 《멋진 신세계》에서는 사람의 신체 일부를 로봇의 부속품처럼 바꿀 수 있고 나이 든 사람은 노화를 막기 위해 유전자 외과의를 찾아가 DNA 수술을 받을 수 있다. 사람의 두뇌를 전 세계 컴퓨터 네트워크에 연결해 다른 사람의 감정을 이입받거나 영향을 주기도 한다. 하지만 결국 이 '멋진 신세계'는 정체를 밝히지 않는 다국적기업의 네트워크에 의해 보이지 않는 통제를 받고 있는 사회일 뿐이다. 자본은 '삶'에 대한 인간의 욕망을 철저히 이용한다. 과학자들을 고용해 불치병을 오려내고 새 장기를 이식하며 유전자를 조작해 영원한 젊음을 주는, 멋진 신세계 상품을 개발하고 사람들의 욕망과 욕심을 당연한 것으로 부추겨 꾸준히 돈을 번다. 어느새 사람들은 멋진 신세계의 일부, 자본의 노예가 되고 말 것이다.

생명공학이 이윤 추구에 종속되면 그 진행은 곧 '비밀 사항'이 되고 만다. 대중들은 정부, 대기업, 금융기관, 모험기업 투자가, 과학 엘리트 들이 어떻게 상호작용하는지 모르고 있다. 대부분의 사람들이 특정 기술의 출현에 대해 듣게 되는 것은 그것이 매스컴을 통해 보도된 뒤일 것이다. 물론 매스컴은 아무 비판 없이 '과학의 진보'라고 떠들썩하게 외쳐댈 것이다. 자본이란 또 매스컴의 젖줄이 아닌가.

김종철 교수는 자본에 이용당할 수 있는 사람의 '욕심'부터 질타한다. "결국 인간은 지금 안 죽겠다는 것이다. 앞으로는 사람이 아무리 죽고 싶어도 죽지 않는 세상이 올지도 모른다. 내 생각으로 그것은 세상의 완전한 끝이다. 우리의 삶이 보람 있고 소중하고 의미가 있는 것은 우리가 궁극적으로 죽는 존재이기 때문이다. 살고 죽기를 거듭하는 생명계의 일부이기 때문에 거룩한 것이고 인권이라는 것도 존재하는 것이다."

서울대 생물학과의 홍영남 교수는 21세기가 유전공학의 시기임은 틀림없지만 바로 여기에 무서운 맹점이 있다고 했다. "우리는 지금 핵오염 공포에 떨고 있지만 앞으로는 생물공해에 대한 공포에 휩싸일 수도 있다. 이 공해는 생물학적이기 때문에 인류에게는 더 위험하다. 우주의 열적 종말은 먼 미래의 일인지 몰라도 계속 문명사회의 발달을 추구한다면 인류의 종말은 생각보다 빨리 올 것이다."

이대로 간다면 우리는 메리 셸리의 《프랑켄슈타인》처럼 될지 모른다. 스스로 신이 되어 '생명체 만들기'에 도전한 빅터 프랑켄슈타인과 그가 만들어냈지만 감당할 수 없었던 재생인간처럼 결국 공멸할 것이다.

열대우림의 보호자는 누구인가

아마존 열대우림 1ha 안에는 평균 750종의 나무 ·

125종의 포유류 · 400종의 조류 · 100종의 파충류 ·

60종의 양서류가 살고, 다시 750종의 나무마다

400여 종의 곤충이 서식한다.

중남미 · 아프리카 · 동남아시아의 열대우림 속에

지구 생물의 50~80%가 살고 있다. 열대우림은 이렇게

존재 자체로 생물종 다양성의 보고다.

그러나 20세기 초만 해도 지구 표면의 16%를 차지하던

열대우림은 현재 6~7%밖에 남아 있지 않다.

지금도 1분마다 축구장 10~20개에 해당하는

열대우림이 자취를 감추고 있다.

2000년대 후반이면 완전히 사라질 것이라고 한다.

열대우림이 사라진다면?

이곳에 서식하던 600만 종의 생물이 영원히

멸종할 것이다.

세계에서 가장 아름답다는 열대우림, 베네수엘라의 운무림이다. 해발 900m에서 펼쳐지는 열대우림을 운무림이라 한다.

아프리카 수단 남부 엔자라에 사는 한 남자가 귀, 눈 등에
서 피를 흘리다가 급사한 일이 있었다. 1976년의 일이다.
그는 평소 에볼라 강가에서 사냥과 낚시를 즐겼다고 한다.
그 해 자이르와 수단에서 400명 이상이 그 남자처럼 낯선
괴질로 목숨을 잃었다. 다시 19년이 지난 1995년 4월, 자이
르 키크위트 시 종합병원에서 킨푸무라는 36세의 남자가
설사와 고열을 호소했다. 그때만 해도 모두들 그를 단순한

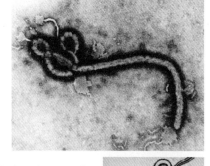

이질 환자라고 생각했다. 그러나 그를 돕던 의사, 간호사, 수녀 들은 곧 그가
단순한 이질 환자가 아니라는 것을 알게 됐다. 그의 몸 모든 구멍에서 피가 솟
아나오기 시작했고 4일째 되던 날 그는 숨을 거두었다. 그때 그의 내장은 다 녹
아 있었다고 한다. 그런데 킨푸무가 죽던 날 그를 돌보았던 간호사와 수녀가
같은 증상으로 쓰러졌다. 1995년 자이르에서는 200여 명이 그들과 똑같은 모
습으로 앓다 죽었다.

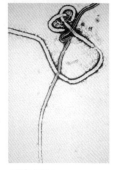

에볼라 바이러스.

　　이 괴질이 점점 확산되자 자이르 정부는 세계보건기구에 긴급구조를 요
청했다. 세계보건기구와 미국 국립방역센터는 이 괴질의 정체를 찾고 전염을
막기 위한 대책을 서둘렀다. 그러나 바이러스의 정체는 밝혀지지 않았다. 인류
가 갖고 있는 정보라고는 고작 이 바이러스에 감염되면 치명적이라는 사실뿐
이다.

　　이 바이러스의 이름은 '에볼라 바이러스'. 자이르의 에볼라 강에서 처음
발견됐기 때문에 그렇게 불린다. 에볼라 바이러스는 살아 있는 생명체에 들어
가 자기증식하며 세포 사냥을 한다. 혈관을 파먹다가 결국 혈관을 뚫고 나오는
데, 감염된 환자는 온몸의 구멍에서 피를 흘리게 되고 내장은 다 녹아버린다.
항바이러스 물질이 아직 개발되지 않았기 때문에 일단 걸리면 4일 만에 90%가
죽는 무서운 질병이다.

　　미국 뉴욕 록펠러 대학의 바이러스 전문학자인 스티븐 모스는 에볼라 바
이러스를 '떠오르는 바이러스(emerging viruses)'의 하나라고 말한다. '떠오
르는 바이러스'란 열대우림 깊숙한 곳에 서식하고 있던 바이러스 숙주들이 열
대우림이 파괴되면서 인간에게 옮긴 바이러스들을 말한다. 에이즈를 일으키는

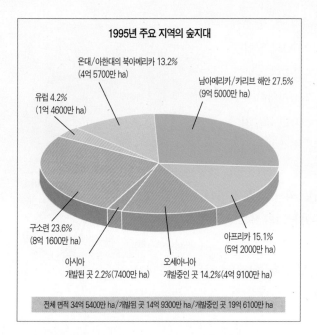

1995년 주요 지역의 숲지대

온대/아한대의 북아메리카 13.2%
(4억 5700만 ha)

남아메리카/카리브 해안 27.5%
(9억 5000만 ha)

유럽 4.2%
(1억 4600만 ha)

구소련 23.6%
(8억 1600만 ha)

아시아
개발된 곳 2.2%(7400만 ha)

오세아니아
개발중인 곳 14.2%(4억 9100만 ha)

아프리카 15.1%
(5억 2000만 ha)

전체 면적 34억 5400만 ha/개발된 곳 14억 9300만 ha/개발중인 곳 19억 6100만 ha

바이러스인 HIV를 비롯해서 쥐가 옮기는 '한타', 모기가 전염시키는 '뎅그열 바이러스', 아프리카 서부의 40만 명에게 출혈열을 일으켜 5000명을 죽게 한 '라사' 등이 다 에볼라와 같은 '떠오르는 바이러스'들인데, 아직 백신이 개발되지 않아 인간은 그저 속수무책일 뿐이라고 한다.

에볼라 바이러스는 결국 열대우림을 파괴한 인간에게, 열대우림으로부터 온 작은 보복이었던 것이다. 박물학자 그레이 네브한은 경고한다.

"오랫동안 우리의 작물, 그리고 우리가 사는 지역을 건강하고 완전하게 지켜왔던 '무엇'이 지금 사라지고 있다. 이 귀중한 것은 바로 야생성이다. 이것이 우리를 둘러싼 세계에서 사라지면 우리 또한 '무엇'을 잃게 될 것이다."

물론 우리를 둘러싼 세계, 곧 지구의 야생성이 가장 생생하게 살아 있는 곳은 열대우림이다. 지구 생물의 50~80%가 열대우림에 살고 있다. 곤충만 해도 3000만 종에 달한다는 보고도 있다. 말레이시아 열대우림 50ha 속에 북아메리카 전 지역에서 볼 수 있는 것보다 더 많은 종의 나무들이 자라고 있다. 페루의 열대우림에서 자라는 단 한 그루의 나무에는 영국에 서식하는 전체 개미의 종만큼이나 많은 종의 개미들이 살고 있다. 아마존 열대우림의 경우 1ha에 평균 750종의 나무·125종의 포유류·400종의 조류·100종의 파충류·60종의 양서류가 살고 있고, 다시 750종의 나무마다 각각 400여 종의 곤충이 서식하는 것으로 밝혀졌다.

열대우림은 이렇게 존재 자체로 생물종 다양성의 보고다. 그런데 열대우림이 사라지면 1시간마다 6종, 하루에 144종, 매년 5만 종의 생물이 사라질 것이라고 한다. 열대우림은 또한 지구의 호흡기로서, 돈으로 감히 환산할 수

없는 가치를 갖고 있다. 경제학자들은 탄소를 가두어두는 역할만으로도 열대우림의 가치는 헥타르당 수백, 수천 달러에 이른다고 한다. 실제 말레이시아 삼림 1ha의 탄소 저장 능력은 현재의 가치로 따져서 3000달러가 넘는다. 열대우림을 벌목하면 이산화탄소·메탄·산화질소 등의 온실가스가 그대로 방출되어 전체 온실가스의 25%를 차지할 것이라고 한다. 이러한 열대우림의 탄소 저장 능력을 대체하려면 일본의 GNP와 맞먹는 3조 7000억 달러가 필요하다고 한다.

또 열대우림의 나무 한 그루가 일생 동안 대기로 발산하는 물의 양은 250만 갤런이라고 한다. 열대우림이 파괴되면 나무들이 대기중으로 뿜어내던 수증기의 공급이 중단된다. 수증기 공급이 중단되면 더 이상 구름이 형성되지 못하고 햇빛을 차단할 수 없는 열시대가 도래할 것이다. 뿐만 아니라 기온이 상승하면 빙산과 빙하가 녹고 해수면이 계속 상승하여 물에 잠기는 지표면이 늘어날 것이다.

20세기 초 에티오피아는 지금보다 습하고 수목이 울창했다. 그러나 대대적

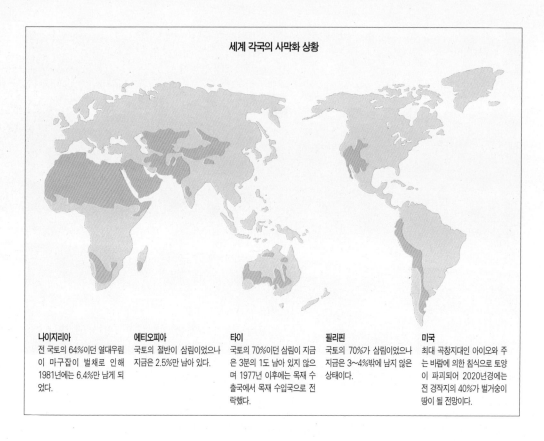

세계 각국의 사막화 상황

나이지리아
전 국토의 64%이던 열대우림
이 마구잡이 벌채로 인해
1981년에는 6.4%만 남게 되
었다.

에티오피아
국토의 절반이 삼림이었으나
지금은 2.5%만 남아 있다.

타이
국토의 70%이던 삼림이 지금
은 3분의 1도 남아 있지 않으
며 1977년 이후에는 목재 수
출국에서 목재 수입국으로 전
락했다.

필리핀
국토의 70%가 삼림이었으나
지금은 3~4%밖에 남지 않은
상태이다.

미국
최대 곡창지대인 아이오와 주
는 바람에 의한 침식으로 토양
이 파괴되어 2020년경에는
전 경작지의 40%가 벌거숭이
땅이 될 전망이다.

인 벌목으로 지금은 바위투성이의 무더운 나라가 됐다. 전 세계에서 진행되고
있는 사막화를 보면 열대우림을 잃어버린 대가가 어떤 것인지 짐작할 만하다.

식민지가 된 열대우림

"우리는 원료를 쉽게 얻을 수 있는 새 땅을 발견해야 하며 동시에 식민지의 값
싼 노예 노동력을 이용해야 한다. 식민지들은 또 우리의 공장에서 잉여 생산된
상품의 쓰레기 처리장이 되어줄 것이다." 남아프리카 케이프 식민지의 총독으
로, 영국의 식민지 정책을 주도했던 세실 로즈의 말이다.

열대우림 파괴는 힘없고 가난한 열대지방 국가들의 식민지 역사에서 시

작됐다. 산업화된 유럽의 지배력이 점점 커지면서 유럽이 정복한 식민지는 본국 경제를 위해 착취됐다. 제국주의자들은 식민지의 제일 좋은 땅을 차지했고, 그곳에 대규모 플랜테이션을 조성했다.

대서양에 있는 카나리아 군도는 인구 8만의 관체족이 수천 년 동안 자급자족하며 살아온 곳이다. 그러나 '문명'을 무기로 스페인이 섬을 정복하면서 관체족은 노예가 됐다. 노예들은 대규모의 플랜테이션에서 부려졌고, 이 섬의 울창하던 숲은 스페인으로 수출될 사탕수수 즙을 끓이는 보일러의 연료로 공급되면서 사라져갔다. 관체족은 유럽인들이 가져온 질병과 농장의 끔찍한 생활에 시달리다 죽어갔고, 1600년쯤에 이르자 관체족의 대부분은 죽고 소수의 혼혈만이 남게 됐다. 물론 숲도 사라졌다.

케냐 사람들의 삶도 영국이 통치했던 1890~1920년대 사이에 완전히 변했다. 이 기간 동안 케냐의 경제는 '대영제국'의 이익에 기여하고 영국이 요구하는 상품을 생산하는 쪽으로 재편돼갔다. 영국은 케냐에서 가장 좋은 땅을 백인들에게 장기 임대했다. 1910년 한 해 동안만 해도 24만 ha의 땅이 백인들에게 할당됐다. 반대로 원주민 키쿠유족, 유목민 난디족과 마사이족은 백인들 차지가 된 땅에서 쫓겨났다. 애초부터 영국은 값싼 노동력을 이용한 대규모 플랜테이션을 노렸다. 영국이 케냐의 주요 작물로 선택한 것은 커피와 사이잘삼과 옥수수였고, 1922년쯤 케냐의 커피 농장은 700여 개나 됐다.

'해가 지지 않던' 제국주의 영국은 1877년 브라질에서 고무나무 씨를 가져와 말레이시아 농장에 뿌렸다. 처음 말레이시아에서 고무를 재배한 면적은 겨우 120ha였으나 1940년에는 130만 ha로 늘어났다. 1919년부터 전 세계 고무의 절반이 말레이시아에서 생산되기 시작했다. 이 과정에서 열대우림의 벌목은 필수적이었다. 대규모 플랜테이션 농장을 만들기 위해, 또는 목재 수출을 위해 열대우림은 가차없이 베어졌다. 미얀마의 티크 숲은 1862년 영국이 점령한 뒤 20년 만에 끝장났고, 필리핀은 1898년 미국의 통치에 들어가면서 곧 상업 벌목이 시작됐다.

아시아와 아프리카의 식민지들은 1950~1960년대에 정치적인 독립을 이뤘지만 식민지 경제구조는 바꾸지 못했다. 일단 하나의 경제체제가 형성되

파카얄 화산 분화구 바닥의 거대한 커피 농장(위)이나 인도의 티크 농장(아래) 모두 식민지 지배에서 시작된 플랜테이션의 예이다.

면 그 경로를 바꾸기란 쉽지 않다. 독립 정부들은 이미 있는 플랜테이션에서 당장의 수출을 늘리는 데만 급급했다. 이렇게 수출을 늘리기 위해 제한된 품목, 단일한 작물 재배로 굳어지면 그 작물에만 의존하게 되고 식량의 자급자족 체계는 깨질 수밖에 없다.

예를 들어 코르디부아르는 독립하기 직전 한 해에 7만 5000톤의 코코아와 14만 7000톤의 커피를 생산했는데 독립 후인 1970년대 중반에는 22만 8000톤의 코코아와 30만 5000톤의 커피를 생산했다. 18세기 말 포르투갈에 의해 대규모 커피 플랜테이션이 시작된 브라질은 19세기 후반부터 세계 커피의 4분의 3을 생산했고, 결국 커피 가격에 크게 의존하는 국가가 됐다.

쿠바 경제는 사탕수수 재배가 가장 큰 단일 요소로 1950년대까지 모든 작물 재배 면적의 60%를 차지했으며 수출의 4분의 3을 차지했다. 그 결과 식량의 자급자족 체계가 깨져 식량의 절반 가량을 수입해야만 했다. 피지는 1980년대 초반까지도 사탕수수가 수출의 80%를 차지했고 인구의 5분의 1이 종사하는 산업이었다. 타히티는 1950년대까지 모든 농경지의 4분의 3에서, 필리핀은 50% 이상의 농장에서 수출용 플랜테이션이 진행됐다. 칠레는 130만 ha의 플랜테이션을 가지고 있는데 85%가 몬테리소나무 한 종류다. 다양한 자연림이 소나무 단일 수종으로 바뀌었던 것이다.

열대우림은 아직도 식민의 굴레를 끊지 못하고 있는 것이다.

나무를 빼앗긴 사람들

6개월 동안 꺼지지 않고 타오른 1997년의 산불은 인도네시아의 수마트라 · 셀레베스 섬을 거쳐 보르네오, 이리안자야까지 화염에 휩싸이게 했다. 뿐만 아니라 연무가 타이 · 싱가포르 · 필리핀 · 말레이시아 등 동남아시아 일대를 들쑤셔놓았다. 200만 ha의 숲이 잿더미로 변했고 하늘은 온통 연무로 뒤덮였으며 모든 시설이 문을 닫았다. 오직 병원만이 분주했다. 호흡기질환으로 병원을 찾은 사람이 수백만 명에 이르렀고, 다시 수백 명이 질병과 사고, 기아로 목숨을 잃었다.

곳곳에서 연무로 인한 사고가 잇따랐다. 1997년 9월 인도네시아 가루다 항공사 소속 A-300기가 추락해 탑승객 234명이 사망했다. 당시 연무가 뒤덮인 지역의 시계는 500m도 안 됐다고 한다. 9월 25일 인도네시아는 국가 대재난을 선포했다.

인도네시아 '열대우림보호 행동 네트워크'는 "화재 진압 이전에 벌목을 중단시켜야 할 것"이라고 했다. 그들은 플랜테이션 업자들의 벌목 행태가 이 화재를 불렀다고 주장했다. 인도네시아 정부는 처음에 화재를 화전민 탓으로 발표해 문제를 축소하려 했지만 싱가포르 인공위성 사진으로 대규모 플랜테이션 농장에서 화재가 시작됐다는 증거가 나오자 그때서야 29개 플랜테이션사의 사업 인가를 취소하는 시늉을 했다. 그러나 최대 플랜테이션 업자인, 수하르토 대통령의 측근 수도모 살림의 '살림 그룹'과 군에서 운영하는 '카르티카 에카 파크시 재단'은 처벌되지 않았다.

플랜테이션사와 정권의 관계는 사모시르 섬에서도 그 전형적인 예를 볼 수 있다. 사모시르 섬은 인도네시아 수마트라 섬 수마테라우타라 주의 토바 호수 중앙에 위치한 섬으로 면적이 52ha로 거의 호수의 절반에 해당한다. 호수는 깊이 1400m, 둘레 8만 450m로 거대하다.

이곳 사모시르 섬 파라팟 마을에 10여 년 전 인도네시아 정부의 열대우림 개발 정책을 등에 업고 펄프 생산업체인 '인도라이언'이 들어왔다. 인도라이언은 인도네시아에서 5위권에 드는 펄프제지회사로 사모시르 섬을 정부로부터 30년 동안 헐값에 임대받았다. 섬 주민들은 0.4ha당 7달러도 못 되는 보상금을 받고 땅을 내주어야 했다.

인도라이언이 이곳에서 목재 · 펄프 사업을 시작한 지 3년 만에 울창하던 자연림은 순식간에 허허벌판으로 변했고, 결국 1993년 나무 부족 사태에 직면했다. 벌목이 너무 빠르게 진행됐기 때문이다.

인도라이언은 빨리 자라는 나무를 수소문했고 뉴질랜드산 유칼립투스를 사모시르 섬으로 옮겨왔다. 열대우림의 천연림을 베어낸 자리엔 빨리 자라는

열대우림의 영웅, 치코 멘데스

치코 멘데스.

영화 〈버닝 시즌〉은 브라질의 열대우림을 지키겠다고 싸우다 숨진 영웅 치코 멘데스의 일대기를 담고 있다. 치코 멘데스는 죽을 때까지 이웃의 생계와 지역의 전통적인 자원을 지키려 했던 노동조합 지도자이자 환경운동가였다.

평생 동안 고무 채취자로서 그리고 노동조합 운동가로서 활동해온 멘데스의 주된 목표는 이제까지처럼, 자신과 그의 동료들이 고무나무에서 라텍스를 추출하고 고무 채취 기간이 아닌 때에는 견과류를 채집함으로써 삼림으로부터 생계수단을 얻을 수 있는 권리를 보호받는 것이었다.

1970년만 해도 멘데스의 고향인 아마존 유역 에이커 주의 토지 4분의 3은 공유지로서 제 것이라고 주장하는 사람도 없었고 미개발 상태였다. 그러나 미개발지역에 대한 급속한 개발을 추진한 브라질 정부에 의해 1980년까지 그 대부분이 매각됐다. 토지의 절반이 불과 10명의 지주들 손아귀에 들어갔다. 새 지주들은 나무를 잘라다 팔고, 정글을 태워 목장을 만들고, 도로를 내 땅값을 올린 뒤 사막이 된 죽은 땅에 도시를 세워 더 많은 돈을 챙기려 했다. 새 땅이 필요한 지주들은 국가와 민족을 위해 개발이 필요하다며 포크레인과 전기톱으로 열대우림을 파괴하기 시작했다.

지주들은 개발 이익을 톡톡히 챙겼지만 지역주민들은 일터를 잃었다. 게다가 지역주민들은 대기오염으로 인한 질병은 물론이고, 강의 범람, 토양 침식에 이르기까지 삼림 벌채에 따른 피해를 고스란히 짊어졌다.

개발이라는 미명 아래 불거진 문제들 속에서 환경에 관심을 갖게 된 치코 멘데스는 열대우림을 구하기 위한 국제적인 노력과 열대우림 주민들의 권리를 보호하기 위한 투쟁이 궁극적으로 같은 일이라는 것을 깨달았다. 그 뒤로 멘데스는 주민들의 삶터인 열대우림이 소수 부유한 지주들을 위해 파괴되거나 불태워지지 않고, 지속 가능한 방식으로 공평하게 이용되도록 하기 위해 거리낌 없이 외치고 조직적으로 항의하고 투쟁했다.

그러나 1988년 12월 22일 브라질령 아마존 유역의 오지에서 치코 멘데스는 살해됐다. 한 대목장 지주가 그를 살해한 혐

아마존 열대우림 지역의 지주들은 나무를 자르고 정글을 태워 대규모 목장을 만들려 한다.

의로 체포됐다. 이 환경운동가의 죽음은 국제적으로 커다란 관심을 끌었다. 《뉴욕 타임스》는 "아마존을 지키기 위해 투쟁해온 브라질인이 살해되었다"고 크게 보도했다. 치코 멘데스는 죽었지만, 그의 죽음은 고향의 삼림이 벌채되는 것을 막았다. 치코 멘데스는 늘 "아마존을 지킬 수 있다면 죽을 수도 있다"고 했다. 그가 아마존을 다 지키지는 못했지만 101만 1750ha의 숲은 지켜냈다.

열대우림 지역의 소수민족들은 당
장의 소득을 위해 화전을 일군다.
그들이 후손에게 남겨줄 자원은 무
엇인가?

유칼립투스가 순식간에 들어찼다. 유칼립투스는 뉴질랜드에서 들어온 지 불과
2~3년 만에 벌목할 만한 크기로 자랐지만 한번 베어내면 다시 자라지 않았
다. 또 유칼립투스가 성장을 멈춰버린 그 일대는 지하수가 모두 말라 불모지로
변해갔다. 유칼립투스 농장에서는 메마른 나무뿐 원숭이 등 야생동물은 자취
조차 찾을 수가 없었고 잡초조차 자라지 않았다.

　　빠른 시간 내에 돈을 벌게 해줄 나무를 원한 인도라이언은 높이 60~
100m, 직경 2m까지 자라는 유칼립투스를 '모노콜투스 시스템'으로 매우 촘촘

황폐해진 사모시르 섬.(위)
모노콜투스 시스템으로 촘촘히 심어진 유칼립투스.(아래)

하게 심었는데, 그 결과 산소의 공급이 원활하지 못하게 됐고 토양도 다른 자연림 지역보다 건조해졌다.

"가장 큰 원인은 유칼립투스의 뿌리와 잎에 있었다. 유칼립투스는 일반 나무와는 달리 주변의 양분과 수분을 엄청나게 빨아들인다. 6m 이상 발달한 나무뿌리가 지하수를 다량 흡수하기 때문에 그 나무와 인접한 마을의 우물은 매년 고갈된다. 또 유칼립투스 나뭇잎이 함유한 화학 성분이 지하수와 토바 호수를 오염시킨다. 그래서 지금 사모시르 섬의 주민들은 식수난에 직면해 있다." '파라팟 환경연합' 엘라킴 시토루스 회장의 설명이다.

유칼립투스 나뭇잎은 뉴질랜드나 오스트레일리아에 사는 코알라의 먹이로도 알려져 있다. 이 나뭇잎을 먹은 코알라는 하루 종일 잠에 취해서 사는데 바로 잎 속에 들어 있는 최면 성분 때문이다. 사모시르 섬의 지하수를 오염시키고 있는 주범도 이 최면 성분의 화학물질과 유칼리 기름이다. 땅에 떨어진 나뭇잎의 독특한 최면 성분과 기름 성분이 물과 화학반응을 일으켜 독성을 띠게 되는 것이다. 설상가상으로 산불이 나면 기름 성분 때문에 진화하기가 더 어렵게 된다.

유칼립투스가 오스트레일리아나 뉴질랜드에서처럼 인도네시아에서도 잘 자랄 수 있는지 검증해보지 않고 무턱대고 옮겨놓은 인도라이언의 욕심은 파라팟 주민들에게 절망을 안겨주었다.

"우리 마을 강물은 빨래를 할 수 없을 정도로 더러워졌다. 식수로 사용한다는 것은 생각조차 할 수 없다. 예전에는 강물을 먹고 살았지만 지금은 지붕에서 빗물을 받아 먹는다. 그러나 그것도 어렵게 됐다. 공장의 화학약품 때문에 지붕이 부식됐기 때문이다. 식수를 구하려면 멀리 나가야 한다. 어떻게 이런 일이 있을 수 있는가." 주민들은 인도라이언에 대한 원망을 토로했다.

마을을 끼고 있는 아사한 강 주변으로 각종 오염물질이 떠내려오는데 강을 따라 상류로 가보면 어김없이 인도라이언 공장과 만나게 된다. 공장 하수구에서 거품과 기름이 섞인 오염물질이 끝없이 아사한 강으로 배출되고 있다.

마을의 식수원 아사한 강은 이렇게 오염되고 있는 것이다.
그런데 아무것도 모르는 어린아이들은 땔감을 얻기 위해
더러운 강에 들어가 폐수와 함께 떠내려오는 목재 조각들
을 줍는다. 하루 종일 강물에서 사는 마을 아이들은 거의
대부분 눈병과 전신에 심각한 피부질환을 앓고 있다. 인도
라이언 공장 인근 마을에는 아무 이상 없이 건강한 아이는
단 한 명도 없다. 그럼에도 이 아이들은 어떤 치료도 받지
못한 채 생활하고 있다. 자원봉사단체가 정기적으로 의료
봉사를 나올 뿐이다. 의료봉사를 나온 의사들은 인도라이
언 공장에서 탈색제로 사용하는 클로린에서 발생한 악취
와 매연이 호흡기질환과 안질환을 일으킨다고 했다.

인도라이언에서 배출한 폐수로 식
수원인 아사한 강이 오염됐고 마을
아이들 대부분은 눈병을 앓고 있
다.(위)
인도라이언 공장의 매연.(아래)

　소를 끌며 평화롭게 살아가던 사모시르 섬의 원주민
바타크족은 이제 더 이상 소를 끌 수 없다. 농사 지을 땅을
빼앗긴 그들은 결국 자신들의 삶의 터전을 앗아간 인도라이언 목재공장에 생
계를 걸어야만 한다. 그들은 자신들의 땅과 원시림을 훼손한 장본인과 함께 자
신들의 땅과 나무를 파괴하는 일을 해야만 하는, 그런 모순에 빠졌다. 그것만
이 유일한 일자리이기 때문이다.

　인도라이언은 평화롭게 살아가던 바타크족의 삶을 나락으로 떨어뜨렸다.
도대체 개발은 누구를 위한 것인가?

파괴의 도미노

'새로운 임업'의 개념이 생겨나고 있다. 페루 아마존 유역의 야네샤 인디언들
은 1985년 이후 '야네샤 임업협동조합'을 통해 팔카주 계곡에서 생태계를 파
괴하지 않도록 특별히 고안된 방법으로 벌목을 하고 있다. 좁은 띠 모양으로
벌목하고 나머지 넓은 삼림을 그대로 보존함으로써 벌목이 자연적인 삼림 교
란과 비슷하도록 했다. 게다가 벌목된 곳은 햇빛이 통과하게 되어 그늘에서 잘

자라지 못하는 식물들이 이 공간으로 옮겨와 자라게 됐으며, 나무껍질과 잔가
지는 그대로 두어 장기간 영양엽을 공급하도록 했다. 또 삼림 생산물을 주민들
이 소유하고 가공하게 했다.

아시아와 아프리카에서도 이 같은 개념이 서서히 확산되고 있다. 필리핀
에서는 17만 ha의 고지대와 맹그로브 숲이 지역주민에 의해 관리되고 있다.
1993년 말 인도의 13개 주가 삼림의 공동관리에 대한 규정을 제정, 발표했는
데 이로써 150만 ha의 면적에서 1만 곳 이상의 마을이 삼림관리권을 공유하게

1998년 3월 23일 야노마미족 보호지구에서 가까운 브라질 북부 무카자이 근처의 나무들과 초목들이 불에 타버렸다. 3월의 시작과 함께 발생한 불은 걷잡을 수 없이 계속 타올랐다. 브라질과 아르헨티나, 베네수엘라의 소방관들이 베네수엘라와 가이아나의 숲까지 위협하는 화염과 싸우기 위해 힘을 모아야 했다.

된 것이다.

  그러나 열대우림을 가진 대부분의 가난한 나라들에게는 이렇게 '지속 가능한 삼림관리'는 까마득한 일이다. 여전히 돈벌이를 위해서라면 열대우림쯤이야 얼마든지 베거나 태워버릴 수 있는 벌목업체와 플랜테이션 업자들에 의해 매년 10만 ha의 열대우림이 사라지고 있다.

  브라질 아마존 동부지역의 벌목업자들이 2%의 나무를 베겠다고 톱을 대면 그 일대의 지름 10cm 이상인 나무 26%가 같이 쓰러진다. 말레이시아에서도 삼림 면적의 3%에 해당하는 나무를 베어내기 위해 48% 면적의 나무를 죽인다. 벌채된 지역의 나무는 폭풍우를 견뎌내지 못하고, 벌목중 떨어진 마른 잎과 나무 조각은 산불이 빠른 속도로 번지게 하는 요인이 된다.

  흔히 세계 3대 열대우림으로 중남미 열대우림, 아프리카 열대우림, 동남아시아 열대우림을 꼽는다. 이 가운데 지구 전체 열대우림의 4분의 1이 분포된 중남미 열대우림은 아마존에서 안데스 산맥의 서부를 거쳐 적도 북쪽의 멕시코까지 뻗어 있다. 아프리카 열대우림은 북위 10도와 남위 5도의 대서양 해안에 걸쳐 분포하지만 곳곳이 많이 파괴됐다. 동남아시아 열대우림은 파푸아뉴기니를 포함한 말레이 군도를 말한다. 이 밖에도 타이의 최남단, 캄푸치아 남서부, 오스트레일리아, 인도 대륙 일부에 열대우림이 있다.

20세기 초만 해도 지구 표면의 16%를 차지하던 열대우림은 현재 6~7% 밖에 남아 있지 않다. 지금도 1분마다 축구장 10~20개에 해당하는 열대우림이, 매년 플로리다 주만한 열대우림이 자취를 감춘다.

하버드 대학의 생물학자 에드워드 윌슨은 열대우림에서 벌목이 지금과 같은 속도로 진행될 경우 50년 이내에 전 생물종의 4분의 1 또는 그 이상이 멸종할 것이라고 내다본다.

"많은 생물들이 국부적으로 살아 남아 있기 때문에 한 단위면적만 벌목을 해도 곧바로 멸종된다. 특히 수백만 년 동안 그 지역의 환경에 맞춰 진화해 온 지방 고유종들이 사라질 것이다."

그는 또 다음과 같이 말한다.

"새로이 발견될 한 종의 지렁이가 강력한 항생물질을 생산할지 모른다.

나무에도 환경마크가 있다?

열대우림이 심각하게 파괴되자 이를 보호하기 위해 열대산 원목을 불매해야 한다는 주장이 일었다. 특히 선진국에서 이런 움직임이 대중화되고 있다. 영국은 30여 지방자치단체가, 독일은 200여 시정부가, 네덜란드는 50%의 시정부가 열대산 원목 사용을 금지했다. 미국에서는 뉴욕, 캘리포니아, 애리조나, 미니애폴리스 등의 주와 도시를 중심으로 공공건축 사업에 열대산 원목 사용을 금지했다.

그런데 목재산업으로부터 열대우림을 좀더 경제적인 방식으로 보호하려는 노력이 있다. 열대우림 파괴를 자제하고 재생 가능한 방식으로 생산된 목재에 환경마크를 주는 '목재인증제도'가 그것이다.

1990년 미국의 '열대우림보호연맹(RA)'은 세계 최초로 목재인증제도를 도입했다. 열대우림보호연맹은 적정관리기법으로 생산된 삼림에 대해 '스마트 우드' 마크를 부여했다. 그 뒤로 목재인증제도가 확산됐다. 열대우림보호연맹 같은 독립적인 국제 인증기구와는 별도로 각 나라들은 자국 내의 인증제도를 도입하고 있다. 브라질은 임업 부문에 원자재의 원산지를 규명할 수 있도록 '삼림 원자재 산지인증제도(CERFLOR)'를 만들었다. 인도네시아는 1993년 '람바가 에코라벨 인도네시아(LEI)'라는 기구를 창설해 인도네시아 목재인증과 환경마크 부착제도를 도입했다.

그런데 여러 인증기구가 난무하게 되자 인증마크의 공신력이 떨어지게 됐고, 일부 비양심적인 목재 생산자들은 자기들 멋대로 상품에 '그린' 상표를 갖다붙이기도 했다. '지속 가능한 수확' '재배 농장 목재' '열대우림 절대 사용 안함' '한 그루 베면 한 그루를 심습니다' 등의 상표를 단 제품이 쏟아져나오고 있다.

이처럼 목재시장에 인증마크가 남발되자 혼선을 막기 위해 1993년 '삼림인증위원회(FSC)'가 설립되었다. 삼림인증위원회는 삼림 생산의 지속 가능성을 공증하는 인증기관들을 평가한다. 세계적인 환경운동가, 지역주민, 업계 대표 들이 설립과정에 참여했으며 이들 주체간의 협의를 통해 공식마크도 만들었다. 삼림인증위원회는 열대우림보호연맹의 '스마트 우드'와 '효율적 삼림 이

삼림인증위원회 마크.(위)
열대우림보호연맹의 스마트 우드 마크.(아래)

이름도 없는 나방이 지금까지 어떤 분자생물학도 상상하지 못했던 방법으로 바이러스를 퇴치하는 물질을 가지고 있을지도 모른다. 보잘것없는 풀 한 포기가 진드기를 퇴치하는 약물을 제공할지도 모른다. 수백만 년에 걸친 자연도태의 결과 많은 생물들은 인간을 훨씬 능가하는 화학적 능력을 가지고 있음을 알아야 한다."

브라질 아마존 열대우림 지역의 사막화 현상.

사실 항생제·진통제·이뇨제·설사약·피임약 등 우리가 사용하는 모든 약의 4분의 1 이상이 열대우림의 식물에서 얻는 것이다. 열대우림에서 얻는 이러한 혜택을 돈으로 환산하면 연간 300억 달러 정도 된다고 한다. 미국 암협회에 의하면 열대우림에는 암 치료에 효과적으로 이용될 수 있는 식물이 적어

용을 위한 토지보호협의회' 등 모두 4곳의 독립적인 인증기관을 인가했다.

목재 생산자들이 지속 가능한 방식으로 목재를 생산해 인증마크를 받게 되면 어떤 경제적인 이익을 얻게 되는가? 소비자 의식 수준이 높은 시장에서 시장점유율을 높일 수 있다. 1992년 24개국 소비자들을 대상으로 한 갤럽조사에 의하면 고소득 국가는 응답자의 63%, 중간소득 국가는 55%, 저소득 국가는 45%가 환경보호를 위해 더 비싼 값을 주더라도 인증목재제품을 사겠다고 답했다. 이 점을 보면 그린 프리미엄은 현실화할 것으로 보인다.

영국의 '세계자연보호기금'과 54개 기업체가 파트너십으로 만든 '영국 1995 플러스 그룹'은 1999년 12월 31일까지 인증목재 및 관련 상품만 구매하기로 결의했다. 이 그룹의 연간 매출은 20억 달러 규모로 영국 수입목재 중 10%를 차지한다. 뉴욕의 환경단체 '인바이런멘털 어드밴티지(Environmental Advantage)'는 '북아메리카 인증목재 구매를 위한 연합'을 준비중이다. 또 유엔 산하 상업기구인 '국제열대산원목기구'는 42개 공업국과 많은 열대산 원목 생산국을 회원으로 두고 있다. 이 기구는 2000년부터 국제시장에서 지속 가능한 방식으로 생산된 인증목재만 거래한다는 목표를 세웠다.

인증제도의 경제적 파급력을 높이려면 소비자와 직접 상대하는 체인이나 소매업자들이 앞장서야 한다. 연간 총매출 규모 1550억 달러의 '홈 디포'사는 344개 소매유통 체인의 연합체이다. 이 회사는 매출의 10%가 목재와 목재 관련 상품이며, 북아메리카 지역 소매 주택건설업 수요의 13%를 충당한다. 1991년부터 5000개의 홈 디포 가맹점은 상품이나 포장재를 판매하려면 삼림인증위원회가 인가한 4곳의 인증기관 중 하나인 'SCS(Scientific Certification Systems)'의 평가를 받도록 했다. 'SCS'는 수백 개의 홈 디포 제품을 평가한 뒤 25개의 상품만 인증했다. 문짝, 창틀, 액자 제조로 유명한 '콜로니얼 크래프트'사는 1996년부터 향후 3년간 전체 생산량의 50%에 대한 인증마크를 획득하고, 5년 이내에 전 제품에 인증마크를 부착한다는 목표를 세웠다. 기타를 제조하는 '깁슨'사는 최근 100% '스마트 우드' 마크를 획득한 자재만을 쓰는 생산라인을 구축했다.

그런데 전 세계 열대산 원목의 28%를 수입하는 나라는 일본이다. 한국, 중국, 싱가포르가 4대 열대산 원목 수입국에 포함된다. 우리나라를 비롯한 대표적인 소비국들이 목재인증제도에 관심을 가져야 모처럼의 인증제도는 성공할 수 있다.

열대우림 지역의 다양한 식물은 모두 연구 대상인 자원이다.
마다가스카르빙카는 백혈병과 호지킨병 치료제로 쓰인다.(왼쪽)
참마의 일종인 이 뿌리줄기(*Dioscorea elata*)로부터 얻는 디오스지닌과 코치존 등은 피임약의 원료로 쓰인다.(가운데)
기름야자나무는 마가린과 화장품의 재료가 된다.(오른쪽)

도 10종은 더 있을 것이라고 한다. 또 오스트레일리아 퀸즐랜드 삼림에 있는 식물은 에이즈 치료제로 기대를 모으고 있다. 그러나 그것 역시 숲이 갖는 잠재적 가능성의 일부에 불과하다. 열대우림에 있는 12만 5000종의 식물 중 10분의 1만이 과학자들에 의해 대충 조사됐을 뿐이다. 자세히 연구된 것은 100분의 1에 지나지 않는다.

생태학자 노먼 마이어는 "우리가 사용하는 경제분석 수단은 이러한 삼림의 총체적 가치를 파악하기는커녕 이해도 못하고 있다"고 말한다.

1997년 미국 메릴랜드 대학 생태경제학연구소의 로버트 코스탄자가 이끄는 국제 연구팀은 인류 경제를 지탱하는 생태계 서비스의 중요성에 대한 획기적인 연구 결과를 발표했다. 연구팀은 사상 최초로 세계 생태계의 서비스와 자연자본의 경제적 가치를 수량화했다. 100건이 넘는 연구 결과를 종합해 생태계 서비스의 헥타르당 평균가치를 계산했는데, 연구팀은 생태계 서비스의 경제적 가치는 연평균 33조 달러 정도로 세계 국민총생산 25조 달러를 훨씬 능가한다고 결론을 내렸다.

자연에 매긴 경제적 가치, 어쩌면 오히려 자연의 무한한 가치를 상품화하고 평하하는 것일 수도 있다. 그러나 코스탄자 박사는 자연의 비용과 혜택을 산출한 것은 아주 의도적인 것이라 했다.

"개발론자들에게 자연의 값은 매번 0으로 간주돼왔다. 우리의 연구는 자연의 비용과 혜택을 계산에서 제외시키는 주류경제학에 대한 도전이다."

칩코 운동을 벌인 시골 여자들

우리는 열대우림을 지속 가능하게 이용할 수 있는 열쇠를 찾을 수 있다. 바로
지역주민이 숲의 관리자가 되는 것이다. 지역주민은 숲에서 재생 가능한 이익
을 얻고, 숲은 생명과 창조력을 지켜나가는 것이다.

칩코 운동은 생존기반에 대한 다른 공격에도 열성적으로 저항했다. 우타르프라데시 주 둔 계곡에서 지하 대수층을 손상시켜온 석회석 채취에 반대했고, 1990년대에는 히말라야에 건설중인 테리 댐에 반대해 단식투쟁을 벌이기도 했다.

스스로 숲에서 살고 숲을 보호할 권리를 찾은 사람들이 있다. '칩코 운동'을 벌인, 인도 히말라야 산악에 있는 우타르프라데시 주 레니라는 마을의 시골 여자들이 그들이다. 1987년 대안적 노벨상이라 불리는 '바른생활상'을 수상한 그녀들의 이야기가 영국 환경운동가 제레미 시브룩의 《변화의 개척자들(Pioneers of Change)》에 소개됐다. 그 옹골찬 시골 여자들을 만나보자.

식민지 인도의 갠지스 평원과 히말라야는 삼림 벌채로 늘 위협을 받았다. 영국이 인도에 세운 동인도회사는 선박을 만들 튼튼한 나무를 찾고 있었고 히말라야의 티크 숲을 목재 공급을 위해 접수했다. 지역주민들은 반발했다. 그 결과 인도의 첫 삼림 공무원은 식물학자도 삼림학자도 아닌 경찰관이 되었다. 동인도회사는 그 뒤로 철도 건설이라는 명목으로 히말라야 벌목에 앞장섰다. 이에 맞서 많은 봉기가 일어났는데 그것은 인도 독립운동의 일부가 되었다.

독립 후 간디 집권 초기, 갠지스 강은 여러 차례 홍수를 겪었는데 간디의 제자 미라 벤이 나서서 그 원인을 조사했다. 삼림 벌채와, 목재만 생산하는 유

햄버거 커넥션의 함정

값싼 축산식품에 대한 요구도 열대우림의 파괴를 부른다. 유럽연합은 소와 돼지, 그 밖의 가축 사료로 칼로리가 높은 카사바를 매년 수백만 톤씩 타이에서 수입한다. 문제는 카사바라는 낙엽관목이 열대우림을 모조리 베어내고 만든 경작지에서 재배되고 있다는 점이다. 카사바는 바로 타이의 플랜테이션 작물이다. 열대우림을 포기하고 당장 돈이 되는 카사바를 선택한 타이와, 동남아시아로부터 싼 값에 사료를 사들이게 된 유럽연합 사이에 이른바 '카사바 커넥션'이 이루어진 것이다. 카사바 커넥션은 북아메리카와 중앙아메리카 사이의 '햄버거 커넥션'과 유사하다.

"1960년 이래 중앙아메리카 숲의 25% 이상이 목초지 조성을 위해 벌채됐으며, 1970년대 말 중앙아메리카 전체 농토의 3분의 2가 소나 다른 가축의 축산단지로 점유됐다. 주로 미국에 수출될 햄버거 하나를 위해 5m²의 숲이 발가벗겨진 것이다. 또 방대한 축산단지를 위해 1987년 이후에도 멕시코에서는 1497만 3900ha의 열대우림이 파괴됐으며, 그로 인한 사회 불안·정치적인 소요까지 일어났다. 소수의 힘있는 축산업자들의 이익을 위해 멕시코의 장래를 외국에 팔아먹고 있는 것이다."

멕시코의 환경운동가 가브리엘 과드리가 말하는 '햄버거 커넥션'이다. 특히 제3세계는 이렇게 선진국의 수요를 맞추기 위해 자신들의 땅과 전통적인 재배 작물을 잃고 있다. 해마다 4000만~6000만 명에 이르는 사람들이 굶주림으로 죽어가고 있는 제3세계, 그러나 역설적이게도 그들의 토지 수백만 헥타르는 유럽의 가축 사료를 생산하는 데 쓰이고 있다.

칼립투스의 단작으로 인한 히말라야 생태계의 변화가 홍수를 일으키고 있다며, 1949년 《히말라야에 뭔가 잘못이 있다》를 썼다. 그러나 아무도 귀를 기울이지 않았다.

1974년 간디 운동가이며 철학자인 선더랄 바하구나가 이 문제에 관심을 가지게 됐다. 그는 히말라야 마을을 돌아다니면서 이 문제를 알렸다. 그는 '비폭력적 저항'이라는 간디의 방식으로 레니 마을 여자들을 만나 금주운동을 조직했다. 당시 마을에 술집이 퍼져 여자들은 남자들의 음주로 골머리를 앓고 있었다. 금주운동을 펴면서 여자들이 지역운동의 주체로 서게 됐다.

여자들은 자신들의 삼림 아드바니 숲으로부터 지역주민의 경제 문제를 해결해야 한다고 생각했다. 이 생각이 '칩코 운동'의 기초가 됐다. 당시 나무들이 무차별적으로 베어지고 있었는데, 1977년 이곳 여자들은 모든 벌목이 금지되어야 한다고 결론을 내렸다.

마을 여자들이 요구한 벌목 중단과 10년 동안의 수액 채취 중지에 우타르

칩코 운동을 이끌며 생태운동가로 인정받은 반다나 시바는 영국에 있는 생태학 연구센터 '슈마허 칼리지'에서 '기술·자연·성'이라는 단기 코스를 이끌고 있다.

1984년 에티오피아에서는 매일 수천 명이 굶어 죽었다. 그런데 그 해 에티오피아가 영국과 유럽 국가들에 가축 사료를 수출하기 위해 농토의 대부분을 아마씨·목화씨·깻묵 등을 재배하는 데 이용했다는 사실은 세상에 알려져 있지 않다.

햄버거 커넥션에 의한 축산단지 조성은 목초지의 사막화를 부추기고, 메탄가스 방출로 지구온난화를 가속화한다. 그러나 뭐니 뭐니 해도 세계 축산업의 최종적인 희생자는 동물들이다. 어린 숫송아지들은 육질을 부드럽게 하기 위해 거세되고 서로 상처를 내지 못하도록 화학약품에 의해 쇠뿔이 제거된다. 소들은 거대한 사육장에 갇혀서 에스트라디올, 테스토스테론, 프로게스테론 따위의 호르몬 주사를 맞는데, 이는 세포를 자극해 여분의 단백질을 생산케 하고 근육과 지방조직이 더 빨리 붙게 하기 위함이다.

오빌 셸의 《현대의 고기》에는 파리떼를 쫓느라 소들이 몸을 움직이다 보면 매일 0.23kg까지 몸무게를 잃을 수 있기에 독성이 강한 살충제를 사육장에 살포하는 현장이 묘사돼 있다. 돈에 눈이 먼 축산 농장주들은 신문지나 톱밥을 먹이로 실험하거나 심지어 보통 사료보다 30% 빨리 체중을 붙게 한다는 시멘트를 보충 사료로 쓰기도 한다. 전 유럽을 놀라게 했던 '광우병'도 그런 욕심이 부른 재앙이자 동물 학대의 대표적인 예가 된다.

미국·유럽 등 다섯 대륙에 걸쳐 조직돼 있는 '쇠고기 안 먹기 연합'은 열대우림과 동물 보호, 불균형한 부와 굶주림의 해결을 위해 모든 사람이 적어도 50%씩 쇠고기 소비를 줄이자고 권한다. 미국의 환경운동가 제레미 레프킨이 《쇠고기를 넘어서》에서 제시한 세상을 읽다 보면 쇠고기 문화를 넘어서는 것이 하나의 혁명과도 같이 여겨진다.

"중남미에서의 축산업 해체는 불도저를 할 일 없게 만들고 태고의 열대우림을 절단 내는 전기톱들의 귀에 익은 단조로운 소리를 침묵시키고, 아마존 숲을 태우는 수천 개의 불은 꺼질 것이다. 한때 목장주들과 다국적기업들의 손아귀에서 틀림없이 멸종할 것으로 보였던 헤아릴 수 없이 많은 종의 식물과 곤충·동물은 구제될 것이다. 아프리카에서 사막화의 속도는 늦추어지고 자연이 다시 살아나도록 허락할 것이다. 한때 사하라 사막 이남에 풍부했던 야생생물들이 서서히 돌아올 것이다.…… 소들이 줄어들면 곡물 부족으로 굶주리고 있는 수백만의 제3세계 사람들에게 식량이 공급되고 지금 남아 있는 깨끗한 물에 대한 압력이 완화될 것이며 공기중에 방출되는 온실가스가 줄어들 것이다."

재사용할 수 있는 숲 관리 개념은
우리 시대의 가장 중요한 과제이다.
숲의 환경적인 가치는 보호되어야
하고, 경제적인 가치는 높아져야 하
며, 숲의 관리(경영)에 관련된 의사
결정과정은 광범한 이익집단의 참
여를 포함해야 한다.
《열대우림의 부양》 2권의 표지에
쓰인 멕시코 미술가 호세 친의 일러
스트레이션.

프라데시 주정부는 반대했다. 여자들은 투쟁에 나섰고, 삼림이 경매되는 곳에
서 단식을 계속했다. 시위를 통해 벌목꾼들을 쫓아내기도 했다. 이들은 벌목
표시가 된 나무에 성스러운 띠를 맸다. 목숨을 걸고 나무를 지키겠다는 상징으
로, 여자 형제가 남자 형제의 손목에 매주는 '라키' 리본을 나무에 맸다.

그렇게 아드바니 숲을 시골 여자들이 구했다. 그 당시 참여했던 여자들은
밤낮 없이 나무를 지키며 보냈던 날들을 기억한다. 인부들이 나무를 베러 오면
여자들이 이렇게 말했다.

"형제들이여! 그러지 말아요."

여자들이 나무를 껴안으며 소리칠 때 어떤 인부들은 두려워했다. 그들은
"귀신이야!"라고 외치며 도망치기도 했다. 머리카락이 흘러내린 성난 얼굴의
여자들을 보고 나무의 유령이 나타났다고 생각했기 때문이다. 나무를 '껴안

는' 행동 때문에 '칩코(Chipko, 껴안기라는 뜻의 인도어)' 운동으로 불린다.

물론 국내외의 큰 조직들이 칩코 운동을 억누르려고 찾아왔다. 관료, 과학자들, 그리고 산업 원자재 공급과 통제된 벌목 정책을 지지하는 사람들과 대규모 조림계획을 가지고 온 세계은행 등. 정부는 여자들을 반역자라 했고, 그 마을에 무장군대를 보냈다. 그러나 여자들은 협박에 겁먹지 않았다. 이제 이런 일들에 대한 의식이 온 나라에 퍼져 삼림 파괴자들이 자기들 마음대로 할 수 없게 됐다.

결국 칩코 운동으로 우타르프라데시에서 상업적 벌목이 15년간의 금지됐고, 이웃 서부 가츠와 빈다야스에서 완전 벌목을 중지시키는 데도 성공했다. 100년 전 이들의 숲은 자급자족 이상의 의미였다. 꿀, 약초, 목재, 낙농제품 등을 얻어 수출까지 했다. 그러나 그 동안 정부가 추진한 조림계획에 의해 심어진 침엽수, 유칼립투스, 포플러 등은 대부분 시들어 죽었다.

여자들은 사람들에게 전하는 메시지를 노래에 담아 부르고 다녔다.

"유칼립투스를 보면 뽑아버려요. 다른 나무들을 죽이니까요. 그 나무는 물을 너무 많이 먹어요. 그것은 자본주의의 친구랍니다."

여자들과 마을 사람들은 자기들의 땅에 무엇이 잘 자라는지 알고 있었다. 이들은 호두나무, 비누열매나무, 베이킨, 마호가니, 중국배나무, 단풍나무, 오렌지와 레몬, 비말, 삼목, 포플러, 버드나무 등을 심었다. 다행히 이곳에는 전통과 사람이라는 자원이 아직 남아 있었다. 게다가 그 사람들은 숲을 회복시키겠다는 신념에 가득 차 있었다.

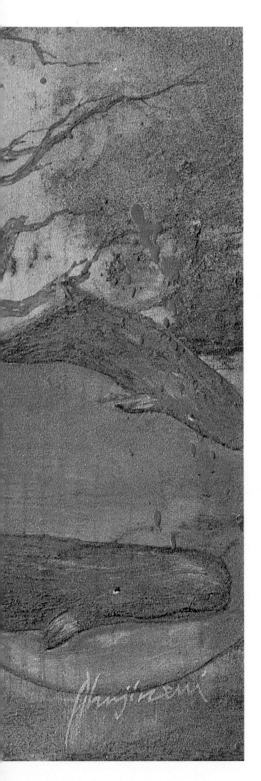

그들과 인간의 멸종을 막아라

야생생물의 대부분이 열대기후대에 살고 있다.

그러나 정치적으로 복잡하고 가난한 나라에서는

값비싼 야생동물보호 프로그램을 감당할 수 없다.

먹고살기 바쁜 그들은 그나마 남아 있는 국립공원과

야생동식물보호구역까지 불도저로 밀어버리려 한다.

인간과의 악연 때문에, 해마다 4만 종의 생물이 멸종되고 있다.

생물종의 멸종은 곧 부메랑이 되어 인간에게 돌아올 것이다.

곳곳에서 인간과 야생생물의 공생을 모색하자고 한다.

그러나 아직 많은 종들이 그 혜택을 받지 못하고 죽어간다.

학자들은 지구에 살고 있는 모든 생물종의 수가 1000만~3000만 종은 될 것이라고 한다. 그런데 동물학자들은 106만 3200종의 동물을, 식물학자들은 34만 4300종의 식물을, 생물학자들은 1만 1200종의 바이러스와 박테리아 미생물을 분류하고 있다. 이처럼 총 141만 8700종의 생물종, 그러니까 7종 중 1종꼴로 사람에 의해 기록됐을 뿐이다.

6500만 년 전, 공룡이 멸종한 것과 같은 격변의 시기를 제외하고는, 매년 3~4종의 생물이 자연적으로 사라졌다고 한다. 물론 자연도태에 따른 것이었다. 그런데 지금은 자연환경에 대한 인간의 영향이 증가하면서 매년 무려 4만 종의 생물종이 사라지고 있다.

메리트 섬 해변참새들의 멸종이 그 대표적인 예다. 과거 미국의 케네디 대통령은 1961년 플로리다 티투스빌 근처 메리트 섬에 있는 케이프커내버럴 군사기지를 신우주계획을 위한 영구 발진소로 지정했다. 항공우주국은 메리트 섬의 3만 2376ha 이상의 땅을 사들여 발진구조대와 달 착륙용 로켓기지를 세웠다.

그로부터 7년 후 세 사람의 우주비행사를 태운 우주선 아폴로 호가 달 궤도를 돌기 위해 케이프커내버럴에서 우주로 발사됐다. 우주비행사들은 달 언저리에서 지구가 떠오르는 장면을 찍어 귀환했다. 황량한 사막 같은 달 지평선에 떠오른 푸른 생명체 지구, '떠오르는 지구'라 불리는 그 사진은 세계인에게 감동을 주기에 충분했다.

그런데 세계가 환호하고 있던 그 시각, 메리트 섬의 해변참새들은 새벽마다 발진하는 로켓의 굉음에 묻혀 죽어가고 있었다. 처음 케네디 대통령이 케이프커내버럴

1992년 리우 환경회의 포스터.

을 택했을 때만 해도 6000여 마리였던 해변참새들이 아폴로 호 비행사들이 '떠오르는 지구'를 찍어왔을 때는 2000여 마리도 안 되게 줄었고, 다시 1980년에는 6마리의 수컷만 남았다. 1986년에는 그나마 모두 죽고 '오렌지 밴드'라 이름 붙여진 단 한 마리만이 남았다. 오렌지 밴드는 케이프커내버럴의 우주 로켓이 사방으로 팽창하던 때에 알에서 깨어났는데, 한쪽 눈은 멀고 날개와 다리는 정상적이지 않았다. 오렌지 밴드는 '보호'를 이유로 평생 플로리다 주 월트 디즈니 월드의 동물원 새장에 갇혀 살았다.

"오렌지 밴드에게는 새끼가 생기지 않을 것이다."

새장 앞에 선 방문객들에게 동물원 관리자는 오렌지 밴드의 죽음으로 해변참새가 멸종할 것임을 알렸다. 멸종의 표본이 된 오렌지 밴드에 대해 사람들의 동정이 쏟아졌지만, 1987년 6월 오렌지 밴드는 새장 속에서 죽었다. 마지막 남은 해변참새가 죽자 《뉴욕 타임스》의 한 칼럼은 "누가 새들의 멸종을 지켜보고 있는가?"라고 질문했다.

《100년 후, 그리고 인간의 선택》의 저자 조녀선 위너는 인간이 자연에 대해 "갈기갈기 찢어 죽이는" 고문을 하고 있다고 했다.

"인간의 이익을 위해, 오늘도 우리는 또 다른 희생 종족을 찾아 카운트다운을 하고 있다."

코끼리와 가난한 원주민의 갈등

'세계자연보호기금(WWF)' 케냐 지부의 홀리 더블린 간사는 "지금 아프리카에서 가장 큰 골칫덩어리는 코끼리다. 정확히는 주민과 코끼리의 첨예한 갈등이다"고 했다.

1995년 잠비아의 방유루 스왐프 야생생물보호구역에서 빠져나온 코끼리 떼가 인근 농가로 몰려들었다. 농가와 농작물을 마구잡이로 짓밟아 농부들이 죽고 농작물도 순식간에 망가졌다. 식량을 잃은 주민들은 아사 위기 속에서 한 해를 살았다. 코끼리 때문에 죽거나 한 해 농사를 송두리째 망치기는 이웃 짐바브웨와 나미비아의 농부들도 마찬가지였다. 이제 이들에게 코끼리는 공포와 증오의 대상일 뿐이다.

코끼리는 한때 사하라 남쪽 생태계에 없어서는 안 될 존재였다. 코끼리가 사바나에 판 물웅덩이는 다른 동물들에게 우물이 되어주었고, 먹이를 구하면서 쓰러뜨린 나무는 새 식물이 성장할 수 있는 길을 터주었다. 무성한 나무 그늘 아래에서 자라지 못하는 아카시아도 코끼리가 쓰러뜨린 나무 주변을 박차고 올라올 수 있었다. 코끼리떼가 지나간 수목지역은 초원이 되었고, 초식동물들의 넉넉한 서식지가 됐다.

그런 코끼리가 인간을 만나 처음 갈등하게 된 것은 바로 '밀렵' 때문이었다. 여기서 코끼리는 일방적인 피해자였다. 미국 워싱턴에 있는 '월드워치 연구소'의 연구원 셰리 슈걸은 1997년 5·8월 월드워치 보고서에서 1981년 120만 마리였던 코끼리가 1989년에는 62만 마리로 줄었다고 전한다. 10년도 안 되어 절반으로 줄어든 것이다. 가장 큰 원인은 상아 때문이었다. 1979년에 킬로그램당 75달러이던 상아 가격이 1989년에는 300달러로 급등했다. 그 기간

지금 아프리카에서는 코끼리와 인간의 새로운 갈등이 시작되고 있다.

동안 채취된 상아는 8000톤이었으며, 그 대
가로 50만 마리의 코끼리가 죽었다. 1979
년까지만 해도 밀렵 대상은 주로 엄니 무게
가 9.3kg인 수컷 코끼리였는데, 1톤 트럭 1
대분의 상아를 얻으려면 54마리의 코끼리
를 죽여야 했다. 그러나 지나친 남획으로
엄니가 큰 코끼리를 찾기 어렵게 되자 밀렵
꾼들은 같은 양의 상아를 얻기 위해 더 많

야생생물보호구역에서만 살아야 하
는 코끼리들.

은 코끼리를 사냥했고 심지어 어린 코끼리까지도 마구 잡았던 것이다. 어떤 조
처가 있지 않으면 아프리카산 코끼리는 2010년쯤 멸종될 상황이었다.

코끼리의 급감에 놀란 국제사회는 '멸종 위기에 처한 동식물의 국제교역
에 관한 협약(CITES)'을 적용해 1986년부터 1989년까지 3년간 코끼리 엄니의
거래를 2만~9만 개로 제한해서 각 나라에 할당했다. 그럼에도 3년간 30만 마
리의 코끼리가 밀렵꾼들의 손에 사라졌다. 오히려 할당제 도입 후 '상아 세탁'
이 성행했다. 한 예로 코끼리가 단 한 마리밖에 없는 부룬디가 3년 동안 2만
3000개의 코끼리 엄니를 수출한 것으로 되어 있다. 물론 통관 서류에는 모두
원산지가 부룬디로 되어 있었다. 상아 중개국들은 이런 식으로 할당제의 허점
을 이용해 규제망을 피해간 것이다.

1989년 코끼리의 상아 거래가 전면 금지되었고 그 후 코끼리 밀매량은 확
실히 줄었다. 1989년 합법 거래량은 60톤이었으나 그 후 7년간 압류된 밀수품
은 69톤에 불과했다. 코끼리를 멸종 위기에서 구한 것이다. 그러나 자연자원
경제학자인 티모시 스원든과 에드워드 바비에는 거래 금지가 일시적인 해결책
밖에 되지 못할 것이라고 했다.

"코끼리 상아는 정력제로 알려진 코뿔소 뿔이나 호랑이 뼈와는 달리 단
순 사치품이다. 정력제는 대체품을 제시하면 되지만 미적 가치와 부의 상징인
사치품은 쉽게 대체되지 않는 특성이 있다. 곧 다시 수요가 생길 것이다. 수요
가 있으면 가격이 오를 것이고, 가격이 오르면 밀렵꾼들은 더욱 교묘하고 대담
한 수단을 동원해서 밀렵을 할 것이다. 가격 상승 조짐은 이미 여러 나라에서

유네스코가 생물종 다양성 보존을 위해 제작한 포스터.

나타나고 있다. 거래가 금지되기 전 밀렵꾼들은 상아 1kg당 2～3달러를 벌어들였다. 이제는 1kg당 40～50달러를 번다. 금지 조처가 초기 몇 년간은 밀렵 억제에 기여했지만 밀렵꾼들은 바퀴벌레처럼 다시 돌아오고 있다."

그런데 늘 피해자였던 코끼리가 왜 갑자기 천덕꾸러기로 전락했을까? 인간과 코끼리의 생각지 못한 두번째 갈등은 '땅' 때문에 시작됐다. 케냐와 탄자니아 접경지역의 세렝게티마라 초원은 원래 수목지역이었으나 코끼리떼가 휩쓸고 간 뒤 나무는 간데없고 풀만 남았다. 코끼리떼는 새로운 숲을 찾아가는 중이었을 것이며, 이동중 일부는 먹을 것이 모자라 굶어 죽었을 것이다. 이렇게 코끼리의 수는 자연적으로 조절되고, 워낙 숲이 많았기 때문에 코끼리가 제자리로 돌아올 즈음 초원은 다시 숲으로 변해 있었다. 그런데 지금은 코끼리가 새로 찾아갈 숲도, 다시 돌아갈 숲도 없다. 개발 붐으로 아프리카의 삼림이 제대로 남아 있지 않기 때문이다.

아프리카에는 현재 1억 인구가 살고 있다. 인간의 활동반경이 급속도로 넓어진 탓에 코끼리가 살던 땅이 10년 동안 20%나 줄어들었다. 숲을 개간해

생물보호지역이란?

어떻게 하면 살아 있는 생물권을 보호할 수 있을까? 사람들의 그칠 줄 모르는 물질적 요구와 갈망으로부터 동식물·미생물의 다양성을 보존할 수 있을까? 생물자원의 보존과 지속 가능한 이용을 어떻게 조화시킬 수 있을까?

1968년에 열린 '생물보호지역 자원의 보존과 합리적 이용에 관한 유네스코 회의'는 이런 질문들을 검토하기 위한 최초의 정부간 회의였으며 이를 계기로 '인간과 생물권 계획(MAB, Man and Biosphere Programme)'이 탄생했다.

생물보호지역이란 생물종의 다양성을 보존하는 데서 그 지역사회의 경제발전과 마찰을 빚는 문제를 해결하기 위한 것이다. 1992년 리우데자네이루에서 열린 유엔 환경개발회의에서 그 개념은 '지속 가능한 개발'로 표현됐다.

한 국가의 특정 지역이 유네스코 MAB가 인정하는 생물보호지역으로 인정되기 위해서는 그 국가가 최소한 다음의 세 가지 조건을 갖추어야 한다.

·보존기능—경관, 생태계, 종, 유전자 변이의 보존을 보장한다.

케냐의 마사이암보셀리 생물보호구역. 생물보호구역은 현재와 미래 세대를 위해 세계의 동식물 표본을 보존한다.

오스트레일리아의 생물보호구역 표지.

·개발기능—지역 차원에서 문화·사회·생태적으로 지속 가능한 경제발전을 촉구한다.

·지원기능—보존과 지속 가능한 개발에 관한 연구, 모니터링, 교육, 정보 교류를 지원한다.

몇몇 나라에서는 이미 생물보호지역 설립을 입법화하고 있다. 대부분 핵심지역·완충지역·전이지역으로 구분되며, 국립공원·자연보호지역 등으로 국내법에 따라 보호받는다. 세계적으로는 람사 협약, 세계자연유산 등의 지정에 따른 보호를 받는다.

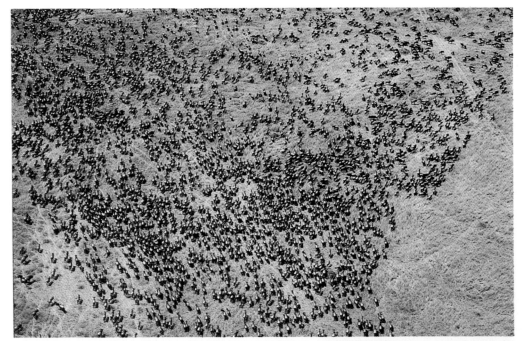

케냐의 마사이마라 국립공원 초원
에서 계절이 바뀔 때마다 이동하는
'누'. 이로 인해 마사이족과 같은
주변주민들과 갈등을 빚고 있다.

농사를 짓기 시작한 사람들은 야생 코끼리떼를 '보호구역' 안으로 몰아넣었
다. 그러나 아프리카의 야생생물보호구역은 과거 코끼리가 누비던 광활한 야
생의 땅에 비하면 너무나도 비좁다.

　코끼리는 수백 킬로미터에 달하는 경로를 따라 옮겨다니며 매일 250kg의
음식물을 섭취하는데 지금의 서식지 규모로는 불가능한 생활이다. 한편 야생
생물보호구역이나 국립공원에서는 사시사철 물이 공급되기 때문에 안정된 환
경에서 코끼리는 거의 쉬지 않고 번식하였다. 그 좋은 예가 케냐의 차보 국립
공원이다. 이 공원에는 4만 마리의 코끼리가 살고 있는데, 학자들은 공원의 생
태계가 지탱할 수 없는 수준에 이르렀다고 말한다.

　코끼리의 수가 공원의 수용력을 초과하면 다른 공원으로 집단 이주시키
는 방법도 써봤지만 비용이 많이 들고, 4~6년이 지나면 그나마 더 이상 이주
할 공원이 없어 단기적인 해결책밖에 되지 못했다. 수렵·도살·밀렵 등으로
죽지 않은 코끼리는 이제 폭발적인 번식으로 굶어 죽게 된 것이다.

　아프리카의 현 상황은 코끼리, 인간 어느 쪽에도 바람직하지 못하다. 인

코끼리 엄니와 밀렵된 상아. 이제까지 인간과 코끼리의 관계에서 코끼리는 일방적인 희생자였다.

간과 코끼리는 어떻게 공생할 수 있을까. 앙골라에서 모잠비크에 이르는 아프리카 남부는 야생생물이 풍부하지만 경제적으로는 척박한 땅이다. 짐바브웨의 역사를 보면 가난한 아프리카 사람들의 사정도 이해할 수 있게 된다.

짐바브웨는 영국의 식민지였던 1923년에 제정된 토지분할법에 의해 가장 비옥한 농토는 기득권층인 유럽 농가에 돌아갔고, 토착민은 강우량도 적고 토질도 형편없는 땅으로 강제 이주당했다. 게다가 1950년대 들어 농민들은 그 척박한 땅마저 야생동물보호구역에 양보해야 했다. 이때부터 지역주민은 야생생물에 대한 적개심을 키워왔다. 1980년 독립한 짐바브웨의 농민들은 땅을 개간하는 데 방해가 되는 야생생물을 마구 죽였다. 또 야생동물보호구역 출입 제한 폐지를 정부에 요청했다. 1990년대 들어서면서 짐바브웨의 몇몇 마을이 '지역자생관리사업(CAMPFIRE, Communal Areas Management Programme for Indigenous Resources)'에 참여했다. '캠프파이어'는 지역주민들이 수렵, 생태 관광, 사진 촬영 사파리 코스, 코끼리 고기나 가죽·상아 등으로 수익사업을 하는 것이다.

"만일 코끼리가 지역경제에 기여하지 못한다면 지역주민들은 밀렵꾼이 야생생물을 죽일 때 수수방관하거나 오히려 앞장서서 야생생물을 죽일 것이다. 어떤 방법을 취하든 코끼리가 지역의 경제자원이 될 수 있어야 주민들이 나서서 코끼리를 보호할 것이다." 캠프파이어를 진행하는 전문가들의 견해이다.

캠프파이어의 수익금은 대부분 레저 수렵 허가권을 판매한 돈이다. 1995년 약 8만 가구가 이 사업에 참여해 총 90만 달러를 벌어들였다. 선진국 기준으로는 보잘것없는 금액이지만 가난한 아프리카에서는 한 가계의 운명을 뒤바꿀 수 있는 액수이다. 경제적 실익만큼 중요한 성과는 숲과 자연의 파괴를 전제로 한 개발보다 야생생물을 활용함으로써 더 많은 소득을 얻을 수 있다는 경험이었다. 세계자연보호기금이 조사한 바에 따르면 짐바브웨 국토의 10분의 8

을 차지하는 건조지방에서 레저 수렵과 관광의 투자 수익률이 축산업보다 높은 것으로 나타났다.

캠프파이어는 사람에게만 득이 되는 것이 아니다. 이 사업을 도입한 후 수렵과 밀렵으로 죽는 코끼리가 줄어들었다. 지역주민은 코끼리 밀렵꾼을 퇴치하면 경제적으로 이득을 볼 수 있다는 것 때문에 자연스럽게 코끼리 보호에 나서게 됐다. 간혹 '야생생물의 무조건적인 보호'라는 입장을 가진 선진국, 동물보호단체, 국제환경단체 들이 이 캠프파이어 사업을 비난하는 일도 있었다. 그러나 배부른 서양인이 야생생물을 보호하기 위해 못 사는 아프리카인에게만 고통을 강요한다는 것이 아프리카인들의 일반적인 시각이다. 이들은 이러한 반감을 '생태제국주의'라는 말로 표현한다.

안데스의 맥과 도너 박사

에콰도르 남쪽에 위치한 상가이 국립공원은 518ha의 드넓은 화산지대로, 생태학적 보존가치가 높아 세계자연유산으로 지정되어 있다. 화산재를 뿜어내는 활화산을 따라 드넓게 펼쳐진 고산지대에는 퀘추아족·푸라이족을 비롯한 인디오들이 야크를 기르고 감자를 재배하며 살아가고 있다.

　그런데 만년설과 화산재로 뒤덮인 상가이 화산(해발 5320m)이 코앞에 보이는 이 국립공원을 10년 동안 단 한 가지 이유로 찾아오는 사람이 있다.

　"그 신비한 동물은 놀라서 나를 보았고 긴 코로 냄새를 맡았다. 우리는 이렇게 멈추어 서서 서로의 존재에 매혹됐다."

　10년 전 우연하게 에콰도르 안데스로 여행을 왔다가 마주친 '맥'과의 인연……

　"수시로 내리는 비와 추위를 견디며 젖은 텐트 안에서 잠을 자야 했다. 화산재 때문에 개울물을 마실 수도 없어 늘 고산증에 시달렸지만, 맥을 만날 수 있어 원정길은 매번 행복했다."

　크레이그 도너 박사는 1998년 1월, 열네번째 원정에 나섰다. 낯설고 신비로운 첫 만남이 있은 후, 도너 박사는 맥의 모든 것이 궁금했고 스스로 맥의 생활을 익히고 싶었다. 그래서 맥의 똥을 만져보고 맥의 잠자리에도 누워봤다. 로베르토 · 삼비타 · 닌파 · 글로리아라 이름 붙인 4마리의 맥에 직접 무선장치를 달아 짝짓기와 새끼 기르기 등을 관찰하여 맥의 생태활동을 이해하려고 노력했다. 드디어 1997년 맥과 만난 지 10년 만에 맥에 대한 도너 박사의 보고서

시베리아호랑이의 눈물

흡사 '나무의 바다'처럼 끝도 없이 이어지는 시베리아 삼림. 빽빽한 자작나무 숲속에 호랑이가 살고 있다. 시베리아호랑이는 이미 사라진 백두산호랑이와 같은 종이어서 우리나라 사람들의 관심을 받기도 했다. 그러나 시베리아호랑이도 멸종 위기에 처해 있다.

밀렵에 저항하다 이빨이 부러진 호랑이. 결국 팔려가지도 못하고 철창에 갇혔다.(왼쪽)
러시아 정부의 묵인하에 공공연하게 자행되는 호랑이 사냥.(오른쪽)

　대부분이 연구용, 동물원 관상용으로 잡혀가고 현재 시베리아 지역에는 고작 200여 마리의 호랑이가 남아 있을 뿐이다. 시베리아호랑이 사냥은 러시아 정부의 묵인 속에, 엄밀하게 말하면 정부 주도로 이루어진다. 가난한 러시아 정부가 호랑이를 잡아 다른 나라에 팔아온 것이다.

　그래서인지 호랑이를 잡는 포수들도 정부로부터 허가를 받은 전문 사냥꾼들이다. 이들은 허가받은 사냥 외에 밀렵도 서슴지 않는다. 웃돈을 받고 불법적으로 호랑이를 잡아 뒷거래하는데, 주로 호랑이 뼈를 약재로 쓰는 한국에서 수요가 많다고 한다. 게다가 한창 시베리아 개발에 열을 올린 러시아 정부가 삼림 벌목을 허용한 뒤로 시베리아호랑이들은 서식지마저 잃어가고 있다.

가 완성됐다.

　"인류가 존재하기 훨씬 전부터 지구상에 살아온 동물, 그 모습이 30만 년 동안 변하지 않았기에 '살아 있는 화석'으로 불리는 맥은 1829년 프랑스의 자연학자 롤랭이 콜롬비아에서 처음 발견했다. 전체 몸길이는 80cm 정도이고 몸무게는 150∼200kg쯤 된다. 언뜻 보면 돼지 같지만, 코가 코끼리처럼 길고 엉덩이는 유난히 둥그렇게 튀어나와 우스꽝스럽기조차 하다. 앞다리의 발가락은 4개인데 갈고리로 덮여 있고 뒷다리의 발가락은 3개이다. 코는 마치 맥의 상징 같다. 윗입술과 합쳐진 형태로 근육질인데 이 코로 나무나 덤불·허브·고사리·딸기·풀 등 수백 종의 서로 다른 식물을 구별해내고 조그마한 나무 정도는 쓰러뜨리기도 한다. 코로 땅을 뒤져 소금을 보충하고 물을 빨아올리기도 한다. 맥은 보통 13개월의 임신 기간을 거쳐 한 마리의 새끼를 낳는다. 짝짓기 기간과 임신 기간, 양육 기간을 제외하고는 보통 혼자 다닌다."

　도너 박사는 맥을 안데스의 '깃대종'이라 부른다. 안데스는 마치 바위를 스펀지가 감싸고 있는 것처럼, 화산과 산악을 잡목과 수풀이 뒤덮고 있다. 스펀지 역할을 하는 잡목과 수풀이 사라져버린다면 안데스는 불모지가 될 게 뻔하다. 그런데 도너 박사가 맥의 똥을 분석해 밝혀낸 사실은 안데스의 모든 잡

도너 박사와 맥.
맥은 '타피르' 또는 '단타'라고도
불린다. 타피르는 모두 4종이다. 남
아메리카에 3종의 타피르가 있고
남아시아에 한 종류가 있는데 모든
종이 생존의 위협을 받고 있다. 안
데스의 맥은 '마운틴타피르'로 전
체 타피르종 중에서도 가장 오래됐
다.

목과 수풀 중 32% 이상이 맥의 똥을 통해 발아하고 있다는 것이다.

"그러나 안타깝게도 맥은 멸종의 문턱에 있다. 맥이 사라지는 것은 하나의 생물종이 멸종한다는 차원을 넘어 안데스의 생태계를 유지해주던 핵심적인 파트너가 사라지는 것을 의미한다."

맥은 에콰도르·콜롬비아·페루를 관통하는 안데스 전 지역에 걸쳐서 이제 2000여 마리밖에 남아 있지 않다. 맥이 급격하게 줄어들자 에콰도르 정부는 국립공원 안에서 맥 사냥을 법으로 금했지만 밀렵까지는 막지 못하고 있다. 도너 박사는 상가이 국립공원이 맥의 가장 주된 서식처인데도 현재 이곳에 서식하고 있는 맥의 수는 200여 마리뿐이라고 했다.

도너 박사는 원정 때마다 가이드인 인디오들과 말다툼을 벌이곤 한다. 도너 박사가 아직까지도 인디오들이 맥을 사냥하고 있다고 힐난하기 때문이다. 사실 맥은 전통적으로 인디오들의 좋은 사냥감이었다. 고기 맛이 아주 좋아 바비큐용으로 인기 있고, 길다란 코와 발굽은 간질병과 심장병의 특효약으로, 또는 최음제로 사용되기도 한다. 밀렵이 금지된 지금도 맥의 발굽과 코는 시장에서 공공연하게 거래되고 있다. 도너 박사의 비판에 인디오들은 "우리는 가난하다. 옛날에는 더 가난했고 국립공원이 뭔지도 몰랐다. 우리는 시장에 가서 고기를 살 돈이 없었다. 지금도 마찬가지다. 그리고 이 지역은 우리의 땅이다. 우리 땅에서 자유롭게 맥을 잡아서 고기를 구한 것뿐이다"며 반발한다.

또 도너 박사는 인디오들이 화전을 일구고 가축을 기르기 위해 안데스 숲을 불태우면서 맥의 서식처가 파괴됐다고 지적한다. 그럴 때마다 인디오들 역시 안데스에서 생계를 유지해야 하는 자신들의 처지를 호소한다.

"우리도 더 이상 맥을 잡지 않으려 한다. 공원 안에서는 사냥을 멈추었고 소떼도 철수시켰다. 이제는 공원의 가이드, 보호자로서 역할을 하고 있다. 사실 공원 관리자들은 이곳에 한 번도 나와보지 않는다. 오히려 우리보다 맥에 대한 애정이 없다. 그러나 우리의 생활은 여전히 어렵다. 외부의 도움이 필요하다. 그래야만 우리 스스로 이곳 안데스와 맥을 지킬 수 있다."

인간과 생물종의 악연을 말하는 지금, 낯선 생명체를 진심으로 존중하는 도너 박사의 순수함은 그가 부자나라인 미국인이며 맥과 어떤 이해관계도 얽혀 있지 않기 때문에 가능했는지도 모른다. 맥을 보호하려는 이방인과 맥을 사냥하며 살아온 원주민 사이의 갈등에서 우리가 일방적으로 도너 박사의 편을 들 수 있을까?

결코 쉽지 않은 문제다. 맥뿐만 아니라 인디오들 역시 이곳 안데스에 삶을 의지하고 있으며, 그들 역시 맥의 멸종을 바라지 않기 때문이다. 이제 안데스 생태계와 깃대종 맥의 보호, 그리고 인디오들의 삶에 대한 대책은 같이 풀어야 할 숙제다. 또한 전 세계의 숱한 생물종이 멸종해가는 현실 앞에서 인간이 해결해야 할 숙제이기도 하다.

그들과 인간의 인연

"가난에 쫓겨 서식지를 개간하고, 사냥하며 살아온 주민들에게 일방적으로 생물종 멸종 위기의 가해자라는 낙인을 찍기 쉽다. 그러나 상황이 조금만 달라진다면 똑같은 주민들이 생물종 보호를 위해 앞장설 수도 있다."

야생동물 보호에 관해 방대한 저술을 남긴 영국의 동물학자 엘트링검은 야생생물의 대부분이 열대기후대에 살고 있는데, 그 나라들은 경제·사회적으로 매우 어려운 형편이라고 했다.

"값비싼 야생동식물보호 프로그램을 감당할 수 없거나 프로그램이 있어도 관리가 부실하기 일쑤이다. 개중 경제성장 가도를 달리고 있는 나라들은 그

나마 남아 있는 국립공원과 야생동식물보호구역에까지 불도저를 들이밀고 있다. 야생생물의 수적 감소를 막기 위해 보통 야생동식물보호구역과 공원을 지정한다. 그러나 알짜배기 땅을 보호구역으로 할당하는 것은 정치적으로 큰 반발을 일으킨다. 뿐만 아니라 토지를 매입하고 관리인을 교육하는 데에도 많은 비용이 들어간다. 이 모든 어려움을 극복하려면 지역주민의 지지가 꼭 있어야 한다."

그래서 동물보호운동가들도 지금까지 굳게 지켜오던 '전면적인 보호' 방침에서 상업적 이용을 일부 허용하는 쪽으로 전략을 수정하고 있다. 오늘날 세계에서 가장 희귀한 종의 하나인 아프리카 마운틴고릴라는 그렇게 해서 보호되고 있는 대표적인 예다. 마운틴고릴라의 서식지는 르완다, 우간다, 자이르의 접경지역인 비룽가 화산 운무림(습기가 많은 열대우림)이다. 1960년 450마리 정도였던 마운틴고릴라는 1981년 250마리로 줄어들었다. 이 무렵 국제 동물보호단체들이 르완다 정부를 설득해 마운틴고릴라 보호운동을 펼치면서 상황이 바뀌기 시작했다.

인간을 위해 죽어가는 동물들

• 남아메리카가 고향인 야행성 올빼미원숭이는 커다란 눈을 가지고 있다. 올빼미원숭이는 말라리아 질병 치료의 '마루타'이자, 녹내장 등 눈과 관련한 질병을 연구하는 데에 필수이다. 올빼미원숭이만이 아니라 해마다 4만 마리의 원숭이와 유인원이 생물의학 연구에 이용된다. 의학 실험실에 영장류가 없었다면 중요한 의학적 연구는 빛을 보지 못했을 터이니, 인간은 이들에게 큰 빚을 지고 있는 것이다.

• 인간을 아름답게 한다는 명목으로, 향수·립스틱·매니큐어·파우더·헤어 스프레이·아이섀도 등의 새 화장품이 나올 때마다 개나 쥐, 토끼와 침팬지 등은 신상품의 실험 대상이 된다.

립스틱의 치사량을 실험할 때, 실험용 동물들은 죽을 때까지 억지로 립스틱을 먹어야 한다. 마스카라·아이섀도·아이펜슬·아이라이너 등의 테스트와 샴푸와 로션의 효과를 실험할 때도 마찬가지다. 새 화장품의 내용물을 토끼의 눈에 떨어뜨리는데, 이때 눈을 깜박이거나 눈물조차 흘릴 수 없게 강제된 토끼는 실험의 고통을 견디다 못해 죽어간다.

해마다 200만 마리 이상의 동물이 화장품 실험으로 고통스러운 죽음을 당하고 있다. 아름답게 색칠해진 눈과 입술에서 실험대의 죽어가는 토끼를 떠올린다는 것은 공포영화처럼 섬뜩한 일이다. 아무리 만물의 영장인 인간의 행위라 해도 그 정도면 함께 사는 다른 생명체에 대한 분명한 횡포이다.

모피를 얻기 위해 또는 인공 수정을 위해 여우를 우리에서 끌어낼 때 여우의 목을 강하게 옥죄는 강철 집게가 사용된다.

무엇보다도 서식지인 운무림을 보존하는 것이 중요하다는 사실을 대중적으로 홍보했고, 마운틴고릴라 무리와 사람이 접할 수 있는 생태관광 코스를 만들었다. 이 생태관광의 인기로 르완다는 연간 1000만 달러의 관광 수입을 올리고 있고, 1980년대 말에는 마운틴고릴라가 320마리로 늘어났다.

르완다 사람들이 전쟁중에도 마운틴고릴라를 보호할 수 있었던 것은 고릴라가 그들에게는 유일하게 재생 가능한 자원이었기 때문이다.

한때 비룽가에도 위기가 찾아왔다. 바로 르완다의 내전이다. 1991년 투시 반란군이 마운틴고릴라의 서식지인 비룽가를 점령했고 1994년 전면전이 터지자 산악 구석구석에서 전투가 벌어졌다. 그러나 그 와중에도 고릴라는 단 두 마리만 희생되었을 뿐이다. 1992년 한 병사가 적군으로 오인하여 쏜 총에 맞아 죽은 므리타라는 이름의 수컷 고릴라와 1994년 지뢰가 터져 죽은 므크노라는 수컷 고릴라를 빼고는 모든 고릴라가 털끝 하나 상하지 않고 전쟁을 무사히 넘겼다.

도살되어 벗겨진 여우 원피.

덫에 걸린 붉은여우.

• 모피 코트 한 벌을 만들기 위해서는 100마리의 친칠라, 11마리의 푸른여우, 크기에 따라 45~200마리의 밍크가 필요하다. 세계적으로 해마다 4000만 마리의 야생동물이 모피 때문에 도살된다고 한다. 이 중 3000여 만 마리 정도는 사육된 것이고 1000여 만 마리는 덫에 걸려 잡혀온다. 태어나서 도살될 때까지 약 7년 동안 어두운 농장에서 사육되는 여우 한 마리의 생활공간은 고작 0.5㎥이다. 이는 야생 여우의 자연적인 활동공간에 비해 400만 배쯤 좁다.

이들이 도살되는 장면은 말할 수 없이 끔찍하다. 여우의 입과 직장에 전기줄을 놓으면 바로 전류가 몸을 관통하여 죽게 된다. 또 마비를 일으키는 독성 화학약품을 주사해 독살하기도 한다. 대부분의 밍크 농장에서는 밍크의 목을 부러뜨려 죽인다. 야생에서 덫을 놓아 포획한 여우의 경우 5마리 중 하나꼴로 모피 벗기기 시즌 전에 죽어버린다고 한다. 스트레스 때문에 나타나는 '카니발리즘(자기종족 살해와 잡아먹기)'에 의해.

모피가 벗겨진 여우나 밍크, 친칠라의 사체는 애완동물 먹이 공급업체에 팔린다. 때로는 죽음의 순번을 기다리는 자기 동료들의 사료로 재활용되기도 한다. 이렇게 만들어진 모피 코트는 400여 만 원에서 9900만 원에 이르는 고가로 팔린다.

한편 미국의 '모피무역 철폐협정 체결을 위한 국제본부(CAFT)'는 멸종 위기에 처한 야생동물의 국제거래 금지협약 정신에 의거해 모피의 국가간 무역을 금지하는 협정을 만들기 위해 활동하고 있다.

마운틴고릴라가 거의 피해를 입지 않을 수 있었던 것은 르완다 사람들이 전쟁 속에서도 고릴라를 지키기 위해 노력했기 때문이다. 후투 정권을 전복하려던 투시 반란군 지도자들은 전쟁중에도 밀렵 금지법을 지키겠다고 약속했고, 비룽가 주민들은 공원수비대를 꾸려 무보수로 생명의 위협을 무릅쓰고 공원 순찰을 계속했다. 전쟁이 끝난 후 공원 관리인과 연구진이 하나둘 다시 돌아왔을 때 공원 사무실은 처참하게 파손되었지만 고릴라들은 살아 있었다.

"우리에게 고릴라는 유일하게 재생 가능한 자원이다. 공원을 난민들에게 내주어야 한다는 사람들도 있지만 우리는 절대로 그렇게 하지 않을 것이다. 고릴라는 우리에게 너무나도 소중한 존재이다."

공원 관리인 느셍기윰바 바라카부예의 말이다.

'이룰라 독물협동조합'도 같은 경우이다. 인도 칭글펫 지역에 사는 2만여 명의 이룰라족은 독사를 비롯한 동물의 가죽을 팔아 생계를 유지해왔다. 1978년 인도 정부가 뱀가죽 수출 금지령을 내린 후 이 부족의 생계가 위협받게 됐다. 이때 파충류학자 로물러스 위테이커가 이룰라족을 찾아왔다. 그는 이들에게 '이룰라 독물협동조합'을 제안했다.

"코브라 같은 독사를 잡아 독만 뽑아내고 다시 숲으로 돌려보내는 것이다. 이렇게 추출한 독은 해독제 용도로 판다. 또 뱀에서 독을 뽑아내는 과정을 관광객들에게 보여주는 신종 관광 아이템도 진행한다."

이 협동조합은 초기 비용을 회수하고 이제는 흑자경영을 하는 인도 제1의 해독제 생산조합이 됐다.

짐바브웨는 '나일 강 악어 농장 프로그램'을 성공시켰다. 야생 상태의 악어알은 변덕스런 날씨를 이겨내지 못하거나 큰 도마뱀, 새, 기타 천적에게 잡

킹코브라로부터 독을 뽑아 해독제
로 팔고 뱀은 관광용으로 활용하는
'이룰라 독물협동조합'.

아먹혀 대부분 살아 남지 못한다. 짐바브웨 국립공원은 야생 악어알을 수집해 악어 농장에서 부화시켰다. 부화한 악어의 2%는 반드시 숲으로 되돌려보냈고 나머지는 농장에서 일정 기간 기른 후 악어 가죽을 팔아 수익을 올렸다. 그 결과 현재 이 나라에는 5만여 마리의 건강한 야생 악어가 살고 있으며, 15만 마리의 악어가 농장에서 사육되고 있다. 이 프로그램으로 1994년 280만 달러의 수익을 올렸으니 큰 성공이라 할 수 있다.

그러나 야생생물과 인간의 '공생'은 정말 특별한 경우이다. 대부분의 야생생물은 인간과 '악연'으로 만난다. 눈덩이처럼 불어나는 인류가 숲의 나무를 베어내고 평야에 아스팔트를 깔고 습지를 개간하고 사막을 헤치면서 개발에 열을 올리는 동안, 매년 4만여 종의 생물이 사라져가고 있다.

야생동식물 거래 감시단체인 '트래픽 유에스에이(TRAFFIC USA)'의 보고에 의하면 미국에서만 매년 12만 500마리의 방울뱀이 고기 · 가죽 · 쓸개(한약재) · 기념품으로 쓰이기 위해 죽임을 당한다고 한다. 또 미국 일부 주에서 열리는 '방울뱀 로데오 경기' 때문에 수천 마리의 방울뱀이 생포되어 팔리거나 죽을 때까지 비참한 상태로 갇혀 있다고 한다.

1993년 12월부터 1994년 5월 사이에 인도의 오리사 주 해안가에서 어망에 걸려 죽은 올리브리들리바다거북이 5282마리나 됐다. 주로 해안에 둥지를 트는 바다거북은 알과 고기를 구하는 사람들에 의해 시달림을 당해왔다. 또 피서지에서 어렵사리 부화한 새끼 바다거북들은 본능적으로 처음 눈에 들어온 불빛 쪽으로 이동하는데, 달빛을 따라 바다로 가야 할 새끼 바다거북들이 안타깝게도 피서지 사람들이 만든 전기 불빛 쪽으로 가다가 죽음을 맞는 일이 빈번하다.

일본산 짧은꼬리원숭이도 궁지에 몰려 있다. 짧은꼬리원숭이는 일본 남부지역의 따뜻한 온대성 삼림과 1년 내내 눈으로 뒤덮인 북부 산악지대에 살고 있다. 북쪽에 사는 원숭이는 겨울철 추위를 이기기 위해 산속 천연 온천에 몸을 담그는 습성이 있다. 그런데 과거 수십 년 동안 진행된 도시개발, 농지 확장 등으로 서식지가 많이 파괴됐다. 결국 먹이를 구하려는 절박한 야생 원숭이와 농작물을 보호하려는 농민들 사이에 '전쟁'이 벌어졌고, 그 과정에서 매년 5000마리 남짓한 원숭이가 생포되거나 사살되고 있다. 일본은 국토 면적이 캘

인간은 환경 호르몬으로 멸종한다?

동성 짝짓기를 하고 알을 포기하는 청어갈매기, 둥지로 귀소하지 않고 새끼를 버리는 독수리, 수달의 급격한 감소, 암컷처럼 행동하는 수탉, 지중해에서 죽은 1000여 마리의 얼룩돌고래, 미국 플로리다 주 아폽카 호수에 사는 악어들의 생식기 기형 등등.

이 이상한 현상들에 관심을 갖고 있는 학자들은 '환경 호르몬'을 의심한다. 환경 호르몬이란 생명체의 정상적인 호르몬 기능에 영향을 주는 내분비 교란물질의 하나이다. 미국 환경보호부는 내분비 교란물질을 "항상성의 유지와 발달과정의 조절을 담당하고 체내 자연 호르몬의 생산·방출·이동·대사·결합·작용 혹은 배설에 간섭하는 체외물질"이라고 정의하고 있다.

내분비 교란물질은 크게 ▲약물성 내분비 교란물질 ▲자연성 내분비 교란물질 ▲환경성 내분비 교란물질(속칭 환경 호르몬) 등으로 나뉜다.

약물성 내분비 교란물질 가운데 가장 잘 알려진 것이 DES(diethylstilbestrol)이다. 이 물질은 강력한 합성 여성 호르몬인데 약효와 안전성이 채 확인되지 않은 상태에서, 1948년부터 1972년까지 유산방지 목적으로 임산부에게 투여되었다. 그런데 이 약을 복용한 산모에게서 태어난 여아가 사춘기가 되자 그 나이에 매우 희귀한 병인 질암에 걸리는가 하

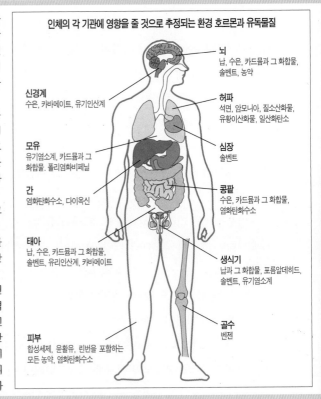

인체의 각 기관에 영향을 줄 것으로 추정되는 환경 호르몬과 유독물질

뇌
납, 수은, 카드뮴과 그 화합물, 솔벤트, 농약

신경계
수은, 카바메이트, 유기인산계

허파
석면, 암모니아, 질소산화물, 유황이산화물, 일산화탄소

모유
유기염소계, 카드뮴과 그 화합물. 폴리염화비페닐

심장
솔벤트

간
염화탄화수소, 다이옥신

콩팥
수은, 카드뮴과 그 화합물, 염화탄화수소

태아
납, 수은, 카드뮴과 그 화합물, 솔벤트, 유리인산계, 카바메이트

생식기
납과 그 화합물, 포름알데히드, 솔벤트, 유기염소계

피부
합성세제, 윤활유, 린번을 포함하는 모든 농약, 염화탄화수소

골수
벤젠

리포니아 주보다 작지만 총인구는 1억 2600만 명으로 캘리포니아의 4배 가량 된다. 천연림을 살려야 한다는 국민적 공감대가 형성되지 않고서는 비좁은 국토에서 짧은꼬리원숭이가 설 자리는 계속 좁아질 것이다.

공해 또한 생태계의 균형을 깨는 원인이다. 1980년대 미국 플로리다 주의 아폽카 호수. 이곳에 DDT를 함유한 디코폴이란 농약이 인근 연못에서 호수로 흘러들어왔다. 디코폴이 호수를 오염시킨 지 얼마 지나지 않아 호수에 사는 악어의 수가 급감했다. 1988년 게인즈빌의 플로리다 대학 루 길레트 동물학 교수 팀은 디코폴로 인해 악어알의 부화 속도가 4~9% 정도 떨어졌고, 간신히 부화한 새끼 악어도 생식기 기형을 보였다고 했다. 수컷 악어의 성기 길이가 정상 수컷의 4분의 3이 안 되며 수컷의 고

새끼 바다거북.

면 남아에게서는 성기 기형이 발생했다는 것이 밝혀지면서 사용이 중단됐다.

자연계에 존재하는 내분비 교란물질을 '식물 에스트로겐'이라고 하는데 콩·사과·버찌·딸기·밀·강낭콩 등에 함유되어 있다. 그러나 이 물질들이 호르몬으로서 역기능하는 경우는 매우 드물다.

환경성 내분비 교란물질은 환경 호르몬, 내분비 장애물질, 내분비 저해물질, 호르몬 교란물질이라고도 불린다. 다이옥신·PCB·DDT·기타 농약 등 합성 화학물질들이 그렇다. 이 물질들은 화학적 구조가 생명체의 호르몬과 비슷해 생명체에 흡수될 경우 정상적인 호르몬의 기능을 혼란시켜 성기 기형, 생식기능 저하, 행동 변화, 암 등을 유발할 수 있다.

1992년 《영국 의학 저널》에 실린 한 논문에 의하면, 1940년에는 밀리리터당 1억 1300만 마리였던 남성의 정자수가 1990년에는 6600만 마리로 45%나 줄었다고 전한다. 1995년 《뉴잉글랜드 의학 저널》에도 같은 연구 논문이 실렸다. 파리 정자은행에 보관된 30세 프랑스 남성의 정액을 분석한 결과 1973년 밀리리터당 8900만 마리이던 정자수가 1992년에는 6000만 마리로 감소하였고 운동성도 약해졌다고 한다.

1993년 미국 마운트사이나이 병원의 월프 박사는 50년 전 미국 여성이 유방암에 걸릴 확률은 20명당 1명꼴이었지만 지금은 8명에 1명꼴이라고 보고했다. 특히 DDT나 PCB에 노출된 여성은 유방암에 걸릴 확률이 높다고 한다.

1996년 우리나라에서도 환경 호르몬에 의한 직업병의 예로 솔벤트 중독 사건이 있었다. 양산 LG전자 부품공장에서 솔벤트 5200을 사용하다 이에 노출된 노동자들이 신체적 이상을 일으킨 사건이다. 이에 대한 역학조사에서 33명(여성 25명, 남성 8명)의 노동자 중 17명의 여성 노동자가 난소기능 저하증을 보였고, 그 가운데 다수는 영구불임 상태에 빠졌다. 6명의 남성 근로자도 정자 생성기능 저하증을 나타냈다.

이처럼 현대 인류의 질병 추세 중 정자수 감소, 전립선암·고환암·유방암 증가, 불임과 기형아 증가, 주의력 결핍과 학습장애 어린이의 증가 등은 환경 호르몬의 영향으로 의심받고 있다. 미국 캘리포니아 주 공공보건부의 생식역학부장 새나 스완 박사팀은 "흡연 여부와 온도, 나이와 인종의 차이를 제외하면 남는 것은 환경적인 요인뿐"이라고 했다.

아직까지는 가설 단계이지만 환경 호르몬에 의해 생물체가 멸종할 가능성이 있다는 이론이 제기되고 있다. 특히 인간은 스스로 만들어낸 환경 호르몬으로 멸종할 것이라고 한다. 이 가설은 갈수록 근거를 더해 학계에서도 점차 공식 이론으로 수용되고 있다. 환경운동가들이나 관련 학자들이 처음 오존층 파괴, 생물종 다양성 감소, 지구온난화 등의 환경 문제를 제시했을 때 학계로부터 냉소적 비판을 받았지만 서서히 공식 이론으로 수용되어온 경우처럼 말이다.

온천에 몸을 담그고 눈보라를 견디고 있는 일본원숭이.(위)
고래 사냥으로 바다는 피로 물들었다.(아래)

환과 암컷의 난소가 비정상이었다.

1996년 브라질 론도니아 주의 카이만악어도 인근 금광에서 나오는 수은과 납 성분의 산업 폐기물로 인해 순식간에 자취를 감춰버렸다. 이 문제로 표본조사 집단이 된 카이만악어 중 절반 이상이 세포 조직에서 엄청난 수치의 납이 검출됐다. 게다가 농경지와 목장을 만들기 위해 강변의 숲을 밀어내는 공사를 단행했는데 이로 인해 흙과 모래가 쓸려나가고 퇴적물이 쌓이게 되면서 카이만악어의 서식지인 습지 생태계도 변질되었다.

한 생물종은 다른 생물종의 생존기반이 되는 '중추종'이거나 공생관계에 있기 때문에 그 생명체의 멸종은 단순히 그 개체의 고통으로 끝나지 않는다.

악어과의 앨리게이터도 '중추종'의 예이다. 미국 플로리다 주 에버글레이즈 습지의 앨리게이터는 건기엔 웅덩이를 파고 우기엔 나지막한 흙무덤을 만들어 둥지를 튼다. 앨리게이터가 공들여 판 '악어 구멍'은 다른 파충류·수중 무척추동물·물고기·양서류·물새·너구리 등이 건기를 버틸 수 있게 돕는 오아시스 역할을 한다. 건기가 지나고 다시 우기가 오면 오아시스에 모였던 생물종들은 제각기 흩어진다. 앨리게이터가 우기에 만든 흙무덤 위에는 습지에서 살아 남기 어려운 은매화와 작은 나무들이 자란다.

열대산 거미원숭이와 털북숭이원숭이는 행동반경이 넓다. 여기저기 돌아다니며 엄청난 양의 야생 과일을 따먹는 원숭이들은 그 과정에서 나무의 씨를 퍼뜨린다. 그런데 만약 사냥으로 원숭이가 몰살하면 나무는 씨를 제대로 퍼뜨릴 수가 없고, 나무가 번식을 못하게 되면 나무에 의존하는 새·포유류·곤충·곰팡이류도 번식이 어려워진다.

중앙아프리카 저지대에 사는 고릴라의 주요 먹이인 모아비나무 씨앗은 보통 씨앗보다 훨씬 크다. "이 지역 고릴라의 소화기관은 길이 12cm의 씨앗이 들어가도 괜찮을 만큼 튼튼하고 크다. 만일 고릴라와 코끼리가 아니었다면 모

아비나무와 같은 나무는 살아 남지 못했을 것이다." 중앙아프리카 고릴라 전문 연구자인 문화인류학자 멜리사 레미스의 지적이다.

인간도 이 관계에서 예외는 아니다. 한 예로 열대와 아열대의 빽빽한 삼림, 사막, 심지어 집안에서도 사는 도마뱀붙이 등 작은 도마뱀들은 숱한 곤충과 무척추동물을 먹어치운다. 도마뱀 덕분에 사람에게 병균을 옮기는 곤충의 수를 조절할 수가 있다. 세계자연보호기금의 악어 전문가 페란 로스는 "파충류가 설치류와 곤충류 등 인간에게 문제가 되는 생물 집단의 수를 조절해준다"고 말한다.

인도의 일부 농경지에서는 한때 코브라와 쥐잡이뱀을 박멸한 적이 있다. 그러자 들쥐의 수가 폭증했고 곧바로 들쥐들은 농작물을 공격했다. "생태계에서 뱀이 제구실을 못하면 인간은 식량을 자급할 수 없을 것"이라며 자연학자 가이 몬트포트는 다른 생명체의 가치를 아직 자각하지 못하고 있는 인간들에게 경고한다.

우리의 미래, 토착민을 보라

카리브 해안의 미스키토족이 죽어간다.

문명세계에서 찾아온 가재잡이 배의 잠수부가 되면서부터

그들은 죽음의 병을 앓게 됐다.

콜롬비아의 우와족도 죽음으로 몰리게 됐다.

그들은 석유회사들에게 땅과 문화를 넘겨주느니

차라리 모두 절벽에서 뛰어내려 위엄 있게 죽겠다고 한다.

지구의 55억 인구 중 6억이 토착민이다.

그러나 문명세계의 탐욕 때문에 이들의 문화가

빠른 속도로 사라지고 있다. 마치 멸종하는 생물종처럼.

토벌당하는 토착민들, 그들은 문명세계에 경고한다.

"당신들은 오늘말고는 어떤 시간도 인식하지 못하며

따라서 내일을 생각지 않고 파괴를 일삼는다."

누가 달걀을 세울 수 있는가? 모두들 고개를 갸우뚱하고 있을 때, 크리스토퍼 콜럼버스가 성큼 나섰다. 그는 망설이지 않고 달걀의 한쪽 끝을 깨뜨려 세웠다. 사람들은 '콜럼버스의 달걀'을 두고 발상의 전환, 혹은 진취적 기상이라고 극찬한다. 그런데 한 번 더 생각해보자. 보통 사람들에게 달걀을 세워보라 하면 왜 오래도록 고개만 갸우뚱하게 될까? 본능적으로 달걀을 깨뜨려서는 안 된다고 전제하기 때문은 아닐까?

신대륙에 도착한 콜럼버스는 맨 처음 카리브 해 히스파니올라 섬의 타이노족을 몰살했다. 그 후 마야족 등 1600만 명의 신대륙 토착민이 살육됐다.

신대륙 발견 500주년에 행해진 가상 재판에서 콜럼버스는 유괴와 살인을 저지른 잔인한 침략자로 단죄됐다. 또 '신대륙 발견'이라는 기록도 여지없이 폐기됐는데, 신대륙이 아니었음은 물론이고 '발견' 아닌 '도착'이라는 이유 때문이었다. 어쩌면 달걀을 깨뜨린다는 발상은 콜럼버스였기에 가능했는지도 모른다. 이른바 신대륙의 무수한 생명과 문화를 파괴할 수 있었던 그였기에.

500년이 지났지만 콜럼버스의 후예 '문명인'들에게 토착민이란 여전히 '야만인'이고 진보의 장애물일 뿐이다. 문명인들은 토착민의 문화와 자주성을 인정하려 하지 않고 그저 제거의 대상으로 보거나 아니면 문명사회로 흡수하려고만 한다.

사냥을 하며 살았던 페낭족은 원목 산업에 열을 올린 말레이시아 정부로 인해 열대우림을 잃었다.

오늘도 토착민들은 콜럼버스의 후예들로부터 '토벌' 당하고 있다. 에콰도르의 와오라니족은 최근까지도 세상 밖에서 그들의 문화를 일구며 살고 있었다. 그러나 석유 개발에 의해 그들의 존재가 드러났고 토지는 모두 파헤쳐졌다. 인도 서부의 원주민들은 나르바다 강에 계획중인 거대한 댐 건설로 쫓겨날 운명에 있다. 댐이 완성되면 주로 빌스족과 타다비스족으로 이루어진 6만 명 이상의 생활 터전이 수몰된다.

인도네시아 시베루트 섬에서는 기름야자 농장을 위해 숲이 벌채되고 있기 때문에 이곳에 터전을 둔 10만 명의 멘타와이족 역시 대규모 이주를 준비해야 한다. 입으로 부는

화살과 독화살촉으로 사냥을 하며 살아온 말레이시아의 페낭족은 정부가 사라와크에서 벌인 삼림 벌채에 대항하여 자신들의 전통적인 문화와 거주지를 지키려고 필사적으로 싸웠지만, 그들 대부분은 체포되거나 투옥됐다.

페낭족의 장로 웅가 파란은 이렇게 말한다. "삼림은 수천 년 동안 우리들의 삶 자체였다. 정부는 우리에게 진보를 가져다 줄 것이라고 말하지만 그것은 거짓말이다. 나무가 잘려나갔으니 우리는 굶주림에 허덕일 것이다."

실제로 토착민들은 자연과 함께, 자연을 경외하며 살아왔다. 문명인들이 '불모의 땅'이라 업신여긴 사막에서도 그들은 풍요로웠다. 칼라하리와 사하라 사막에서 토착민들은 모래땅에 농사를 지었고, 사막에 숨어 사는 동물들에게서 단백질을 얻어냈다. 바다나 강에서도 마찬가지였다. 북극해에서 고기를 잡는 이누이트족은 필요한 양만큼만 잡는다. 파나마의 쿠나족도 공동어

필리핀 팔라완 섬 심나판 동굴에 사는 타우바투족. 맨발 생활로 아이들의 발바닥이 두툼해졌다.(사진 석동일)

망을 사용해 넘치도록 담수어를 잡는 것은 1년에 불과 몇 번이다. 물고기들을 한꺼번에 모두 잡아버리면 곧 기아에 허덕이게 될 것임을 너무나도 잘 알기 때문이다.

그들은 또 다른 생명체들의 존재와 특징을 잘 알고 있다. 그들에 의해 이미 3000종이 넘는 식물이 진통제·피임약 등에 이용되고 있으며, 1400종 이상의 식물이 항암 효과를 보였다. 토착민들이 사라지면 동시에 생물들이 가진 기능과 가치가 전수되지 못한 채 함께 사라지고 말 것이다.

　지구온난화, 핵의 위협, 자동차 매연, 각종 개발에 따른 지구의 황폐화,
인구 과밀, 제3세계의 빈곤 등 현대 문명인들은 심각한 지구환경 문제에 처해
있고, 이제서야 문명인들은 토착민이야말로 지속 가능이란 무엇인가를 보여주
는 스승임을 알아차리게 되었다. 일부 국가들은 국립공원과 출입금지구역을
만드는 것보다 토착민에게 토지를 지키게 하는 것이 더 환경에 유익함을 인정
하고 있다.

　"나는 북아메리카 · 동남아시아 · 아프리카 · 오스트레일리아 등지에 사
는 다양한 토착 원주민들에게서 몇 번이나 똑같은 말을 들었다. 그들은 '우리
는 대지에 속한다. 그러나 대지가 우리에게 속하는 것은 아니다'고 했다." 토착
민 보호운동을 벌이고 있는 '국제생존협회' 창립회원인 로빈 한베리 테니슨의
말이다.

　기나긴 세월 동안 토착민들이 자연 속에서 살아온 태도가 바로 지구에 살
아야 할 우리에게 주는 메시지다. 로빈 한베리 테니슨의 표현처럼 그들은 이
땅에 남겨진 '자연의 가장 좋은 친구들'이기 때문이다.

세계의 토착민은 외부
세력에 점령당하기 훨씬 이전부터 그 지역에
터를 잡고 살아온 원주민의 후손이다. 그들의
사회는 자연자원의 공동관리, 공동체의 두터운
결속, 주로 연장자들의 의견 일치에 의한 집단
의사결정을 특징으로 하는 부족체제로 이루어
졌다. 토착민의 언어, 문화, 종교는 그들이 속
해 있는 국가와 다르다.

세계에는 6000여 종의 언어가 있는데 이 가
운데 50만 명 이상이 사용함으로써 비교적 생
존의 안전을 보장받은 언어는 5%에 불과하다.
4000~5000종이 토착민의 언어이다. 그리고
지구의 55억 인구 중에 1억 9000만~6억 2500
만 명이 토착민이다. 이처럼 수치의 편차가 큰
이유는 토착민에 대한 정의 때문이다. 높은 수
치는 티베트인·쿠르드인·줄루인 등 정치적
독립성이 부족한 민족국가들까지 포함한 것이
며, 낮은 수치는 민족국가 단위 이하의 작은 사
회만을 반영한 것이다.

한 예로 400만 명의 인구가 사는 파푸아뉴기
니에는 무려 1000종 이상의 언어와 방언이 있
다. 파푸아뉴기니는 국가 전체 인구의 77%인
300만 명이 원주민이기 때문이다. 멜파족을 비
롯한 많은 토착 원주민들은 아직까지 고립된
상태에서 생활하고 있다.

그런데 다양한 토착민 문화들이 빠른 속도
로 사라지고 있다. 1800년 이래 북아메리카 언
어의 3분의 1과 오스트레일리아 언어의 3분의
2가 사라졌는데 그 대다수는 1900년 이후 사라
진 것이다. 1500년 무렵 1000만 명을 웃돌던 남
아메리카 인디언은 10분의 1인 100만 명 이하
로 줄었고, 브라질만 해도 20세기 전반에 87개
종족이 사라졌다.

알래스카 대학의 언어학자 미셸 크라우스는
지적유산의 보고라 할 수 있는 세계 언어의 절
반이, 이런 과정을 거쳐 1세기 안에 사라질 것
이라고 추정한다. 크라우스는 토착민들의 문화
를, 번식에 필요한 충분한 개체수가 안 돼 멸종
할 운명에 놓인 동물들에 비유한다.

동아시아
1200만~8400만 명, 150종
의 언어/부랑족 등 8200만
명에 이르는 중국 토착민은 자
급 농민이거나 몽골족 같은 유
목민이다. 일본의 아이누족과
대만의 원주민은 대부분 산업노동
자로 일하고 있다.

아프리카·중동
2500만~3억 5000만 명, 2000종의 언어/
베두인, 딘카, 마사이족 등 2500만~3000만
명의 유목민이 동아프리카와 사헬 지대 및 아
라비아 반도에서 생활한다. 나미비아 및 보츠
와나의 새족(부시먼)과 중앙아프리카 우림의
피그미족은 수렵생활을 한다. 이들은 현재 거
주지역에서 적어도 2만 년 동안 살아왔다.

남아시아
7400만~9100만 명, 700종의 언
어/곤드, 빌 등의 종족들은 인도 중
앙 삼림지대에, 오랑아슬리족은 말
레이 반도에, 방글라데시 토착민들
은 미얀마 국경 치타공 구릉지에
여 살고 있다. 아프가니스탄·파키
스탄·네팔·이란 및 구소련 중앙아
시아 토착민들은 농업이나 유목생활
을 한다.

북극
200만 명, 50종의
언어/그린란드 및 시
베리아에 사는 이누이트
족 등은 물고기와 고래를
잡거나 순록을 사냥한다.

동남아시아
3200만~5500만 명,
1950종의 언어/몽족
과 카렌족은 고지대
삼림 곳곳에서 농사를
지으며 생활한다.
1992년 초 미얀마 정
부군의 탄압으로 수천 명이 희생당한 아라칸족은 황폐화된
삼림에서 생활한다. 필리핀·인도네시아 군도 종단부에 루
마드족 등의 토착민이 집중돼 있고, 정치적인 이유로 인도네
시아와 파푸아뉴기니로 나뉜 뉴기니 섬에도 멜파족 등 많은
토착민이 있다.

아메리카
4200만 명, 900종의 언어/멕시코
의 아즈텍, 중앙아메리카의 마야,
안데스 산맥의 잉카 등에 집중되어
있다. 남아메리카 인디언은 대부분
소규모 농사로 생활하고, 북아메리
카 인디언 200만 명은 도시와 보호
구역에서 생활한다.

오세아니아
300만 명, 500종의
언어/오스트레일리
아의 원주민과 뉴질
랜드의 마오리족은 농
사, 사냥, 어획 등으로 생활해
왔으나 지금은 주로 가축을 키우며 생활한다.

미스키토족, 그들이 죽어간다

1인당 국민소득이 580달러에 불과한 세계 최빈국의 하나 온두라스. 카리브 연안의 저지대인 리오플라타노는 온두라스는 물론 중남미에서 가장 오래된 열대우림 지역이다. 리오플라타노 북쪽 라미스키티아, '이반 호수'와 바다 사이의 좁다란 이 해안가에 미스키토족 1만 5000여 명이 살고 있다. 1505년 콜럼버스가 이곳에 상륙한 뒤, 치열한 식민지 쟁탈전 속에서 문화를 빼앗겼던 '마야'의 후예이다.

미스키토족에게 이반 호수는 일상의 모든 생활이 이루어지는 공간이다. 미스키토족은 호수의 물을 끌어들여 운하를 만들었다. 길이 없는 이곳에선 무수한 갈래로 뻗어 있는 운하가 마을과 마을, 숲과 마을을 연결하는 유일한 이동 경로이다. 미스키토족은 이 운하를 통해 고기를 잡으러 나가고, 숲에서 딴 바나나를 카누에 실어오기도 한다. 마호가니를 통째로 깎아 만든 카누를 타고 노는 아이들은 호수에서 고기 잡는 법과 살아가는 법을 깨우친다. 그렇게 아이들은 미스키토족으로 성장해가는 것이다.

이반 호수 부근에 위치한 '카사비아' 마을. 문명의 오지였던 이 마을에 1967년 커다란 가재잡이 배가 나타나 남자들을 잠수부로 데려갔다. 잠수부들은 배로 이틀이나 걸리는 거리에 있는 로아탄 섬 부근에서 가재잡이를 하고 보름 만에 돌아온다. 아이와 아낙네들은 한 달에 두 번 모두 카리브 해안으로 나간다. 덤비듯 으르렁대는 파도 속에서 돌아오는 가장을 마중하기 위해.

마침내 배가 들어오고, 잠수부들의 시선은 벌써 가족에게 가 있다. 잠수부들이 행여 물에 젖을까 봐 비닐에 소중하게 싸들고 들어오는 것은 기름이나 생필품들이다. 관광지로 유명한 로아탄 섬에서 구해온 것들이다. 잡은 가재들중 약간은 가족을 위해 가져오기도 한다. 잠수부들이 보름 동안 가재잡이를 해서 버는 돈은 우리 돈으로 4만 원에서 9만 원 정도이다. 그들은 5일 정도 휴식을 가진 후 다시 바다로 나가야 한다. 가재잡이 배와 잠수부, 그들을 기다리는 가족들이 이곳의 풍경이 된 지 벌써 30년이다.

그런데 한창 일할 나이의 젊은 남자들 몸에 이상이 생겼다. "18세부터 캡

틴 마르티네스 호에서 10년간 잠수일을 했
는데 잠수병만 얻었다. 무릎이 상해 너무
아프다. 지금 9년째 앓고 있지만 도와주는
곳이 없다. 3000렘피라(18만 원)만 보상받
았을 뿐이다. 모두에게 버림받은 기분이다.
내 꼴을 보라, 다시 일할 수 없게 됐다." 후
들거리는 다리를 지팡이에 의지한 채 에르
가르도 바이사노는 낡은 집 한 귀퉁이를 돌
아본다. 올망졸망한 아이들이 아버지를 보
고 있다. 아이들의 눈동자는 아버지의 다리
만큼이나 불안하다.

현재 가재잡이에 종사하는 미스키토
족은 총 5000여 명, 그 중 잠수병 환자는 절
반인 2500명이나 된다. 폐에 무리가 생겨
급기야 죽음에 이르는 잠수병, 그러나 이들
에게는 병원도 돈도 없다. 중환자 200여 명
은 자리에 누운 채 죽음만 기다리고 있다.

가재잡이 배와 잠수하는 미스키토
족.

가난한 온두라스 정부는 잠수병이 소수부족인 미스키토족을 완전히 파괴할지
도 모른다는 것을 알면서도 아무런 대책을 세우지 못하고 있다.

남자들이 잠수병에 시달리면서 마을 여자들은 더 바빠졌다. 돈이 될 수
있는 일이라면 무엇이든 해야 어린 자식들의 입에 풀칠이라도 할 수 있기 때문
이다. "혼자 땔감을 구하러 가기도 하고 숲에서 바나나를 얻어 팔아오기도 한
다. 일을 못하는 남편을 보면 가엾기만 하고……." 잠수병에 걸린 남편을 보
는 아내 에스테르 고메즈의 시선이 막막하다.

카리브 해는 파도가 험하다. 파도에 맞설 만한 배가 없어서 미스키토족은
전통적으로 강이나 호수에 의지해 살아왔다. 호수의 민물고기가 미스키토족의
주식이었다. 예전에는 고기를 잡기 위해 몰려든 카누로 붐볐던 이반 호수, 그
러나 이제 이 넓은 호수에는 소일거리 삼아 나온 할아버지와 어린 손자가 그물

을 걷어올리고 있을 뿐이다.

"줄과 미끼로 낚시할 때는 고기가 많았다. 10년 전만 해도 이반 호수에는 어종이 풍부해 매너티라고 불리는 해우(海牛) 떼까지도 몰려들곤 했는데, 지금은 정부가 법으로 보호를 해도 찾아보기 어렵다. 외지에서 사람들이 몰려들어 그물로 남획하면서 호수 생태계가 파괴되어버렸다." 페드로 데살라 할아버지는 여러 차례 그물을 쳤지만 잡히는 고기는 고작 두어 마리뿐이다.

삶의 터전이었던 이반 호수를 떠나 가재잡이 배를 타고 바다로 나갔지만 이제 잠수일을 하고 싶어하는 미스키토족은 아무도 없다. '바르코 데 라무에르테(죽음의 배)', 미스키토족은 가재잡이 배를 그렇게 부른다.

물고기를 잃은 이반 호수.(위)
미스키토족의 한창 나이 남자들이 잠수병에 걸려 절망 속에 살고 있다.(아래)

라미스키티아의 한 초등학교, 이곳은 잠수학교로도 사용되고 있다. 잠수병이 심각해지자 외국 후원자에 의해 설립됐다. 교육을 받으러 나온 이들에게 강사 로베르토 에르난데스는 진심으로 당부한다.

"우리도 기본 이론을 알아야 한다. 몰라서 실수하고 병에 걸리기 때문이다. 누구나 물에 들어가면 압력을 느낀다. 보통 공간에서는 7kg의 압력이 물속으로 10m만 들어가도 2배가 되고, 압력이 커질수록 폐에 대한 압박도 커진다. 사람이 잠수할 수 있는 최대 깊이는 28m이다. 우리 몸을 책임질 사람은 바로 자신밖에 없으니까 선주가 요구해도 28m 이상은 잠수할 수 없다고 해야 한다. 여기엔 다른 일자리도 없고 그 일로 우리 부족이 지탱하고 있기에 더욱더 우리 스스로 요구해야 한다. 우리가 살아야 미스키토족이 살아 남는다."

미스키토족의 잠수부들은 지금까지 선주가 요구하면 46m까지 잠수를 해왔다. 잠수병으로 죽어가는 동료들을 보면서도 가재잡이가 유일한 생계수단이기 때문에 감수할 수밖에 없었다. 안전한 잠수법을 교육받지 않는다면 사랑하는 자식들마저 잠수병의 희생자가 될 것이라는 자각에, 그들은 늦었지만 지금이라도 배우길 원한다. 자식에게만은 죽음의 병을 물려줄 수 없다는 게 모든 미스키토족의 간절한 소망이다.

토착민을 그들 땅에서 살게 하라

캐나다에 본부를 둔 '세계토착민협의회'는 "우리를 우리의 땅에서 내모는 것은 총으로 사살하는 것에 버금가는 잔인한 행위이다"고 했다. 토착민들은 정신적인 가치에서, 또는 생활에서 그들의 땅과 굳게 결속되어 있기 때문이다.

브라질의 카야포족 인디언.

토착민은 땅의 생태를 완전히 이해하고 있다. 한 예로 브라질 아마존의 카야포족 여인들은 옥수수 축제를 위해 얼굴에 화장할 때 불개미를 갈아 사용해왔다. 여인들은 "불개미는 카사바의 친구이기 때문이다"라고 설명한다.

불개미는 자기가 원하는 즙을 배출하는 카사바에 가까이 가기 위해 카사바 주위의 콩 넝쿨을 씹고 다니는데, 만일 불개미가 콩 넝쿨을 씹지 않는다면 콩 넝쿨이 카사바를 질식시켜버릴 것이다. 뿐만 아니라 불개미들로 인해 콩 넝쿨은 이웃해 있는 옥수수 줄기를 타고 넘어가 번식한다. 카사바와 달리 옥수수는 콩 넝쿨에 의해 아무런 해도 입지 않고 오히려 콩 넝쿨이 뻗어가면서 토양에 질소를 남겨줌으로써 혜택을 보게 된다. 결국 불개미가 카야포족의 주요 곡물인 카사바와 콩, 그리고 옥수수의 수확량을 증대시켜준다는 사실을 여인들은 알고 있는 것이다.

토착민들은 또 그들 땅에 서식하는 모든 생명체를 보호할 줄 안다. 브라질의 리우네그루 지역은 홍수 때마다 강물이 넘쳐 저지대 평원이 침수되는데, 이때가 물고기들이 삼림지대를 접할 수 있는 매우 중요한 기회이다. 이곳의 투카노 인디언들은 이러한 범람 평원에서 농사를 금지하고 있다. 물에 잠기는 평원을 물고기의 재산으로 인정하기 때문이다. 또한 그곳에서 고기잡이를 철저히 금한다. 물고기 은신처에서 한 마리의 물고기를 잡을 때마다 물고기 조상들이 투카노족 어린이 한 명을 죽인다고 믿기에 그런 금기는 더욱 잘 지켜지고 있다.

"16세기의 금과 향료, 17∼18세기의 모피와 사탕수수, 19∼20세기 초의 커피와 코프라, 그리고 현대의 석유와 목재에 이르기까지 지구 경제의 역사는 토

한 토착민의 자살 계획

우와족은 세상이 시작된 이래로 콜롬비아 동북부 안데스 산맥의 작은 산들과 구름에 덮인 숲에서 살아왔다. 숲에는 우와족이 이용하지 않는 것이 없다. 우와족은 나무껍질·나무열매·구근·콩·과일·나뭇잎 등을 먹는다. 나무열매로는 수프를 만들고 버섯으로는 불을 붙인다. 덩굴로는 가구를 만들거나 주머니를 짠다. 긴 세월 동안, 그들이 외부인들에 맞서거나 자기들끼리 싸움을 벌인 적은 한 번도 없다.

그런데 1997년 유전을 찾아다니는 거대한 석유회사들 때문에 이 은거의 자치사회가 죽음의 절벽으로 몰리게 됐다. 우와족 공동체에서 동쪽으로 160km 떨어진 아라우카 주에 카뇨리몬 유전이 있다. 12억 배럴 이상의 석유가 매장되어 있는 세계 최대 유전 중의 하나이며, 해마다 콜롬비아에 수억 달러의 소득을 가져다준다. 카뇨리몬 유전은 미국의 '옥시덴탈' 석유회사가 채유권을 가지고 있고 영국계 석유회사인 '쉘'과 동등한 동업자이다. 콜롬비아의 국영 석유회사 '에코페트롤'이 그들보다 작은 지분을 가지고 있다.

현재의 석유 생산 속도라면 쉘과 옥시덴탈은 이제 카뇨리몬에서 10년밖에 채유할 수가 없다. 환상적인 소득을 가능하게 했던 사업의 끝이 보이기 시작하자 그들은 새로운 유전을 찾아다녔다. 마침내 그들은 콜롬비아 정부로부터 사모레라고 불리는 넓은 지역에서 시추하고 채유할 권리를 얻었다. 그런데 사모레는 우와족 땅의 많은 부분을 포함하고 있었다. 만일 쉘과 옥시덴탈이 자기들의 땅으로 들어오면 '죽음의 절벽'이라 부르는 높은 절벽에서 집단으로 몸을 던져 자살할 것이라고 우와족 지도자들은 말한다.

우와족의 구술역사는 한 우와족 공동체가 16세기에 스페인 침략자들을 피해 후퇴하면서 '죽음의 절벽'에 이르렀던 과거를 전하고 있다. 그때 우와족들은 아이들을 진흙 항아리에 넣어 절벽 아래로 던지고 뒤따라 절벽에서 뒤로 뛰어내렸다고 한다. 지금 우와족이 말 그대로 집단자살을 결행한다면 그들은 '죽음의 절벽'으로 갈 것이다.

우와족 의회 의장인 베리차 쿠바루와는 한숨을 쉬며 말한다. "우리는 석유를 파내라고 허락할 수 없다. 우리는 목재나 소도 팔지 않는다. 그런데 왜 어머니인 대지의 피를

캐나다 사진작가 프리맨 패터슨의 〈안데스 산맥의 새벽〉. 이곳에서 우와족이 살아왔다.

착민의 땅과 노동력과 자원의 약탈, 그리고 문화의 정복을 의미한다." 세계은행의 인류학자 셀턴 데이비스의 말이다.

사실 1492년 콜럼버스가 아메리카 대륙에 처음 도착하면서 토착민은 종속의 역사를 살게 됐다. 남아메리카 북동부에 있는 가이아나의 마쿠시족은 복부수술에 사용하거나 입으로 불어서 쏘는 화살촉에 바르는

비문명권인 함바의 거주지. 이들은 반투족 계통으로 7000여 명이 전통적인 생활방식을 고수하며 모여 살고 있다.

독의 성분과 이를 식물에서 추출하는 방법을 1812년 영국의 박물학자인 찰스 워터튼에게 알려주었다. 과학자들은 당장 이 비방을 근육 이완물질인 큐라레를 개발하는 데 이용했다. 그러나 그로 인해 삶의 터전을 빼앗기고 자신들의 문화로부터 격리될 수밖에 없었던 마쿠시족은 이제 화살촉을 만드는 방법조차

팔려고 하겠는가? 우리에게 땅은 신성하다. 그것은 침범과 착취와 협상을 위한 대상이 아니다. 보살피고 보존해야 하는 것이다. 옥시덴탈이 우리 땅에서 석유를 뽑아낼 때 우리 문화가 파괴되지 않을 수 있겠는가?"

우와족이 유전이 생기면 자신들의 문화가 파괴될 것이라고 확신하는 데는 이유가 있다. 15년 전만 해도 카뇽리몬은 인구가 적은 변경의 땅이었다. 그런데 유전은 수만 명의 유민들을 끌어들였고, 콜롬비아 육군 2개 여단이 쉘과 옥시덴탈의 돈을 받고 주둔했다. 유전은 또한 콜롬비아의 게릴라 집단을 끌어들였고, 비공식적으로 군대나 경찰의 경호를 받는 친정부적 암살단체들도 들어왔다. 콜롬비아 정부 보고서는 1996년 한 해 동안 38건의 암살, 18건의 학살, 31건의 고문, 44건의 납치, 151건의 불법 연금, 150건의 추방, 그리고 실종 1건을 기록하고 있다. 그러나 실제로는 이보다 훨씬 많은 가혹행위가 있었다. 이제 아라우카에서는 6000명 정도가 살인·납치·강탈로 생계를 잇고 있다고 한다.

환경 파괴도 역시 심각하다. 쉘과 옥시덴탈이 돈을 대고 에코페트롤이 관리하는 송유관은 1986년 완공된 이래로 석유 이권과 무기 밀매에 관계하는 게릴라들에 의해 473번 폭파되고 구멍이 뚫렸다. 카뇽리몬에서 출발하여 콜롬비아의 석유 반 이상을 카리브 해안으로 운반하는 600km의 송유관은 1997년 전반기에만 47회의 공격을 받았다. 한 번 파괴될 때마다 150만 배럴의 석유가 유출되어 회복 불가능한 오염을 가져왔다.

한편 카뇽리몬 유전이 들어설 때 그 지역에 살고 있던 유일한 토착민 과히보족은 이제 거지로 전락했다. 과히보족은 우와족을 위해 보고서를 준비했다. "석유 이전에는 생활이 평온했다"라고 시작되는 보고서는 "오늘날 사람들은 함께 사는 삶의 기본 원칙을 잊고 있다. 땅의 오염과 함께 문화와 정신이 훼손되었다"고 전한다. 이런 상황이 옥시덴탈과 쉘을 난처하게 만들고 있다. 그들이 지금까지 만났던 상대는 모두 값이 매겨져 있었다. 모든 것이 협상될 수 있었고 모든 상황은 중재가 가능했다. 그러나 우와족은 석유회사의 존재 자체를 묻고 있는 것이다.

우와족은 자신들의 정체성을 잃고 삶의 목적─그것은 세상을 살아 있게 유지하는 것이다─을 잃기보다는 위엄을 지닌 채 죽기를 원한다. 그들의 태도는 단호하다.

"우리는 아이들에게 모든 것이 신성하며 서로 연결되어 있다고 가르친다. 어떻게 하면 석유회사 사람들에게 석유를 뽑아내는 일이 우리에게는 어머니를 죽이는 것보다 나쁜 일이라는 것을 말할 수 있을까? 지구를 죽이면 아무도 살지 못할 것이다."

필리핀 바나우에의 원주민 이푸가
오족. 이들은 해발 1200m 고지에
논을 만들어왔다.(사진 석동일)

잊어버린 채 비참하게 살아가고 있다.

　　남아메리카가 수출하는 대부분의 마호가니는 인디언 보호지역에서 불법
적으로 벌목되며, 일본의 건설업자들은 페낭족과 일부 다야크족의 터전인 보
르네오 섬의 오래된 경질목을 마구 베어내어 콘크리트 형판으로 사용하고 있
다. 탄자니아의 유목민인 바라바이그족은 기계화된 밀 농장에 밀려 40ha 이상
의 방목지를 잃었다. 보츠와나의 목장주들은 방목지에 울타리를 둘러 땅을 사
유화했고, 오스트레일리아의 목축업자들도 토착민에게서 땅을 빼앗았다. 말레
이 반도의 야자와 고무 플랜테이션으로 그곳 토착민인 오랑아슬리족은 오래된
열대림 중 극히 작은 부분만을 유지하게 됐다.

　　1980년대 후반 수만 명의 금 채광업자들이 브라질 북부의 오지로 몰려들
었다. 그곳에는 아메리카 대륙에서 가장 큰 토착민 집단인 야노마미족이 살고

있었다. 채광업자들이 금을 정제하는 데 사용한 약 1000톤의 수은이 야노마미족의 땅을 모조리 오염시켰다. 계곡은 하수구로 변했고, 말라리아가 유행하여 수천 명의 어린아이와 노인이 죽어나갔다. 그런데도 브라질 전역에 있는 인디언 피난처의 34%가 채광 허가지역에 속한다.

한편 순록을 사육하며 살아가는 시베리아 서부의 오스타크족과 보굴족의 생활 터전인 습지대는 러시아에서 가장 풍부한 유전지역이다. 그런데 1배럴의 석유를 생산할 때마다 거의 1배럴의 석유가 유정탑 밖으로 새어나와 수백 헥타르에 달하는 습지를 적셨다. 그로 인해 순록과 야생생물·어류가 죽어갔고, 수렵과 목축이 불가능한 불모의 땅으로 변했다.

그런가 하면 캐나다의 크리족은 캐나다 북부의 지역 전력회사 '하이드로 퀘벡'과 싸우고 있다. 이미 1985년 '제임스 베이 1'로 불린 하이드로 퀘벡의 대규모 댐 건설로 인해 크리족의 사냥터가 침수됐고, 토양 속에 들어 있던 중금속이 녹아내려 어장이 오염된 경험을 한 바 있다. 지금 크리족은 이웃 이누이트족과 '제임스 베이 2' 댐 건설에 반대하고 있다. 600억 달러의 예산이 투입될 이 사업은 2700만 kW의 수출용 전기를 생산하기 위해 11개의 강을 이용해 프랑스 면적만한 지역을 침수시킬 것이라 한다. 크리족의 대추장인 마추 쿤콤은 "우리의 영토에 댐을 지을 권리를 가진 유일한 자는 '비버'뿐이다"라고 말했다.

토착민 사회가 외부세계의 압력을 극복하려면 우호적인 단체나 개인에게

방글라데시 벵갈족 여인들이 물을 긷고 있다.(왼쪽)
타이 매수아이의 아카족.(오른쪽)

서 정보, 자문 등을 지원받아야 한다. 파푸아뉴기니의 토착민들은 그들 지역의 환경과 생태에 대해서는 잘 알고 있었지만 대규모의 벌목이나 채광이 미치는 영향에 대해서는 거의 몰랐다. 국내외 투자자들은 이러한 토착민들의 무지를 이용해 거짓으로 설득했다. 파푸아뉴기니의 살림족이 후원단체나 토착민 연합체 등을 통해 다른 토착민들의 경험을 전해들었더라면 땅을 양보하지 않았을 것이다.

히말라야 원주민 키버르족의 여인들.(위)
멕시코 원주민의 전통 의상.(아래)

자연자원에 대한 토착민의 권리가 그래도 가장 잘 인정되는 곳은 아메리카 대륙이다. 달리 말하면 전통적 자원관리 방식을 현대의 상황에 적용하는 데 이곳 토착민들이 가장 앞서 있다고 할 수 있다. 브라질의 카야포족은 호두기름을 영국의 '보디숍'에 헤어 컨디셔너 제조용으로 팔고 있으며, 멕시코 남부의 믹세족은 텍사스에 자리잡은 '푸에블로 투 피플'을 통해 유기농법으로 재배한 커피를 미국 소비자들에게 팔고 있다.

이러한 대체무역이 토착민들을 부자로 만들어줄 수는 없겠지만 그들의 자급생활을 보완할 수 있을 정도의 현금 소득을 줄 수는 있다. 물론 국내 및 세계 시장의 수요를 위해 야생생물자원을 수확하는 것에는 위험이 따른다. 즉 자원의 과도한 이용을 부추기거나 토착민 집단 내의 분열을 야기할 수 있다. 그러나 돈이 곧 힘인 세계에서 약간의 수입원마저 없는 집단은 오랫동안 생존할 수 없다는 것 또한 사실이다.

앞에서 우리가 만났던 미스키토족 얘기를 마저 해보자. 1985년 니카라과 소모사 정권과 산디니스타 민족해방전선의 전쟁을 겪고 다시 콘트라 반군을 맞아 1987년 이웃 온두라스로 탈출했던 미스키토족을 돕기 위해 '모파위'가 결성됐다. 모파위는 조상 대대로 리오플라타노 지역에서 살아온 미스키토족이 그들의 숲에서 자립할 수 있는 방법을 찾았다. 나비 농장을 실현한 것이다. 나비 농장의 실질적인 소유주는 지역주민이고 모파위는 지역주민과 연대해 기술과 정보를 전달하는 역할을 맡았다. 야생 상태의 나비를 잡아다 이곳 농장에

풀어놓으면 나비들은 품종에 따라 각기 좋아하는 나뭇잎 뒤쪽에 알을 낳는다. 이곳에서 채취된 애벌레들은 사육실로 옮겨져서 번데기가 되고 번데기 상태에서 미국의 동물원으로 수출된다. 리오플라타노는 연평균 26℃ 이상이어서 나비가 1년 내내 번식하기 때문에 농장도 연중 쉬지 않고 운영된다. 아직은 초기 단계라 매주 출하시 250달러 정도를 벌고 있지만 전망은 매우 밝은 편이다. 이곳에서 번식한 나비는 50%만 판매하고 나머지는 멸종을 막고 종의 다양성을 유지하기 위해 숲으로 돌려보낸다. 또 '모파위'는 나비 도감을 만들어 미스키토족 아이들에게 다양한 나비 종을 번식시킬 수 있도록 가르친다.

　미스키토족의 생활 수준을 향상시키면서 동시에 자연과 더불어 산다는 '모파위'의 기본 방침을 보여주는 또 다른 사업이 에코 투어리즘이다. 카누를 타고 플라타노 강 상류까지 거슬러올라가 열대우림의 풍부한 생태계를 구경하는 것이다. 그런데 이들은 여기서 그치지 않고 이미 파괴된 생태계 복원의 하나로 이구아나 보호계획을 세웠다. 산란기의 이구아나를 잡아다 번식시키고 다시 야생으로 돌려보내는 일이다.

　"예전에는 쉽게 볼 수 있었던 이구아나가 지금은 브루스 산 뒤편의 보호구역 안에서나 만날 수 있는 희귀 동물이 되었다. 보호구역 안에서는 법적으로

미스키토족의 나비 농장.

밀렵이 금지되어 있지만 소용없다. 한편에서는 밀렵을 하고 한편에서는 보호를 하고, 이것이 리오플라타노의 현실이다. 물론 보호되는 쪽보다 사라지는 쪽이 훨씬 더 많다."

최근 선진국에서 이구아나가 애완용으로 인기를 끌면서 수요가 크게 늘어나 멸종 위기에 처해 있다. 이구아나를 보호하는 미스키토족의 지역 감시모임인 '라야카'는 밀렵된 이구아나들이 도시에 형성된 대규모의 밀매시장으로 팔려간다고 했다. 한 마리에 2달러 정도에 팔리며 멸종되어가는 이구아나의 현실은 살기 위해 가재잡이에 내몰린 미스키토족의 현실과도 같다.

미스키토족은 자신들 앞에 놓인 운명을 알지 못한다. 그저 막연히 리오플라타노의 자연과 어우러져 살았던 옛날을 그리워할 뿐이다. 무엇이든 수확을 하고 나면 자연에 감사하며 춤을 추었던 때를 말이다. 지금도 그들은 가끔 그

토착민의 권리 찾기 운동

1992년 7월 필리핀 국영 석유회사가 민다나오 섬 남동부의 아포산 깊은 지하에 매장되어 있는 지열에너지 사업을 제안했을 때 아포산의 토착민 루마드족은 이 계획에 반대했다. 지열에너지는 재생 가능하고 비교적 깨끗하지만 이 에너지를 개발하려면 아포산 상단부의 1차림을 제거해야 하고, 원숭이를 잡아먹고 사는 필리핀독수리같이 멸종 위기에 처한 종들의 서식지를 파괴하게 된다. 그러나 무엇보다 루마드족의 역사를 포기해야 할지도 몰랐다.

루마드족의 창조자 아포티오가 세상을 만든 후 자신의 종족에게 작별을 고하고 아포산의 휴식처로 돌아가면서 "이곳을 지켜라. 누구도 이곳을 파괴하거나 신성함을 더럽히지 못하게 하라. 고통과 가난에 시달릴지라도 이곳은 내가 사는 곳이므로 너희는 결코 이곳을 떠나지 말라"고 했던 것이다.

루마드족 사람들은 공사현장을 봉쇄하기 위해 한자리에 모였다. 당시 86세의 추장 투라랑 마웨이는 옛날 그의 종족이 멀리서 온 이주자들에게 양보했던 키다파완 시와 그 너머의 농토를 가리키면서 "우리의 그리스도교 형제들은 저 평원에서 삶을 즐기고 있다"고 말했다. 그리고 루마드족의 성스러운 장소이며, 그가 마지막 피 한 방울까지 바쳐 지키겠다고 맹세한 아포산을 향해 돌아서며, "우리는 그들에게 단지 우리의 마지막 남은 성역만이라도 지킬 수 있도록 부탁하는 것뿐이다"고 했다.

개발자들에 의해 고통을 당하고 있는 모든 토착민과 마찬가지로 루마드족도 좋은 장비와 돈, 그리고 권력과 밀접하게 연계된 적과 대치하고 있었다. 그러나 외부세계로부터 많은 지원을 받았다는 점에서 루마드족은 그래도 나은 편이다. 필리핀 마닐라의 '법적 권리와 자연자원센터'가 그들의 후원자였다.

'법적 권리와 자연자원센터'처럼 토착민을 지원하는 단체들이 있다. 브라질 상파울루의 '문서와 정보를 위한 기록센터'는 인디언의 토지 권리를 기록하는 작업을 한다. 런던의 '국제생존협회'와 코펜하겐의 '토착민 문제를 위한 국제연구단' 같은 단체도 토착민의 주장에 대한 비토착민의 이해를 높이기 위해 활동하고 있다. 그들은 정부에 압력을 가하고,

때를 기억하며 춤을 춘다. 그 원시적인 몸짓 위에 이
제는 문명의 옷을 덧입고 있지만 자연과 조화
롭게 살던 옛 삶을 회복하고 싶은 소망만큼은
포기하지 않고 있다.

미스키토족의 재활을 도울 이구아나.

'무탄트'에게 주는 '참사람'의 메시지

오스트레일리아 사람들은 외지고 척박한 땅을 '아웃 백(Out Back)'이라고 부
른다. 문명인에게 아웃 백에 사는 토착민쯤은 덜 제거된 과거의 흔적, 또는 미
개의 상징일 뿐이다. 그러나 좀 깨친 이들은 문명의 이름으로 핍박받아온 토착
민들이 분명 우리의 과거였지만 미래일 수도 있음을 조심스럽게 견준다. 생명
존중, 공동체에 대한 헌신 등 토착민 문화는 지금의 지배문화, 즉 유럽에서 태
어나 미국에서 성장한 소비 중심주의, 개인주의, 대규모 환경 파괴 등에 대해

토착민 보호운동을 벌이고 있는 로
빈 한베리 테니슨과 국제생존협회가
정기적으로 발간하는 보고서.

기업들의 무모한 행동을 폭로하며, 세계은행 같은 우둔한 개발지원기관에 경고한다.

한편 토착민들의 자치운동도 활발해지고 있다. 볼리비아와 페루 그리고 칠레에 살고 있는 200만
명의 아이마라 어족 인디언들은 '라디오 산 가브리엘'을 통해 아이마라어로 뉴스와 음악, 교육방송
을 듣고 있다. 칠레의 중앙계곡에 사는 마푸체족은 수백만 명의 토착민을 대표하는 '땅과 주체성'이
라는 정당을 만들었다. 스웨덴과 노르웨이의 사미족은 통일된 정책적 견해를 입법부에 제시하기 위
해 의회를 구성했다. 멕시코 인디언들은 토지 권리를 보장받기 위해 헌법 개정을 요구하고 있다.
1991년 콜롬비아 인디언들은 국가 헌법회의의 대표권을 획득했다. 또 북아메리카 인디언 사회는 자
신들의 권리를 대변하고 보호해줄 법률가들을 길러내 조상이 물려준 땅과 물에 대한 권리를 되찾고
있다. 뉴질랜드 마오리족은 토지에 대한 권리 보장을 내용으로 1840년 2월 6일 영국과 맺은 와이탕
기 조약의 위반 사항을 심사하는 특별법정을 성사시켰다. 이 법정은 뉴질랜드 영토의 70%에 해당
하는 토지에 대한 토착민의 권리 주장을 엄밀히 심사하게 된다.

토착민의 권리를 주제로 한 국제회의도 이제는 다반사가 됐다. 가장 중요한 회의는 제네바에 본
부를 둔 토착민 관련 유엔 실무작업단의 연차총회이다. 1982년 유엔 인권위원회가 설치한 실무작업
단은 1992년 말 토착민 권리에 대한 세계선언을 마련하였다.

"토착민은 전통적으로 점유해왔거나 또는 이용해온 토지를 소유·관리하고 사용할 수 있는 개인
적 및 집단적 권리를 가진다. 여기에는 그들 고유의 법과 관습, 자원관리를 위한 토지보유 체계 및
제도에 대해 충분히 인정받을 권리와 함께 이러한 권리에 대한 침해 및 간섭을 방지하기 위한 효과
적 조치를 국가에 요구할 수 있는 권리가 포함된다." 이 선언을 존중해 유엔은 1993년을 '토착민의
해'로 선언했다.

문제 제기를 할 수 있는 근거가 되기 때문이다. 앞으로 우리가 자연과 인간, 인간과 인간이 공생하는 미래를 만들겠다면 토착민이 우리의 모델이 될 수 있다는 얘기다.

오스트레일리아 아웃백의 토착민 '참사람' 부족은 걸어서 오스트레일리아를 횡단한다. 한번 떠나면 달이 세 번 차고 기울 때쯤 돌아온다. 신발도 물도 음식도 없이 떠나는 그맘때면 사막의 기온은 40℃~55℃ 사이를 오르내린다. 석 달이 넘는 여행이라니, 집세와 공공요금을 내야 하고 무단 결근을 했다가 일자리를 잃으면 퇴직금도 받지 못할 처지의 문명인으로서는 생각도 할 수 없는 일이다.(말로 모건의《무탄트》에서)

이 여행을 따라가보자. 사내들은 화려한 머리띠를 두르고 어깨와 발목에 깃털을 꽂고 있다. 얼굴과 팔다리에는 다양한 무늬가 그려져 있는데 팔뚝에는 도마뱀이, 다리와 등에는 뱀과 캥거루와 새가 그려져 있다. 여자들은 그렇게 화려하지 않다. 대부분 곱슬머리에 두피에 바싹 달라붙을 만큼 짧은 머리 모양새를 하고 있다. 그들은 맨몸이거나 국부만 겨우 가린 꼴이고, 10대 소년이 하나 있을 뿐 어린아이는 하나도 보이지 않는다. 가장 공들여 치장한 사람은 머리가 희끗희끗한 사내다. 굳세고 위엄 있는 얼굴이 단정한 턱수염 덕분에 더욱 돋보이는데 머리에는 앵무새 깃털로 만든 화려한 장식을 쓰고 있다. 그가 그들 무리의 추장 '당당한 검은 고니'이다.

참사람 부족 사람들에게는 다양한 이름이 있는데, 이야기꾼, 연장장이, 바느질꾼, 노래꾼 등이다. 그들은 문명인들을 '무탄트(돌연변이)'라 부른다. 무탄트는 피부색이나 신체가 아니라 가슴과 머리의 상태를 가리키는 것 같다. 곧 자연에 대한 경외감을 잃어버렸거나 차단해버린 사람들이다.

오스트레일리아의 화가 잭 압살롬의 작품. 오스트레일리아 킴벌리 협곡의 에어스록은 원주민들의 신성한 땅 '울루루'이다.

'참사람' 부족은 아침마다 동물과 식물들에게 마음을 담아 메시지를 보낸다. 식량을 얻으러 길을 떠나기 전에 참사람 부족은 동쪽을 향해 서서 촘촘하게 반원을 만들고, 손뼉을 치거나 발을 구르거나 다리를 두드려 박자를 맞추면서 이렇게 말한다. "우리는 너의 존재 이유에 경의를 표하러 간다."

그들은 세상 만물은 저마다 이유가 있어서 지구상에 존재한다고 믿는다. 뱀이 앞에 나타나면 그 뱀은 그들에게 저녁거리를 제공하기 위해 거기에 나타난 것이다. 그들은 감사한 마음으로 식량을 받는다.

참사람 부족은 물기라곤 전혀 없는 곳에서도 물을 찾아낼 수 있다. 바위틈에서 물을 발견했을 때 그들은 물의 양이 아무리 적어도 찾아낸 물을 몽땅 차지하는 법이 없다. 그 물은 동물들의 것이기도 하기 때문이다. 동물들도 사람 못지않게 그 물을 마실 권리가 있다고 믿는다. 참사람 부족은 감자 비슷한 구근과 땅속에서 자라는 여러 가지 식물을 먹는다. 그러나 한 곳에 있는 식물을 몽땅 먹어버리지는 않는다. 늘 충분한 양의 식물을 남겨놓아 그 식물이 다시 번식할 수 있게 해준다.

아웃 백의 한 원주민.

밤이 되자, 놀이를 주관하는 '행복의 심부름꾼'은 낮에 따온 나뭇잎을 여러 조각으로 찢는다. 그런 다음 나뭇잎 조각을 모두에게 하나씩 나누어준다. 이 일이 진행되는 동안 사람들은 노래를 부른다. 첫번째 나뭇잎 조각이 땅바닥에 놓이자 한 사람씩 돌아가면서 나뭇잎 조각을 땅바닥에 내려놓는다. 일종의 그림 맞추기 놀이로, 특별히 정해진 차례도 없다. 그것은 경쟁적인 요소가 전혀 없는 집단 지향적 놀이다.

"우리가 겉으로는 따로따로 떨어져 있는 것처럼 보이지만 실은 모두 하나이다. 그러나 모든 존재는 저마다 독특하고 유일하다. 나뭇잎이 완성되려면 모든 조각을 필요로 하듯 모든 영혼도 자기만의 독특한 자리를 갖고 있다. 이걸 창조 놀이라고 부르는 건 그 때문이다."

그들은 평생을 살고도 자신의 재능이 뭔지를 끝내 모르거나, 자기는 아무 재능도 부여받지 못했다고 생각한 나머지 삶의 의욕을 잃고 살다가 죽는 무탄트들이 많다는 사실을 안다. 또 무탄트들은 스포츠에 관심이 많아서 학교 선생

레인포레스트 부족의 남아 있는 원주민, '여왕 매기'와 '차푸카이의 랜스'.

에게 지불하는 돈보다 야구 선수한테 지불하는 돈이 훨씬 많고, 모두 한 줄로 늘어서서 가장 빨리 달리는 사람이 이기는 놀이를 한다는 것도 안다. 그들은 무탄트들을 향해 묻는다.

"한 사람이 이기면 나머지 사람들은 모두 져야 하는가? 어째서 무탄트들은 남한테 그런 경험을 하도록 시키고 나서 사실은 네가 승리자라고 그 사람을 설득하려 하는가?"

참사람 부족은 여행중에 파리떼의 공격을 받기도 한다. 무탄트들에게 이런 상황은 그야말로 지옥 같은 경험일 게다. 그러나 참사람 부족은 몸의 힘을 완전히 빼고 가만히 선 채 파리들이 온몸을 기어다니게 내버려둔다. 그렇게 몇 시간이고 서 있는다. 어떻게 그럴 수 있을까?

"무탄트들은 덤불파리가 해롭고 나쁘다고 믿고 있다. 파리를 이해하지 못하기 때문이다. 파리는 우리 귓속으로 들어가 모래와 귀지를 없애준다. 우리가 잘 들을 수 있는 건 그 때문이다. 어떤 생물이든 나름대로 존재 이유가 있다. 그 점을 이해하지는 않고 불쾌하다는 이유만으로 모조리 없애버리면 인간 또한 존재할 수 없다."

아웃 백의 토착민인 그들은 시간이 시작된 이래 줄곧 이곳에서 살아왔다고 말한다. 과학자들은 이들이 오스트레일리아에서 살아온 기간이 적어도 5만 년은 되었을 것이라고 한다. 그 오랜 세월 동안 어떤 숲도 파괴하지 않고, 어떤 강물도 더럽히지 않고, 어떤 동물도 멸종 위기에 빠뜨리지 않고, 어떤 오염도 일으키지 않으면서 풍부한 식량과 피난처를 얻을 수 있었다는 것은 참으로 놀라운 일이다.

오스트레일리아 토착민들한테 가장 중요한 공동성지는 대륙 중앙부에 있는 거대한 붉은색 암석이다. 토착민들은 이 암석을 '울루루'라고 부르지만, 백인들은 '에어스록'이라고 부른다. 울루루는 해발 867m의 사막 평원 위 335m 높이에 우뚝 솟아 있는 타원형의 바윗덩어리로, 길이 3.6km에 너비가 2km이다. 한 덩어리로 된 단일 암석으로는 세계에서 가장 거대하다. 이제 관광객들한테도 울루루가 개방됐다. 관광객들은 개미처럼 기어올랐다가 관광버스를 타고 인근에 있는 숙소로 돌아간다. 정부당국은 에어스록이 영연방 지지자와 토착민의 공동소유라고 말하지만 토착민들에게 이곳은 더 이상 성지가 아니다.

아웃 백 원주민들이 공예품에 새긴 문양.

125년 전 무탄트들은 광활한 이 땅에 전선을 가설하기 시작했다. 그 후 백인들은 토착민의 예술품과 유물을 모조리 없애버렸다. 무덤은 도굴되고 제단은 벌거숭이가 되었다.

공동성지를 빼앗김으로써 여러 부족이 한데 모이는 공동집회가 타격을 받았고 이를 계기로 토착 부족들은 분열의 길을 걷기 시작했다. 일부 부족은

아웃 백 원주민들이 바위에 남긴 기록, 아보리진 암벽화.

오스트레일리아 쿠란다의 차푸카이 댄스단이 재현한 4만 년 전 원주민들의 부족행사.

끝까지 저항하다가 죽어갔다. 그런데 대부분의 부족은 백인사회로 편입되었지만 결국은 가난하게 죽었다. 가난이란 노예 상태를 일컫는 합법적인 이름일 뿐이다.

참사람 부족은 무탄트들에게는 몇 가지 특성이 있는 것 같다고 말한다.

"무탄트는 더 이상 개방된 환경에서 살지 못한다. 대부분의 무탄트들은 들판에 발가벗고 서서 비를 맞는 게 어떤 기분인지도 모른 채 세상을 떠난다. 냉난방시설이 완비된 건물을 짓느라 시간을 낭비하고 정상적인 기온에서는 일사병에 걸린다. 또 무탄트는 더 이상 훌륭한 소화기관을 갖고 있지 않다. 식량을 가루로 빻고 죽으로 만들고 가공하면서 자연에 어긋나는 음식을 많이 먹는다. 심지어는 기본적인 음식이나 공기중에 떠다니는 꽃가루에 알레르기를 일으킬 정도가 되었다. 무탄트 아기들 중에는 어머니의 젖조차도 받아들이지 못하는 경우가 있다. 무탄트는 자신의 관점에서 시간을 측정하기 때문에 이해가 한정되어 있다. 그들은 오늘말고는 어떤 시간도 인식하지 못하며, 따라서 내일을 생각지 않고 파괴를 일삼는다."

참사람 부족을 찾아온 무탄트 선교사들은 그들이 스스로 죽음을 택하는 것을 금지했다. 그러나 참사람 부족은 이 세상의 삶을 끝내기 위해 먹기를 그만두고 사막에 나아가 앉아 있고자 하는 이들의 소망을 존중한다. 인간 존재를 경험한 영혼이 그 경험으로부터 퇴장하겠다는 자유의지이기 때문이다. 120세나 130세쯤에 '영원'으로 돌아가는 일에 흥미를 느끼기 시작하면 참사람 부족 사람들은 이 세상을 떠나는 것이 바람직한가를 신에게 물어본 다음, 자신의 생애를 축복하는 잔치를 연다.

참사람 부족은 아기가 태어날 때마다 똑같은 말을 한다. "우리는 너를 사랑하며 이 여행길에서 너를 도와주겠다." 생애를 마감하는 마지막 잔치가 열리면 모든 사람이 잔치의 주인공을 껴안고 다시 한 번 이 말을 되풀이한다. 이 세상에 태어나 처음 들은 말을 이 세상을 떠날 때 마지막으로 또다시 듣는 것이다. 그런 다음 떠나는 이는 사막에 나아가 앉아 육체의 문을 닫는다.

그런데 참사람 부족은 곧 세상을 떠날 것이라고 한다. 그들은 가장 높은 차원의 정신생활을 하기로 했다. 더 이상 아이를 낳지 않을 것이다. 그들 가운데 가장 젊은 사람이 죽으면 그것이 곧 순수한 인류의 종말이 될 것이다.

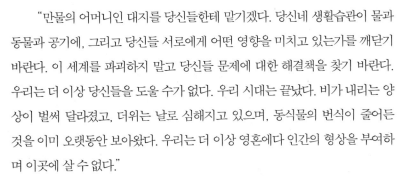

아웃 백의 아이들. 이제 그들의 문화도 사라질 것이다.

추장 '당당한 검은 고니'는 말한다.

"만물의 어머니인 대지를 당신들한테 맡기겠다. 당신네 생활습관이 물과 동물과 공기에, 그리고 당신들 서로에게 어떤 영향을 미치고 있는가를 깨닫기 바란다. 이 세계를 파괴하지 말고 당신들 문제에 대한 해결책을 찾기 바란다. 우리는 더 이상 당신들을 도울 수가 없다. 우리 시대는 끝났다. 비가 내리는 양상이 벌써 달라졌고, 더위는 날로 심해지고 있으며, 동식물의 번식이 줄어든 것을 이미 오랫동안 보아왔다. 우리는 더 이상 영혼에다 인간의 형상을 부여하며 이곳에 살 수 없다."

생명의 화수분, 갯벌

광활한 갯벌에는 언뜻 생명체가 보이지 않는다.

바위도 나무도 없이 밋밋한 갯벌 어디에

어떤 생명체들이 숨어 일상을 이루고 있으리라

믿어지지 않는다. 그러나 우리가 감히

상상하지 못하는 삶이 갯벌에 있다.

갯벌 생물들의 느슨한 일과, 또 팽팽한 긴장이

끊임없이 되풀이되고 있다.

뭇 생명체들이 서로 얽혀 살아가고 있는 갯벌,

이곳이 위협받고 있다. '땅'을 만들려는

사람들의 성급한 욕심 때문이다.

분달 습지.

세계에서 가장 아름다운 나라로 꼽히는 오스트레일리아의 자연은 그냥 '있는' 것이 아니다. 다른 나라 사람들이 보면 극성스럽다 싶을 정도로 '자연사랑'에 나서는 사람들이 있고, 습지 보존에만도 한 해 500만 달러의 예산을 세워 30여 개 지방정부와 민간환경단체에 분배하는 정부의 환경 정책이 있었기에 가능했다.

오스트레일리아 브리즈번의 분달 습지만 해도 그렇게 극성스럽게 보존해 낸 한 예다. 분달 습지는 브리즈번 시 교외에 있는 700ha의 습지대로, 1980년대까지는 자연 그대로 방치돼 있었다. 브리즈번 시는 이 습지를 매립해 올림픽 경기장을 짓겠다며 1992년 올림픽 유치를 신청했다. 그런데 올림픽 유치계획이 알려지면서 분달 습지 인근 주민들간에 예상치 못한 논쟁이 벌어졌다.

지금 우리에게 올림픽 유치가 절실한가? 보름 동안 올림픽을 치르고 나면 그 넓은 운동장은 무엇에 쓸 것인가? 사라진 숲과 물은 어디에서 볼 것인가? 벌레들과 새들의 울음소리는 어떻게 다시 들을 것인가? 뜨거운 태양에 달구어진 그라운드의 열풍과 습지의 잡목숲 사이로 스며나오던 상큼한 바람이 어떻게 같을 수 있겠는가? 이러한 문제들이 습지 인근 주민들 사이에서 토론됐고 논의 끝에 주민들은 올림픽 유치 반대위원회를 구성했다.

우리가 88올림픽으로 열광하던 그때, 그들은 브리즈번 시청 앞에서 올림픽 유치 반대농성을 했다. 결국 브리즈번은 올림픽 유치 포기를 선언했고 1992년 올림픽은 바르셀로나로 넘어갔다.

브리즈번 시는 1990년에 분달 습지를 보호구역으로 정해 습지를 느끼게 하는 프로그램들을 만들었다. 사람들은 이곳에서 아름다운 새들의 날개짓을 보며, 자전거 하이킹을 하고, 카누를 즐긴다. 또 통나무로 엮어 만든 보행로를 한가로이 걷기도 한다. 스타 플레이어들의 올림픽 대신 선택한 분달 습지, 이제 브리즈번 시민들은 이곳을 도심의 오아시스라 부르며 자랑스러워한다.

호주 퀸즐랜드의 브리즈번 시.

　세계 90여 개국이 가입해 있는 람사 협약은 물새의 서식처로서 중요한 습지를 보존하기 위한 최초의 협약으로 1971년부터 국제적으로 공인됐다. 람사 협약에서 정의한 습지란 "자연적이든 인공적이든, 물이 흐르든 그렇지 않든, 담수든 해수든 관계없이 수심이 6m를 넘지 않는 호수, 강 하구의 범람 평원, 바다와 육지상의 모래톱, 늪, 하천, 산호초"까지를 포함한다. 습지는 물의 흐름을 조정하고 퇴적물과 오염물질을 제거하며, 물새·물고기와 수많은 종의 서식처가 되어준다.

　람사 협약에 가입한 나라는 자기 나라의 중요한 습지를 1곳 이상 람사 사이트에 등록하고 3년마다 한 번씩 그 습지에 대한 연구 보고서를 제출해야 한다. 어떤 습지를 람사 사이트에 등록하면 그 습지는 본래의 생태적 기능을 보존하는 방식으로만 개발한다는 국제적 의무를 지니게 되므로 람사 사이트 등록은 정부의 인가 사항이 된다. 따라서 한 국가의 람사 사이트 수는 생태계와 조화를 이루는 지속 가능한 개발에 대한 그 나라 정부의 입장을 반영한다.

　1980년에 람사 협약에 가입한 일본은 9곳의 습지를 람사 사이트에 등록했으며, 그 중 가장 큰 홋카이도의 구시로 습지는 7700ha에 이른다. 인구밀도

미국 플로리다 주의 에버글레이즈 습지. 세계에서도 보기 드문 습지보존지역으로, 1994년 이후 에버글레이즈 보호법에 의해 보호받고 있다.

가 높은 일본은 우리나라와 마찬가지로 쓰레기 매립장이나 농공용지, 주택용지 등을 위해 습지를 매립해야 한다는 사회적 압력이 심한 편이다. 그럼에도 일본 환경부와 민간환경단체들은 20여 곳의 주요 습지를 람사 사이트에 추가 등록하기 위해 노력하고 있다. 특히 일본에서 습지가 가장 많은 홋카이도 지방정부는 1994년 '습지 보존 종합계획'을 세웠다. 습지의 수질오염을 예방하기 위해 습지뿐 아니라 습지 유역까지 통합·관리해야 하며, 국가·지방정부·기업·주민이 추진하는 모든 개발계획은 습지 보존의 측면에서 고려돼야 한다는 원칙을 이끌어냈다. 그래서 보존지역을 국립·준국립·현립공원, 자연보존구역, 야생생물보호구역, 야생생물서식지보존지역 등으로 구분해 개발·사냥·매매 등의 행위를 제약하고 있다.

캐나다도 1991년 습지 보존을 위한 연방정부법을 마련했으며, 33곳의 습지를 람사 사이트에 등록했다. 총면적이 1300만 ha로 세계 람사 사이트 면적의 30%에 해당한다. 미국은 연안역보호법, 야생동물서식처보호법 등으로 갯벌을 보존하고 있고, 유럽연합도 환경법 등으로 갯벌의 훼손을 엄격하게 규제하고 있다.

일본의 야쓰 갯벌. 아파트가 세워진 도심에서도 보존되고 있는 이색적인 습지다.

그런데 높은 생산성과 어류 서식처로 이들 나라들보다 훨씬 경제적 가치가 높게 평가되고 있는 우리나라의 갯벌은 국토 확장과 농지 확보를 이유로 여전히 훼손되고 있다. 낙동강을 끼고 있는 경남의 경우 100년 전의 지도에는 90여 곳의 습지가 있었다. 그러나 지금은 불과 10여 곳, 그것도 면적이 극히 축소된 상태이다. 서·남해안의 갯벌도 이미 54%가 간척됐다.

1996년 3월 오스트레일리아의 브리즈번에서 '람사 협약 제6차 체약국회의(세계습지대회)'가 열린 바 있다. 이 회의에 우리나라 비정부조직(NGO)인 민간환경단체들이 참석해, 우리 정부가 이 협약에 가입할 것을 촉구했다.

맹그로브를 그대로 두라!

하루에 맹그로브 숲은 전혀 다른 두 세상을 겪는다. 바다가 뭍으로 바뀌는 썰물 때면 갯벌 위로 맹그로브의 호흡뿌리가 드러난다. 흙 속의 부족한 산소를 공기에서 흡수하는 이 호흡뿌리는 손가락처럼 길게 뻗어 있어 '문어발'이라고 불리는데, 바람이나 조류의 흐름 속에서도 나무가 흔들리지 않도록 지탱해주는 기둥 역할을 한다. 이 시간이 되면 호흡뿌리 주변으로 유독 새들이 몰려든다. 펄에 떨어진 맹그로브 나뭇잎이 영양소로 분해되어 흙으로 돌아가기 위해서는 세균과 산소가 필요한데 산소가 부족한 갯벌에선 맹그로브게들이 세균

역할을 대신한다. 손톱만한 맹그로브게는 갯벌에 구멍을 뚫고 숨었다가 썰물
때면 흙을 밀고 나와서 맹그로브 나뭇잎을 잘게 자르고 부지런히 소화시켜 흙
으로 영양분을 되돌려준다. 이때 맹그로브게들을 노리고 새들이 모여드는 것
이다.

　　다시 밀물이 들어오기 시작하면 맹그로브는 제 키를 훌쩍 넘는 바닷물에
어린 잎을 숨기고, 해안가 갯벌은 2m가 넘는 바닷물 속으로 서서히 잠긴다. 완
전히 다른 세상이다. 바닷물에 잠겨버린 맹그로브, 그 동안 맹그로브 잎에서
분해된 영양분이 물속으로 흘러들면 순식간에 플랑크톤과 물고기들이 맹그로
브 곁으로 모여든다. 맹그로브가 있는 바다는 플랑크톤이 늘 풍부해서 물고기
들이 몰려들고, 알을 낳는다. 아치형 맹그로브 뿌리는 그렇게 갓 태어난 새끼

갯벌을 국립공원으로 지키는 독일

독일은 갯벌을 가장 잘 보존하
는 나라이다. 독일의 갯벌은 북해 연안에 약 10km 폭으로 발달
해 있으며 갯벌을 포함한 연안 해역의 총면적은 약 600㏊이다.
제2차 세계대전 후 공원단지 건설, 농지 확보 등으로 갯벌이 본
래의 모습을 잃어가자 독일 정부는 1976년 자연보존법령을 발
표했다. 그런데 독일의 갯벌은 북쪽으로는 덴마크의 에스비에
르크 지방, 서쪽으로는 네덜란드의 헬더 지방과 연결돼 있다.
이에 1982년 독일이 주도해서 네덜란드, 덴마크 3개국이 갯벌
보존에 관해 서로 합의했고, 1985년에는 슐레스비히홀슈타인
주가 독일 연방 내의 지방정부로는 처음으로 285㏊의 갯벌을
국립공원으로 지정하였다. 이어 니더작센과 함부르크가 '갯벌
국립공원'에 동참했다. 1993년 유네스코 세계자연유산으로 지
정된 니더작센 갯벌은 그린란드와 스칸디나비아 북부, 시베리
아 등의 번식지로서, 흑기러기들이 겨울을 나기 위해 이동하는
중에 영양분을 저장해 가는 곳이다. 흑기러기들은 이곳 소금밭
에서 영양분을 섭취하여 목적지까지 간다.
　독일의 갯벌국립공원은 해안가에서 떨어진 정도나 보호해야
할 생태계의 가치 등에 따라 3단계로 나누어 보존방법과 강도
를 달리한다. 1단계 구역은 탐방객의 출입이 금지된다. 학술 연
구를 위한 경우라도 신고를 해야 출입이 가능하다. 갯벌국립공
원의 54%가 1단계에 속해 있다. 소금밭과 사구지역, 물개와 철
새 들이 서식하고 번식ㆍ털갈이를 하는 지역이 여기에 속한다.
한편 탐방객들의 출입이 허가된 곳은 현지주민들이 갯벌 보존
을 염두에 두고 개방하는데, 관광 수입은 지역주민들을 위해 쓰
인다.

독일의 니더작센 갯벌국립공원.

물고기들의 요람이다. 바다에서 자라는 이상한 나
무 맹그로브, 맹그로브야말로 생명의 분화구인
것이다.

　타이의 작은 어촌 방핏. 여느 해안가 마을처
럼 눈앞에 펼쳐진 바다가 유일한 재산이다. 그런데
수천 년 동안 변함없던 이곳의 맹그로브 갯벌이 심
상치 않다. 요즘 들어 부쩍 줄어든 어획량에서 방핏
주민들은 맹그로브 갯벌에 심각한 변화가 생겼음을 짐
작한다.

　1960년대만 해도 타이 전 해안에 가득했던 맹그로
브는 10년 만에 절반 수준으로 줄어들었고 지금은 다시
그 절반도 남아 있지 않다. 맹그로브가 급격히 줄어
든 가장 큰 원인은 바로 새우 양식장 때문이다. 넓은
새우 양식장을 만들기 위해 무성했던 맹그로브 숲을
완전히 밀어버렸다. 맹그로브 숲 대신 해안을 차지하고
들어선 양식장에선 호랑참새우가 자라고 있다. 치어를 풀
어놓고 보통 넉 달 동안 양식을 하는데, 다 자란 새우는 일본 ·
미국 등에 고가로 팔려나간다.

맹그로브.

　그런데 바로 이 양식장이 갯벌의 오염을 불렀다. 폭포 소리를 내며 돌고
있는 수질 정화장치를 이용해 혼탁해진 양식장 물속에 인위적으로 산소를 불
어넣고 있는데 그것도 한계에 달했고 자정 능력을 잃어버린 양식장에 과다하
게 뿌려진 먹이가 물속에서 썩고 있는 것이다.

　"양식장엔 여러 종류의 세균이 있다. 박테리아 등으로 인해 새우가 죽게
되는데 약품을 써서 이를 예방한다. 세균에 감염된 새우를 따로 분리해 그냥
바다에 버리기도 한다." 방핏 새우 양식장의 책임자 수라신의 말처럼 수질 악
화로 등장한 세균은 새우 양식에 치명적이다. 그래서 양식업자들은 포르말린
같은 화학물질을 조제해 양식장에 마구 뿌린다. 4개월 동안 단 하루도 거르지
않고 반복되는 이 집약적인 새우 양식법으로 결국 양식장은 극약을 풀어놓은

것보다 더 독해져, 곧 어떤 생명체도 살 수 없는 운명을 맞는다. 사료찌꺼기며, 산패한 화학물질이 가득한 웅덩이, 이곳이 맹그로브 숲이 있는 바닷가였다고 믿을 사람은 아무도 없을 것이다.

물이 썩고 더 이상 새우가 자랄 수 없을 때쯤이면 양식장은 버려지고 새 양식장을 만든다. 그 면적만큼의 맹그로브 숲이 사라질 테고, 또 그만큼의 바다가 죽어갈 것이다. 양식장은 바다를 죽이고, 바다가 죽으면 주변의 땅도 함께 죽어간다.

"앞으로 많은 일들이 벌어질 것이다. 결국 인간한테로 피해가 돌아와 언젠가는 어떻게도 손쓸 수 없게 될 것이다. 그래도 양식업은 그들의 유일한 생계수단이므로 그만두지 못하고 있다. 그 일을 그만두면 당장 생계가 끊기고 자식들 공부도 시킬 수 없게 되기 때문이다."

타이 왕실산림국 팡아 지역 대표 솜삭의 말처럼 당장의 이익 때문에 양식을 포기하지 못하는 이들, 그러나 이제 곧 가난한 어깨에 빈 그물을 걸고 옛 바

뿌리를 드러낸 남아메리카의 맹그로브.

다만 추억하게 될지도 모른다.

타이뿐만이 아니다. 세계 곳곳에서 맹그로브 숲이 사라지고 있다. 에콰도르의 맹그로브 숲은 이미 절반이 사라졌는데 그 대부분이 새우 양식장으로 변했으며 남은 지역의 절반도 곧 양식장이 될 예정이다. 인도, 파키스탄, 필리핀 등지의 새우 양식장은 약 270만 ha의 귀중한 맹그로브 숲을 먹어치웠다. 새우 양식업의 생산량은 1985~

맹그로브는 새끼 물고기들의 요람이다.

1994년 사이에 4배 이상 늘어났고, 세계시장 규모는 연간 80억 달러를 넘어섰다. 맹그로브 숲을 새우 양식장으로 바꾸면 1ha당 연간 1만 1600달러까지 벌어들일 수 있다고 한다.

언뜻 보면 양식업의 성장이 개발도상국 경제에 도움이 되는 일로 보일 수도 있다. 그러나 양식장은 맹그로브 숲처럼 서비스를 제공하지 못한다. 맹그로브 숲을 물고기들의 요람으로, 또 예전처럼 맹그로브 숲에서 연료·목재·식량·사료·약재 등을 자연스럽게 이용할 수 있다면 1ha당 연간 1000~1만 달러까지 소득을 얻을 수 있다. 그런데 양식장의 수명은 겨우 5~10년이다. 그 기간이 지나면 더 이상 생물체를 부양하지 못하고, 복구는 엄두조차 못 낼 만큼 오염돼버린다.

자연이 제공하는 어마어마한 서비스를 가늠하는 방법의 하나는 그것을 대체하려면 얼마나 많은 비용이 필요한가를 따져보는 것이다. 말레이시아는 맹그로브 숲의 홍수 조절기능을 대체하기 위해 필요한 안벽 축조비용으로 1km당 30만 달러에 달하는 비용을 치렀다. 인도네시아는 1992년 빈투니 만의 맹그로브 숲 벌목을 앞두고 맹그로브 갯벌의 가치를 계산했는데, 그 결과 벌목을 제한하고 맹그로브 갯벌을 그대로 유지하면 1ha당 4800달러의 수익을 올릴 수 있지만 목재용으로 벌목하면 1ha당 3600달러에 못 미친다는 계산이 나왔다. 장기적으로 맹그로브 갯벌을 유지하면 연간 1000만 달러 상당의 수익(지역 전체 소득의 70%)과 연간 2500만 달러 상당의 어장 수익을 거둘 수 있

맹그로브 숲을 베어내고 양식장을
만드는 등 개발에 나섰다.

다고 한다. 그러니 맹그로브를 베어내는 일은 황금알을 낳는 거위의 배를 가르
는 것과 다름없는 행위다.

　"살아 있는 동안 나는 맹그로브를 지킬 것이다. 나는 맹그로브를 너무도
사랑한다. 맹그로브는 우리에게 많은 이익을 준다. 편안함과 시원한 바람을 선
사하고 약이 되어주기도 한다. 제2차 세계대전 때 먹을 것이 없어 맹그로브 열
매를 먹기도 했다. 왜 이렇게 소중한 맹그로브를 없애려 하는지……."

　때아닌 사람들로 술렁이는 말레이시아의 페낭 바닷가. 이곳 탄중분가에
서 대대로 어부로 살아온 하지 노인이 맹그로브 묘목을 심자며 사람들에게 호
소하는데, 노인은 눈물이 앞서 말을 잇지 못한다.

　말레이시아 말라카 해협 북부에 자리한 페낭 섬은 한때 아시아에서 가장
붐비던 선박의 중심지였다. 연평균 기온 27°C 내외, 계절풍의 영향으로 해마
다 2700mm의 많은 비가 내리고 맹그로브가 섬 전체를 에워쌀 만큼 무성했던
곳이다. 그런데 해안가의 맹그로브 숲이 파괴되면서 나무를 베어낸 자리에는
양식장이 들어섰거나, 이미 썩을 대로 썩어버린 땅을 버리고 떠난 양식장의 흔
적만이 남아 있다.

　불과 몇 년 전만 해도 맹그로브를 지켜야 한다는 얘기는 아무도 하지 않

았다. 처음에는 바다 가까운 지역의 맹그로브 숲을 베어내고 양식장이 들어섰고, 다음엔 말레이시아 정부에 의해 내륙 쪽의 맹그로브 숲이 베어지고 대규모 주택단지가 들어섰다. 그런데 몇 년이 못 가 양식장은 폐허로 변했고, 그때마다 근방의 새 주택에 살던 사람들이 떠나야 했다. 이제 이곳 사람들은 더 이상 그런 식의 개발을 원치 않는다. 사람들은 맹그로브가 사라지면서 찾아온 바다의 변화와 재앙의 징후를 느끼고 있다.

"우리는 폭풍을 막기 위해 맹그로브를 복원해야 한다. 맹그로브가 없으면 폭풍이 올 때 집은 침수되고 그곳에 사는 주민, 새, 원숭이 모두 재난을 겪게 된다. 우리는 마음대로 개발할 게 아니라 개발 후 나타날지도 모르는 영향을 잘 생각해야 한다. 맹그로브를 지키지 못하면 고기가 살지 못한다. 사람들은 또 무얼 먹고 살겠는가? 우리는 개발을 중지하길 원한다. 그런데 주정부가 다시 이곳에 리조트 단지를 세우겠다고 공고했다. 여기는 호텔 따위를 지을 땅이 아니다. 정신 나간 사람들이다."

하지 노인은 그만 격분했다. 이제 마지막 남은 맹그로브 숲마저 베어지면 어부들은 고기잡이를 포기하고 고향인 페낭을 떠나야 할지도 모른다. 개발 불가를 외치는 어부들은 생명이 순환하는 고향을 되찾기 위해 갯벌에 다시 맹그로브를 심자고 나섰다. 어망 대신 맹그로브 묘목을 이고 나선 이들의 간절한 희망이 이곳에 10억 달러를 투자해 골프장과 호텔을 짓겠다는 주정부의 계획을 과연 꺾을 수 있을까? 어른들을 따라나와 서툰 손으로 맹그로브를 심는 아이들에게 바다를 삶의 터전으로 물려줄 수 있을까?

"지금 맹그로브는 얼마 남지 않았다. 훗날 우리 자손들이 직접 눈으로 맹그로브를 볼 수 있도록 하기 위해 우리는 이 나무를 지켜낼 것이다. 내 자손에게 맹그로브가 무엇인지 알려주고 싶다."

하지 노인은 어부의 아이들이 어른으로 자라 맹그로브 갯벌에서 조개와 고기를 잡으며 웃을 수 있으리라고, 또 든든하고 울창한 맹그로브 숲이 되돌아오리라고 믿는다.

사라지는 갯벌, 죽어가는 생명

우리나라의 갯벌을 따라가보자. 경기도 해안의 갯벌은 크게 네 지역으로 나누어진다. 강화도와 영종도를 포함하는 강화 갯벌, 김포·인천 남동공단의 인천 갯벌, 남쪽으로 시화 갯벌과 남양 방조제가 계획돼 있는 남양 갯벌이 있다. 강화 갯벌은 한강·임진강·한탄강·예성강 하구에 위치해 이들 강으로부터 토사가 유입되어 쌓이는 곳인데 최근 영종도 신공항 건설로 시비가 붙었다. 인천 갯벌의 김포 쪽은 이미 간척돼 지금은 쓰레기 매립지가 됐고, 인천 송도 쪽은 전형적인 모래갯벌로 우리나라에서 동죽조개가 가장 많이 나는 곳이지만 남동공단이 들어서면서 토사가 이곳까지 흘러들어 생산량이 반 이상 줄었다. 시화 갯벌은 총 20ha에 달하는 넓은 갯벌로 반월공단과 시화공단이 근방에 있다. 그런데 방조제 공사 후 만들어진 시화호의 수질이 악화되면서 최근 그 오염된 물을 바다로 방류해 물의를 빚었다. 남양 갯벌에서는 우리나라 가리맛조개의

갯벌에 살아요

• 모래의 비율은 10% 이하이나 개흙 함량이 90% 이상인 펄갯벌에는 참방게, 농게, 밤게, 칠게 등의 게 종류가 산다. 개흙을 먹고 사는 참방게는 30cm 깊이의 굴을 판다. 굴의 입구는 Y자형으로 2개인데 하나는 통로로, 하나는 흙을 나르는 곳으로 이용한다. 밤게는 잡히면 죽은 시늉을 하며 움직이지 않는다. 보통 게들이 옆으로 기는데 밤게는 앞뒤로 기어가며 몸의 뒷부분부터 모래 속으로 파고든다. 호랑이 무늬의 범게는 전 세계에서 서해에만 분포하는 희귀종이다. 우리나라에는 게 종류만 해도 200여 종이 있다. 펄갯벌에서 가장 흔히 볼 수 있는 갑각류는 게 종류 외에도 보리새우·밀새우·쏙·쏙붙이·따개비·갯가재 등 세계적으로 3만 2000여 종이나 된다.

• 모래갯벌에는 동죽, 바지락, 개맛, 서해비단고둥 등이 주로 산다. 동죽이나 바지락은 퇴적물 속으로 5~10cm 깊이의 굴을 파고 그 안에서 생활한다. 물이 빠지면 굴 속에 숨어 있다가 물이 차면 굴 밖으로 입수공과 출수공이라는 기관을 내어 해수를 빨아들이고 산소와 먹이를 취한 뒤에 다시 내뿜는다. 이들의 아가미는 산소를 흡수하는 기능뿐 아니라 유기물을 거르는 기능도 한다. 개맛은 퇴적물 속으로 30cm 이상의 구멍을 파고 그 안에서 생활한다. 개맛의 패각에는 3개

펄갯벌에서 흔히 보는 게.

검은머리갈매기.

가시연꽃.

90%가 채취되고 있다.

　　태안반도를 따라 내려가보면 충청도의 아산만 갯벌, 대호 갯벌, 가로림만 갯벌, 천수만 갯벌, 장항 갯벌 등이 있다. 아산만은 아산방조제와 삽교방조제로 막힌 두 지역의 갯벌이 대표적이다. 이들 방조제는 1970년대 중반에 공사가 완료되어 이곳은 지금 농토로 쓰인다. 아산만은 경기도 쪽으로 기아자동차나 그 밖의 산업시설이 들어서서 수질오염이 진행되고 있다. 서산만 갯벌과 가로림만 갯벌은 대호방조제로 막혔다. 가로림만 갯벌은 굴, 조개, 특히 바지락 양식장이 발달했던 곳으로 만의 입구가 좁고 조차가 커 조력발전소를 계획했던 곳이기도 하다. 그런데 가로림만 밖 오른쪽 대산 지구에 석유화학공단이 들어서면서 이 지역을 심하게 오염시켰다. 1980년대 초부터 개간된 서산 A · B 지구 때문에 천수만 안쪽으로 넓게 발달한 갯벌은 지금 모두 막혀 있다. 이곳은 현대그룹에서 폐선을 이용해 물막이 공사를 한 곳으로도 유명하다. 충청도 해안의 갯벌은 이렇게 60%가 이미 간척됐다.

의 구멍이 있다. 좌우의 구멍은 물이 들어오는 구멍이고 가운데 구멍은 물이 나가는 구멍이다. 모래갯벌에서는 서해비단고둥이 기어다닌 자국이 얽혀 있는 것을 볼 수 있다.

유기물 청소부 염생식물.

• 참갯지렁이, 흰이빨참갯지렁이, 두토막눈썹참갯지렁이, 털보집갯지렁이, 괴물유령갯지렁이, 제물포백금갯지렁이 등 갯지렁이도 갯벌에서 흔히 볼 수 있다. 집갯지렁이는 모래나 해초류의 잔해 등을 이용해 관 모양의 집을 짓는다. 그 안에 숨어 있다가 먹이가 나타나면 재빨리 나와 물고 마치 잠수함의 잠망경같이 생긴 집안으로 들어간다.

• 갯벌에는 아무르불가사리 · 검은띠불가사리 · 별불가사리 · 가시닻해삼류 등의 극피동물과 산호 · 해파리 · 히드라 · 말미잘 등의 자포동물이 살고 있다. 또 갯벌의 모래를 현미경으로 관찰하면 우리에게 별로 알려지지 않았지만 밀리미터나 미크론 단위의 매우 특징적인 동물군인 간극생물도 보인다. 전 세계에서 간극동물은 평균 1m²에 약 100만 개체가 출현한다.

• 철마다 찾아오는 바다새들은 갯벌 생태계의 포식자이다. 남해의 순천만 갯벌에는 황새 · 저어새 · 재두루미 · 흑두루미 · 검은머리물떼새 · 매 · 잿빛개구리매 · 황조롱이 · 수리부엉이 · 쇠부엉이 · 흑부리오리 · 민물도요 등의 천연기념물과 150여 종의 조류가 서식하고 있다. 이렇게 많은 종류의 새들이 먹이와 휴식, 산란과 번식 장소로 갯벌을 이용한다. 유럽 학자들의 연구 결과를 보면 검은머리물떼새는 하루에 315개체의 새조개류를 잡아먹고, 붉은발도요는 4만 개체의 옆새우류를, 붉은가슴도요는 730개체의 대양조개류를 먹어치운다고 한다.

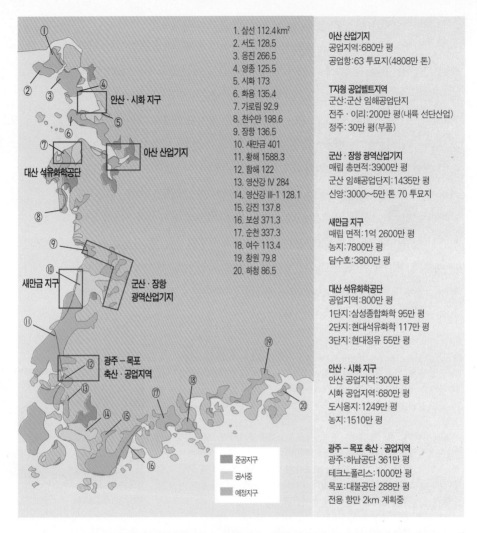

1. 삼선 112.4km²
2. 서도 128.5
3. 옹진 266.5
4. 영종 125.5
5. 시화 173
6. 화옹 135.4
7. 가로림 92.9
8. 천수만 198.6
9. 장항 136.5
10. 새만금 401
11. 황해 1588.3
12. 함해 122
13. 영산강 IV 284
14. 영산강 III-1 128.1
15. 강진 137.8
16. 보성 371.3
17. 순천 337.3
18. 여수 113.4
19. 창원 79.8
20. 하청 86.5

아산 산업기지
공업지역:680만 평
공업항:63 투묘지(4808만 톤)

T자형 공업벨트지역
군산:군산 임해공업단지
전주·이리:200만 평(내륙 선단산업)
정주:30만 평(부품)

군산·장항 광역산업기지
매립 총면적:3900만 평
군산 임해공업단지:1435만 평
신앙:3000~5만 톤 70 투묘지

새만금 지구
매립 면적:1억 2600만 평
농지:7800만 평
담수호:3800만 평

대산 석유화학공단
공업지역:800만 평
1단지:삼성종합화학 95만 평
2단지:현대석유화학 117만 평
3단지:현대정유 55만 평

안산·시화 지구
안산 공업지역:300만 평
시화 공업지역:680만 평
도시옹지:1249만 평
농지:1510만 평

광주–목포 축산·공업지역
광주:하남공단 361만 평
테크노폴리스:1000만 평
목포:대불공단 288만 평
전용 항만 2km 계획중

준공지구
공사중
예정지구

우리나라 갯벌 중 가장 광활하고 볼거리가 많은 곳은 전라북도 군산·김제·부안에 이르는 갯벌로, 금강 하구로부터 군산 앞 오식도를 거쳐 수라·거전·계화로 연결되는 해안이다. 이 갯벌에서 가장 넓은 곳은 거전에서 고군산군도를 바라보며 펼쳐져 있다. 만경강에서 시작되는 수로가 연결돼 있어 그 수로로 약 20km를 걸어갈 수 있다. 그러나 물이 빠지는 시간은 보통 4~5시간, 이 시간 동안 갯벌 끝까지 갔다 오는 것은 불가능하다. 만경강 하구나 동진강 하구에서는 전형적인 펄갯벌을 볼 수 있다. 그런데 이곳에 국내 최대 규모의 갯벌 매립이 계획된 바 있다. 농업진흥공사에서 '새만금' 지구라고 이름 붙인 이 지역에서는 부안에서 고군산 쪽에 둑을 세우는 등 이미 간척공사가 상당히 진척됐다.

전라남도 영광에서 무안·함평·목포를 거쳐 해남에 이르는 해안은 굴곡이 심하고 섬도 많아 매우 아름답다. 갯벌은 대부분 임자도·지도 주위와 함평 해안가에 있다. 영산강 하구를 제외하면 지금까지 개발된 곳은 없지만 앞으로 서해안 개발이다 해서 이곳까지 개발 붐이 일면 우리나라에서는 더 이상 자연적인 갯벌을 볼 수 없게 된다. 전남·목포 지역의 갯벌은 대부분이 움푹 파인 만이기 때문에 개흙으로 되어 있다. 군산·김제·부안의 갯벌처럼 광활하지는 않지만 여기저기 있는 갯벌을 합치면 규모가 남한 제일이다.

서해 시화 갯벌.(위)
주남 저수지의 철새들.(아래)

갯벌의 매립이란 해양의 일부를 없애는 것과 같다. 더불어 해양 생태계에서 갯벌이 해내던 고유한 기능 즉 오염물질의 정화, 바다 생물의 보육처 따위의 기능까지 잃게 되는 것이다. 이제 간척지 내 담수호에서 오염물질이 흘러들어와 연안에 축적돼 해양오염이 악화될 것은 뻔한 이치다.

매립 후 그 지역이 개발되면 주민들은 일정한 보상을 받게 된다. 몇 년 동안 갯벌로부터 얻었던 수입이 어느 정도인가 따져 보상받을 것이다. 그러나 간척지 주민들은 단순히 수산물 수입만 잃는 것일까? 지금까지 갯벌을 중심으로 생활해온 만큼 주민들의 생활방식은 갯벌과 연결되어 있다. 따라서 갯벌이 없어지면 새로운 삶의 방식을 찾아야 한다. 주민들에게 너무 어려운 일이다. 새로운 직업을 위해 재교육을 받을 수 있는 것도 아니고 다른 직업을 찾아나설 처지도 못 된다. 삶 자체가 바뀌어야 할 상황에서 그들이 할 수 있는 일이란 많지 않다. 그저 막연하고 불안할 뿐이다.

충남 논산 합정 저수지를 찾아든 가
창오리떼.

　　그리고 갯벌 매립 문제에서 우리가 쉽게 간과하는 것 중 하나는, 갯벌이
국민 모두가 공유하는 자연자원이라는 점이다. 그런데 매립 후에는 몇몇 회사
나 개인의 소유가 된다. 이미 개간되어 현대그룹이 농사 짓는 땅으로 이용하고
있는 서산 A · B 지구만 봐도 그렇다.

　　자연의 모습과 기능을 통째로 변형시키는 개발사업들은 매우 치명적이
다. 일단 변형된 자연은 원상복구가 불가능하기 때문이다. 그렇기에 개발 전과
개발 후의 변화와 가치를 여러 측면에서 충분히 검토하고 개발에 나서도 늦지
않을 것이다. 어느 순간 다시, 갯벌의 기능이 필요하게 되면 그때는 어떻게 할
것인가.

위험천만한 영종도 신공항

영종도와 용유도 사이의 갯벌을 매립해 공사중인 영종도 신공항은 현재 세계에서 가장 큰 시카고 오헤어 국제공항의 2배인 1700만 평을 요구하는 계획이다. 승객 수송에서도 오헤어 공항의 2배인 연간 1억 명, 하루 30만 명을 수용하겠다는 야심을 갖고 있다. 건설에 소요되는 예산이 10조 원이나 되는, 우리나라 최대의 공사이며, 1990년대 세계 10대 공사에 들어가는 대규모 사업이다.

그러나 영종도 신공항은 여러 가지 문제를 안고 있다. 우선 국토의 서북쪽 끝에 위치한 섬이기에 접근하기가 매우 힘들다. 영종도에 가자면 수원이나 인천을 거쳐야 하는데 서울과 인천, 수원은 수도권에서도 가장 교통이 혼잡한 곳이다. 게다가 영종도는 지금 계획되고 있는 고속전철, 고속도로, 산업도로, 철도, 항만 등 어느 것과도 연결이 안 될 뿐만 아니라 기존의 전기, 통신, 수도 같은 사회기반시설과도 완전히 고립된 채로 건설되고 있기 때문에 재정 낭비가 크다.

둘째, 이 지역은 조수간만의 차가 최대 9m에 이른다. 조차가 큼으로써 발달한 간석지에는 육지로부터 흘러들어온 토사가 영양물질들과 더불어 퇴적된 두터운 갯벌이 형성되어 있다. 영종도 신공항은 단지 갯벌을 없애는 데서 끝나지 않고 해양오염까지 확산시킬 것이다.

전남 여천군 앞바다에서 발생한 시프린스 호 기름 유출 사고. 이런 대형사고는 복구에 오랜 시간이 걸리는 만큼 바다 생태계에 치명적이다.

셋째, 영종도 신공항은 이 지역에 서식하고 있는 국제보호조들에게 치명적인 해를 끼칠 것이다. 신공항 예정지 일대는 철새들이 연간 20만 마리씩 통과하는 우리나라 4대 철새 도래지 중의 하나이다. 이곳에 서식하는 조류들 중 검은머리물떼새와 노랑부리백로는 우리나라 천연기념물이고, 쇠청다리도요와 노랑부리백로 등은 국제보호조로 지정되어 있는 희귀종이다. 우리나라는 1992년 리우데자네이루에서 열린 '생물다양성협약'에 서명한 바 있다. 그런데 신공항 건설은 멸종 위기에 있는 생물을 보호하자는 이 협약의 정신을 위배하는 셈이다. 뿐만 아니라 새들로

영종도 신공항 예정지. 갯벌 매립공사가 한창이다. 오른쪽이 영종도 선착장.

인한 항공 사고도 있을 수 있다. 철새들은 오랜 경험에 따라 이동 경로를 잡기 때문에 공항이 들어서서 갯벌이 사라진다 해도 경로를 쉽게 바꾸기 어렵다. 더구나 근처에 강화 갯벌이 있어 새떼의 이동을 막기 어려울지도 모른다.

넷째, 안개도 문제가 된다. 영종도는 연평균 안개 발생일수가 49일이다. 안개 때문에 가까운 인천으로 나가려는 배들이 출항을 못하는 날이 수두룩한 실정이다. 더구나 이곳에 아스팔트를 깔면 일교차가 커져서 안개가 더 쉽게 발생하게 된다.

다섯째, 영종도 신공항 건설 부지 1700만 평 중 1400만 평을 연안 갯벌을 매립해 충당할 예정이다. 이 매립지는 부등침하로 지반이 울퉁불퉁해져 활주로로 사용하기 부적합한 땅이 될 가능성이 높다. 또 물이 빠지고 땅이 굳더라도 물이 찼던 공간이 압축되면서 서서히 땅이 가라앉을 것이다. 게다가 갯벌 퇴적물에 포함된 유기물들이 썩으면서 지반침하는 더 심해질 것이다.

여의도의 140배나 되는 새만금 간척지

새만금 사업은 1987년 대통령 선거 때 노태우 후보가 전북지역에 대한 선심 정책으로 공약한 것으로, 부안군 변산면 대항리─군산 열도─군산 앞바다에 이르는 33km의 방조제를 쌓아 부산시 면적과 맞먹고 여의도의 140배나 되는 1억 2000만 평의 바다를 매립하는 국내 최대의 간척사업이다. 1991년 사업이 처음 시작되었을 때는 2001년 완공 예정이었지만 중간에 시화호 문제가 터지면서 2004년으로, 다시 2020년까지 연기됐다.

간척사업이 완료되면 세계에서 가장 긴 방조제가 만들어진다. 물론 동시에 전북지역 갯벌의 90%가 사라질 것이다. 이미 가력도와 이어지는 방조제로 부안군 진서면의 양식장이 모두 폐쇄됐고, 공사의 시작 지점인 변산면 대항리 서두 마을, 부안군 계화면 등지에 생태계 파괴가 나타나고 있다.

전북 군산시 옥도면 비안도 주민들은 "아직 공사가 끝난 것도 아닌데 1991년에서 1997년 사이 새만금 일대 어획량이 57%나 감소했다. 또 공사가 시작된 이후로 갯가에 어패류들이 즐비하게 죽어 있는 걸 종종 목격한다"고 했다. 1996년 8월 29일 시민환경연구소가 발표한 '시화호 방류에 따른 해양 생태계 영향 조사 결과'를 보면 새만금호는 벌써부터 시화호보다 3배나 오염됐다고 한다. 새만금 지구의 군산·이리·전주·정주로 이어지는 공업벨트지역에는 이미 6개의 제지공장과 동양화학을 비롯한 16개 화학공장들이 있는데, 앞으로 공해 배출이 가장 심한 제지공장 등 50여 업체가 이곳으로 이주할 계획이다.

만경강·동진강 등 전북지역의 주요 하천은 모두 새만금 지구로 흘러들어간다. 특히 만경강은 1997년 환경부에서 전국 120개 주요 하천에 대한 수질조사를 했을 때 가장 오염이 심각한 4급수 판정을 받은 바 있다. 지금까지 새만금 갯벌이 이들 하천의 오염을 정화하는 데 큰 역할을 했다. 새만금 갯벌이 지닌 정화 능력은 하루 10만 톤의 폐수를 처리하는 전주 하수종말처리장보다 40배나 높다고 알려져 있다. 그런데 새만금 갯벌이 다 사라진다면 하천의 오염된 물은 어떻게 처리할 것인가?

새만금 간척사업을 계획하고 추진하는 이들은 농지 조성과 공업용지 확보, 21세기 동북아 교역의 거점으로 부상할 것이라는 장밋빛 환상에 빠져 세계 제일의 갯벌을 매립하는 일쯤은 대수롭지 않게 여기고 있다.

서해 새만금 간척사업.

시화호 사람들은 어떻게 되었을까

처음 시화호 사람들은 조국의 발전을 위한 국토개발이라는 숭고한 목적 앞에 누구도 감히 이의를 제기하지 않았고, 바다를 메워 육지를 만드는 인간의 위대한 힘과 기술에 감탄했으며, 농경지와 공업단지 그리고 담수호의 조성 등 청사진에 가슴이 부풀었다.

그러다가 바다가 막히면서 생각지도 못했던 일들이 일어나기 시작했다. 농업용수와 공업용수로 맑은 물을 공급할 것이라는 시화호는 예상을 초월한 주변도시의 인구 증가와 공장들로 생활 하수와 오염물질이 대량 유입되었고, 설계 및 시공상의 문제점까지 겹쳐 '썩은 물이 넘실대는 죽은 호수'로 전락했다. 이제 시화호의 깊은 곳에는 산소가 아예 없어 오염물질이 분해되지 않고 계속 축적되고 있으며 염분도가 높아 배수갑문을 열어도 아랫물과 윗물이 섞이지 않는다.

갯벌의 가치

갯벌은 지구 생태계 면적의 0.3%에 불과하지만 단위면적당 생태적 가치가 농경지의 100배, 숲의 10배에 달하는 매우 중요한 자원이다. 과학잡지《네이처》는 1997년 갯벌의 경제적인 가치를 지구 생태계 총가치의 5%로 추정한 바 있다. 이는 전 세계의 호수와 강이 갖는 생태적 가치와 맞먹는 것이다.

갯벌은 육지와 바다가 만나는 강의 하구역이나 내만수역에 넓게 발달하기 때문에 육지로부터 유입된 유기물과 영양염류로 인해 먹이가 풍부하다. 그래서 다양한 생물들이 산란장으로 찾아들고, 해양생물을 먹고 사는 수많은 물새들이 서식처로 이용하게 된다.

갯벌은 또 육지에서 유입된 오염물질을 정화한다. 육지에서 강을 통해 배출된 오염물질은 갯벌에 쌓이고 박테리아와 원생생물, 갯지렁이 등 다양한 생물들에 의해 섭취되고 분해되는데, 보통 갯벌 1km²는 매일 10만 톤의 하수와 폐수를 정화하는 능력이 있다. 갯벌은 또 태풍이나 해일이 발생할 때 방파제 역할을 하는 등 육지의 주변부로서 해안을 보호한다.

게다가 갯벌은 바다에 생계를 의지하는 어민들의 재산이다. '한국해양수산개발원'의 이흥동 연구원은 수산물 생산·서식지기능·정화기능·심미적 기능 등을 기준으로 우리나라 갯벌의 가치를 일부 계산한 바 있다. 이때 홍승·보령, 군산·장항, 대부도 남리와 영종도 지구를 선택해 수산물 생산기능의 경제적 가치를 조사했는데, 그 결과 이곳에서 생산되는 수산물의 연간 총생산액이 128억 원에 달했다. 어류 서식지기능의 경제적 가치분석에서는 갯벌의 간척 매립 규모가 비교적 큰 지역인 홍승·보령 지구와 영종도 지구를 중심으로 추정했다. 이 두 곳의 수산물 생산성은 연간 198억 원에 달했다. 이를 1ha당 단위생산성으로 환산하면 688만 원으로 추정된다.

경남 울산시의 무제치늪.

이 밖에도 갯벌은 생태적 다양성 때문에 교육적 혹은 심미적으로도 풍부한 가치를 가지고 있다.

"시화호는 이미 죽어버렸다. 주민들도 다 알고 있지만 '공해지역'으로 낙인찍힐 경우 관광객들의 발길이 끊겨 그나마 관광수입마저 감소할까 봐 불평 한마디 크게 하지 못한다." 선재도에 사는 이승인 씨는 당국의 '0점'짜리 수질개선 의지에 분개한다.

소금 바람에 말라 죽은 시화호 주변의 포도나무.

시화호 사람들이 바다를 잃은 대신 새로운 삶을 기대하면서 융자를 얻어 심어놓은 포도나무·배나무·영지버섯은 소금 때문인지, 먼지 때문인지 말라 비틀어지고 빛만 남았다. 소금과 먼지가 뒤섞여 뽀얗게 날리던 갯벌은 칠면초와 갯쑥부쟁이 등이 자라면서 서부영화에나 나오는 사막 같은 모습으로 변해갔다.

"갯벌이 마르면서 소금이 하얗게 드러났다. 바람이 불면 소금이 날려 눈을 뜰 수 없을 정도이다. 겨울에도 바다 때문에 그리 추운 줄 몰랐는데, 시화호가 얼어붙는 걸 보면서 겨울이 춥다는 걸 새삼 느낀다." 고포 1리 이장 최만진 씨는 2000주의 포도나무를 심어 한 해에 4000상자를 수확해왔다. 그런데 시화호가 오염되면서 포도나무가 1300주나 말라 죽었고 수확도 이제는 700상자에 불과할 뿐이다.

5000억 원의 공사비가 투입된 시화호 사업, 그러나 결과는 썩은 호수와, 국토개발이라는 청사진에 밀려 삶의 터전을 고스란히 잃어버린 지역주민들의 한숨뿐이다.

네덜란드 지도를 다시 그리다

바다보다 낮은 땅이라는 뜻의 '네덜란드'. 이름 그대로 국토의 3분의 1을 손으로 메운 간척의 역사를 가지고 있다. 건설된 지 70년이 넘도록 원형을 간직하고 있는 압슬로이트 댐을 보면 땅을 얻기 위한 네덜란드 사람들의 노력을 느낄 수 있다. 노르트홀란드 주와 프리슬란드 주에 걸쳐 1932년 완공된 압슬로이트 댐은 길이 31km로 네덜란드가 벌인 대규모 간척사업의 상징이다. 와덴 해의 물길을 막고 에이셀 강의 물이 들어오게 함으로써 소금기 있던 물은 점점 민물이 됐고, 북유럽 최대의 담수호 에이셀 호가 탄생했다. 전체 면적이 서울의 5배가 넘는 에이셀 호는 호수라고 믿기지 않을 만큼 넓다. 그리고 에이셀 호 주변의 간척지 162ha가 지도에 추가됐다. 네덜란드 지도가 바뀌는 대역사를 이뤄낸 것이다.

북부의 와덴 해도 역시 간척의 역사를 보여준다. 와덴 해를 자세히 보면, 야트막한 버드나무 둑이 해안선을 따라 늘어서 있다. 이중으로 된 나무둑 사이에는 작고 가는 나뭇가지들이 빽빽하게 들어차 있다. 이렇게 얕은 둑을 쌓아놓으면 밀물 때는 버드나무 둑 안쪽으로 물이 차면서 모래가 같이 유입되고, 썰물 때는 모래·자갈 따위는 낮은 둑에 걸리고 바닷물만 빠져나가면서 점차 육지가 되는 것이다. 간단하지만 끈기가 필요한 작업이다. 현재 네덜란드 땅의 5분의 1이 이런 방법으로 12세기부터 만들어졌다.

인구의 60%가 간척지에서 살고 있으니, 신이 세상을 만들었다면 네덜란

우리나라의 습지

• 우포늪

우리나라에서 유일한 배후습지이다. 경남 일대의 늪이 자연늪으로 확인된 것은 1983년, 20년 동안 과거에 늪이었거나 현재 늪인 곳을 다 찾아다녔던 식물학자 고 정영호 박사에 의해서다. 정영호 박사는 경남의 한 공무원이 "우리 지역의 어느 면은 물이 반, 뭍이 반이다"고 한 말을 듣고 바로 찾아갔다. 그래서 질날늪, 유전늪, 대평늪, 우포늪이 알려지게 됐다. 우포늪은 경남 창녕군 대합면·이방면·유어면·대지면 등 4개 면에 걸쳐 있는 자연늪이다. 면적은 170ha로 여의도보다 약간 작다. 1m를 넘지 않는 깊이에 밑바닥에는 오랜 세월에 걸쳐 가라앉은 부식질이 두껍게 쌓여 있다. 우포늪에는 34종의 습지식물, 멸종 위기종으로 지정된 가시연꽃, 35종의 부식질과 수초, 350여 종의 담수조류 등이 서식하고 있다. 1997년 자연생태계보호구역으로 지정됐다.

육지화하고 있는 용늪과 용늪의 촛대승마.

드인들은 땅을 만들었다고 할 만하다.

"네덜란드는 간척으로 일군 땅이다. 우리 모두 간척지에 살고 있는 셈이다. 그러나 이제 안전에 문제가 없는 한 강 유역을 넓혀 물의 흐름을 자유롭게 만들어주려고 한다. 이것을 역간척이라고 부른다."

'세계자연보호기금'의 마를루 반 캄펀의 말이다. 그런데 역사를 돌이키는, 자칫 엄청난 반발을 부를 수 있는 역간척을 왜 시도하게 됐을까?

네덜란드의 상징이던 풍차는 이미 본래의 쓰임새를 잃은 채 멈춰버렸다. 간척지의 물을 퍼내는 데는 오래 전부터 구식 풍차 대신 강력한 터보 엔진을 사용해왔다. 자동화된 터보 엔진으로 더 많은 양의 물을 퍼낼 수 있었지만 간척지의 물은 퍼내고 또 퍼내도 계속 고였고, 그럴수록 더 강력한 터보 엔진을 필요로 하는 악순환이 반복됐다.

"터보 엔진은 1년에 800시간 가동되고 평균 7200m³의 물을 퍼낸다." 펌핑 기술자 하이코프는 네덜란드 전체로 볼 때 터보 엔진 시설을 유지하는 데만 연간 우리 돈으로 800억 원의 비용이 든다고 말한다. 간척지 건설에 드는 비용

• 용늪

천연기념물 246호인 용늪은 강원도 인제군과 양구군 접경 해발 1316m 높이의 대암산 정상부에 있는 고층습원이다. 넓이가 2000여 평에 지나지 않는 조그만 늪이지만 높은 산에 있는 습지는 매우 드물기 때문에 가치가 크다. 용늪에는 금강초롱, 칼용담, 물매화, 물이끼, 투구꽃 등 희귀 식물이 자라고 있다. 그런데 최근 들어 빠른 속도로 육지화하고 있다. 환경부는 용늪을 자연생태계보호구역으로 정하고 2000년 7월까지 사람들의 출입을 금지했다.

우리나라의 주요 습지보존지역

주요 습지	면적(ha)	주요 습지	면적(ha)
화진포	230	천수만	15,000 이상
송지호	63	금강 상류	500
청초호	135	금강, 만경강, 동진강 하구 유역	20,000
경포호	117	서대구와 고령습지	5,000
철원분지(용늪)	500	우포늪	170
대성동 및 판문점	1,700	대평늪	14
한강 하구	2,620	질날늪	28.7
신도	2.2	유전늪	36.7
강화도 남안과 영종도 북안 갯벌	7,662	산남 저수지	75
영종도 남안 갯벌과 주변 도서지역	9,446	주남 저수지	307
한강(서울)	2,020	동판 저수지	50
양수리	487	낙동강 하구 유역	9,560
남양만	10,000	거제도 학동 유역	3,000
아산만	15,000 이상	성산포 저수지	30

• 물령아리

제주도의 물령아리는 많이 알려져 있지 않다. 물령아리는 제주의 많은 '오름'의 하나로 다른 오름들보다 크지도 않고 평범해 보이지만 고층습원을 안고 있어 생태적 가치가 높다. 물령아리 정상에는 직경 100m 정도 되는 자연늪이 자리잡고 있다. 제주도는 비가 많이 내리는 편이지만 물이 고이지 않고 곧 빠져버려, 강이나 못이 생겨나기 어려운 지질로 되어 있다. 그런데 기생화산의 정상에 자연 생성된 습지가 있다는 것은 매우 희귀한 일이다. 제주도의 환경단체 '푸른 이어도 사람들'은 습지 조사팀을 만들어 제주도의 천연 습지들을 탐사하고 있다.

에다 유지비까지 고려하면 간척은 더 이상 경제적인 사업이 아니라는 것이다. 게다가 물과 함께 상당량의 토사가 유출되면서 지반이 침하되어 지역에 따라서는 100년 사이에 50~60cm씩 가라앉은 곳도 있다. 전혀 예상치 못한 자연의 반격이 시작된 것이다. 그러니 바다보다 낮은 네덜란드에서 역간척은 생존을 위한 선택인 것이다.

역간척의 배경에는 농업 정책의 변화도 포함되어 있다. 유럽연합은 회원국의 모든 농민들에게 농산물의 잉여생산을 막기 위해 소유 농지의 15%를 놀리도록 권장하고 있다. 이 때문에 네덜란드 농부들은 땅을 놀리느니 아예 정부에 팔아버렸다. 이런 농업환경의 변화가 역간척을 위해 땅을 내놓아야 하는 이들로부터 큰 반발을 사지 않도록 도운 셈이다.

'자연을 위한 종합계획'에 의해 이제 네덜란드 전체 농지의 10분의 1이 습지나 호수로 되돌려질 것이다. 그 첫 예로 1993년 라인 강 지류에 자리잡은 블라우에카머 둑이 허물어졌다. 36만 평의 농지가 물에 잠기는 순간이었다. 수백 명의 취재진이 지켜보는 가운데 18세기 이후 이곳에 땅이 있게 했던 높이 2m의 둑이 허물어졌다. 이제 강물은 다시 이곳을 자유롭게 드나들게 됐고, 블라우에카머는 방대한 면적의 땅을 자연에 처음 되돌려준 곳으로 기억될 것이다.

"역간척은 땅을 자연 본래의 모습으로 되돌리는 것이다. 현재 네덜란드는 자연 상태인 지역이 5%밖에 남아 있지 않아 역간척이 매우 중요하다. 5년이 지난 지금 블라우에카머의 회복은 매우 성공적이다." '유트레이트 기금'의 핸드리크 헤싱크는 둑을 허문 그곳을 자연보호구역으로 지정해 사람들의 출입

압슬로이트 댐을 가운데 두고 왼쪽은 해수가 오른쪽은 담수가 흐르고 있다. (왼쪽)
다시 물에 잠기게 된 블라우에카머. (오른쪽)

을 통제한 결과 이전에 비해 무려 67%나 늘어난 생물종과 수많은 종류의 물새들이 이곳을 찾았다고 한다.

밀링어바드에 돌아온 황새와 비버.

자연 회귀를 보여주는 또 다른 곳으로 가보자. 독일과 국경이 맞닿은 발 강은 네덜란드 3대 강 중의 하나이다. 발 강 주변 렐더란드 주 밀링어바드의 역간척은 현재 약 25%의 공정이 진행중이다. 생태학자 요한 베커스는 역간척이 시작된 후 수년째 이 지역의 생태계를 관찰해왔다.

"이곳의 풀들은 점토층에 뿌리를 두고 자란다. 그러나 역간척으로 점토층을 제거하고 나면 남는 것은 모래다. 바로 그 상태, 다시 자연 상태로 회복되고 있다."

둑을 허물어서 물길을 터준 블라우에 카머와 달리 밀링어바드의 역간척은 경작지의 점토를 긁어내서 물이 들어올 자리를 넓히는 것이다. 겨울에 홍수가 나면 불어난 강물이 밀려들면서 옥수수 경작지였던 땅이 간척 전의 상태인 호수로 변하게 된다. 공중에서 보면, 발 강 유역에 하나둘 호수가 생기기 시작한 것을 실감할 수 있다.

밀링어바드에 역간척이 진행되면서 반가운 손님들이 찾아왔다. 뛰어난 시력으로 하늘에서 지상의 먹이를 발견하면 잽싸게 내려와 낚아채는 황조롱이는 주로 습지에 사는 작은 쥐를 먹는다. 물이 차오르는 숲에서도 변화를 찾아볼 수 있다. 4m 깊이의 점토를 긁어낸 자리에 흘러들어온 강물은 현재 수위가 2.5m 정도이다. 늪지대와 물가를 중심으로 600여 종의 식물이 서식하면서 먹이를 찾아 기러기 · 오리 등 물새들이 돌아왔다. 이제 밀링어바드는 네덜란드에서 가장 잘 보존된 자연 서식지의 하나가 됐다.

1994년 9월 30일 밀링어바드의 호숫가에는 전에 없던 일로 흥분이 감돌

보츠와나의 오카방고 습지.

있다. 이곳에서 이미 멸종됐던 '비버'를 데려온 날이기 때문이다. 취재진의 열띤 경쟁이 벌어질 만도 했다. 네덜란드에서 마지막으로 비버가 발견된 것은 1826년. 170여 년의 시간을 건너뛰어 독일 엘베 강에서 이사온 12마리의 비버가 밀링어바드에 새로운 보금자리를 갖게 된 것이다.

"이제 사람들은 헤엄치는 비버를 볼 수 있게 됐다."

요한 베커스는 그 뒤로 계속 비버의 흔적을 찾아 관찰해왔다. 엘베 강과 론 강 유역에만 서식하던 비버의 흔적이 밀링어바드 호숫가 곳곳에서 발견되면서, 비버들이 잘 적응했음을 알 수 있었다. 나무의 부드러운 껍질이나 싹이 비버의 먹이가 된 흔적이 있으며, 비버가 지나갔음직한 길을 따라가보면 비버의 이빨 자국이 남아 있는 나뭇가지들을 발견하게 된다. 이 나뭇가지들은 대개 집을 만드는 데 쓰이는데, 이렇게 비버는 이곳의 터줏대감이 되어가고 있었다.

이렇듯 과감한 역간척으로 네덜란드 사람들이 길조라고 믿는 황새가 알브라스바드 습지에 다시 찾아들어 집을 지었다. 울창한 갈대밭 베리번 국립공원은 스펀지처럼 물기를 머금고 있다.

그런데 지금도 여전히 네덜란드는 개발과 보존 사이에서 갈등하고 있다. 네덜란드 사람들의 고민을 보여주는 단적인 예가 바로 '아이스버그 프로젝트'이다. 암스테르담이 바라다보이는 아이스버그에 '에이셀 호의 성'이라는 프로젝트가 진행중이다. 이 프로젝트는 1996년 9월, 국민투표를 통해 결정됐다. 에이셀 호에 6개의 인공 섬을 건설하여 4만 5000명을 수용할 수 있는 주택 1만 8000여 채를 짓겠다는 계획으로, 국민투표까지 한 결과 반대표가 더 많았지만 네덜란드 법에 따라 과반수를 넘지 못했기 때문에 건설이 결정됐다. 벌써 섬 하나는 거의 완성됐으며 나머지도 2010년까지 속속 완성될 예정이다. 그러나 건설 예정지가 자연보호지역이라 아이스버그 프로젝트는 그 동안 역간척의 논리를 펴온 네덜란드를 '자기모순'에 빠지게 했다.

"우리는 아이스버그 주거지역 건설에 반대한다. 자연보호지역을 건설 부지로 정했기 때문이다. 물론 주택이 부족하다는 건 인정한다. 그러나 적당한 곳은 여기말고도 있다." 가장 적극적으로 반대운동을 펼쳤던 '네덜란드 자연보호협회'의 타코 반드 테일링건버그의 말이다. 조금이라도 집을 지을 곳이 있다면 자연보호지역에는 집을 짓지 말라는 것이 이들의 주장이다.

아이스버그에 인접한 자연보호지역 나르데미어 습지. 1km²당 940명꼴로 유럽에서도 인구밀도가 높은 네덜란드 사람들에게 이런 자연보호지역은 아주 중요하다. 한때 네덜란드에서 멸종된 것으로 알려졌던 가마우지도 나르데미어 습지가 자연보호지역이 되면서 제 기능을 발휘하자 다시 돌아왔다. 이때부터 네덜란드 사람들은 생태계 복원의 가능성을 확신하기 시작했다. 만일 아이스버그 프로젝트가 진행된다면 모처럼의 꿈, 생태계 복원의 꿈은 사라지는 것일까?

분명 네덜란드는 다시 지도를 그리고 있다. 그런가 하면 개발과 보존이라는 딜레마에 빠져 있기도 하다. 이제야 '정복' 대신 '조화'를 깨닫기 시작했는데, 다시 자연과의 조화를 포기한다면 먼저 밀려났던 비버나 가마우지처럼 이제 인간이 밀려날지도 모른다.

미래에너지를 찾아라

《체르노빌의 아이들》의 작가 히로세 다카시는 말한다.

"지구에는 약 400기의 원자로가 건설돼 있고,

이미 돌이킬 수 없는 양의 '죽음의 재'가 생산됐다.

이것이 체르노빌과 같은 대참사를 다시 일으킬 것인지,

아니면 '방사능'이라 불리는, 관리 불가능한 폐기물로

인류를 사멸시킬 것인지는 그 누구도 예측할 수 없다.

단지 어느 쪽인가가 우리를 기다릴 뿐이다.

우리가 아는 것은 그 시기가 바로 몇 년 후,

길어야 10여 년 후로 다가왔다는 사실이다."

1998년 9월 27일, 제14차 독일 연방의회 선거는 사민당의 승리로 끝났다. 307석을 얻어 다수당이 된 사민당은 6.7%의 지지로 47석을 차지한 녹색당과 연립정부를 꾸려 연방의회 안정 의석(334석)보다 10석 이상 많은 354석을 확보했다. 더불어 16년간 장기 집권해온 헬무트 콜 총리를 물러나게 한 새 인물, 게르하르트 슈뢰더는 빌 클린턴, 토니 블레어와 함께 세상을 움직이는 젊은 지도자로 전 세계의 호감을 샀다. 세계 언론은 그가 독일에 '젊은 에너지'를 불어넣을 것이라고 했다.

한편 사민당의 집권은 이른바 '적·녹 연정'이라는 점에서 세계의 관심을 끌었다. 슈뢰더의 동반자가 된 녹색당의 원내총무 요슈카 피셔는《새로운 사회계약 : 전 지구적 혁명에 대한 정치적 응답》에서 생태적인 미래시장에서 새로운 일자리를 창출하고, 환경세를 도입하며, 새로운 에너지로 전환하는 것까지 '사회생태주의'를 주장해왔다.

과연 앞으로 펼쳐질 독일 현실정치에 녹색당의 환경 친화적인 이상이 어떻게 반영될 것인가? 연립정부가 들어서고 한 달이 채 안 된 1998년 10월 20일 공개된 연립정부 정강에는 녹색당의 이상이 가시적으로 나타나는 항목이 있다. 바로 '새로운 에너지 성책'이다. 모든 핵발전소를 5년 안에 폐쇄한다는 녹

체르노빌 사고로 죽은 사람들의 무덤과 그들을 기념한 조각 〈핵폭발 속의 사람들〉.

색당의 원래 입장만큼 진보적이지는 않지만 19기의 원자로 중 노후한 4기는 바로, 나머지 13기는 단계적으로 폐쇄한다는 결정이다.

새 독일 정부는 먼저 원자력법을 개정해 원자력업계에 대한 지원조항을 완전히 삭제할 계획이다. 1998년 초 콜 정부는 원자력발전소 주변 주민들의 환경권을 대폭 축소해 원전측을 지원했는데 연립정부는 콜 정부의 조처가 무효라고 합의했다.

또한 핵폐기물 처리 문제에 대해서도

독일의 적·녹 연정은 경제적이지도 안전하지도 않은 핵에너지 정책을 재고하겠다고 발표했다.

콜 정부와 뚜렷한 차이를 보였다. 1989년에 콜 정부는 지역주민들의 저항에 부딪쳐 재처리시설을 포기할 수밖에 없었고, 원전업계는 핵폐기물 저장소를 확보하는 작업에만 우리 돈으로 2조 5000억 원이 넘는 자금을 쏟아부었다. 그러자 콜 정부는 영국과 프랑스에 재처리를 위탁했고 그곳에서 추출한 플루토늄과 핵폐기물을 돌려받는 우회로를 선택했다. 그리고 최종 저장소를 확정할 때까지 핵폐기물을 중간 저장소에 임시 보관한다는 방침에 따라 1995년부터 해마다 한 차례씩 니더작센 주 고어레벤 임시 저장소로 핵폐기물을 옮기는 수송작업을 벌여왔다. 환경단체들은 핵폐기물의 수송이 방사능 누출 사고를 일으킬 우려가 있다며 이를 반대해왔다. 이때 콜 정부가 핵폐기물 수송에 투입한 호송 경찰이 1년에 약 3만 명, 수송비용은 800억 원에 달했다.

슈뢰더 정부는 이제 독일의 핵폐기물은 독일에서, 그 발전소 내에서 처리한다는 원칙에 따라 사용 후 핵연료를 영국이나 프랑스 등에 위탁 처리하는 일을 중단했고, 핵폐기물 중간 저장소를 원자력발전소 안에 지으라고 했다.

1998년 유럽시장의 통합에 따라 독일 전력시장을 개방한 때, 즉 독일 원전업계가 독점력을 행사할 수 없게 된 시점에서 맞은 새 원자력법은 사망선고나 다름없었다. 슈뢰더 정부는 원전업계와의 이 협상이 실패할 경우 바로 원전 폐쇄를 확정할 것이라고 못박았다.

"핵에너지에서 태양 · 물 · 바람과 같은 새로운 에너지로 전환한다"는 녹색당의 이상이 현 연립정부에서 실현될 것인가? 독일은 어떤 에너지로 내일의 문을 열 것인가?

'맨해튼'의 마루타들

《앨버카키 트리뷴》의 젊은 여기자 아이린 웰삼은 커틀랜드 공군기지의 공군병기연구소에서 동물실험에 관한 비밀 보고서를 어렵게 구해 읽었다. 그런데 보고서에는 눈에 걸리는 부분이 있었다. 전혀 듣지도 보지도 못한 플루토늄 실험

핵실험 후 생긴 구덩이들.

에 대한 기록이었는데 아무리 읽고 또 읽어도 그것은 동물실험이 아닌 것 같았다.

아이린은 신속하게 그 실험과 관계됐을 만한 자료들을 모으기 시작했다. 처음 그녀가 찾아낸 단서들은 CAL, HP, CHI 등 암호 같은 번호 18개였다. 아이린은 이 플루토늄 실험이 아무래도 '인체'에 가해진 실험이 아닌가 하고 의심했다. 정말 인체실험이라면 도대체 실험 대상이 된 피해자들은 누구란 말인가? 이런 의문에서 시작된 그녀의 추적은 6년 동안이나 계속됐다.

마침내 1993년 가을 《앨버카키 트리뷴》에 '플루토늄 인체실험 보고서'라는 제목의 기사를 연재하게 된다. 제2차 세계대전이 끝날 무렵 나치의 인체실험을 전 세계가 규탄하고 있을 때, 미국의 과학자들이 18명의 시민에게 플루토늄을 주사해 인체실험을 했고, 인간을 실험 동물로 사용한

이 끔찍한 계획이 50년간 비밀에 붙여졌다는 아이린의 폭로로 미국 사회는 발칵 뒤집혔고, 아이린은 1994년 퓰리처상을 받았다.

《앨버카키 트리뷴》 본사가 있는 미국 서부 뉴멕시코 주는 제2차 세계대전 말 미국의 '맨해튼 계획', 이른바 원자폭탄 제조계획이 비밀리에 추진됐던 미국 7개 주 가운데 하나로 원자폭탄을 개발·제조했던 로스앨러모스 과학연구소와 1945년 7월 16일 세계 최초로 원자폭탄 실험이 실시된 앨러머고도가 속해 있는 곳이다. 맨해튼 계획에 의한 플루토늄 인체실험을 추적하자 바로 로스앨러모스 과학연구소에서 제안됐음이 드러났다.

1944년 로스앨러모스 과학연구소의 화학자 돈 마스틱은 연구소에서 발생한 사고로 날아든 플루토늄에 오염된 음료수를 우연히 마시게 됐다. 플루토늄이 사람 몸 안에 들어갔다는 것 자체가 당시로서는 엄청난 사건이었다. 지상에서 가장 독성이 강한 물질, 아직 이름도 없어 그냥 '제품(product)'으로만 불리던 극비의 물질이 사람 몸 안에 들어간 것이다. 사고 후 15년 동안 돈 마스틱의 소변은 방사능을 띠었다. 동료 과학자들은 마스틱의 몸에 플루토늄

《앨버카키 트리뷴》이 폭로한 맨해튼 계획.

이 얼마만큼 존재하는지, 또 그것이 얼마나 심각한 피해를 가져올지 알 수 없었다. 사고 발생 후 로스앨러모스 과학연구소 소장 오펜하이머와 연구소 의학반의 초대 반장 루이스 헨펠만에 의해 플루토늄 인체실험이 계획됐다. 우연한 사고로 시작된 인체실험, 그 실험의 마루타들은 누구였을까?

미국의 캘리포니아 대학병원·시카고 대학병원·로체스터 메모리얼 병원·맨해튼 프로젝트 병원 등 4곳에서 실시된 이 인체실험의 대상은, 1945년 4월 10일 플루토늄 주사를 맞은 에베니저 케이드라는 남자를 시작으로 1947년 7월 18일의 엘머 앨런까지 18명이다. 그들은 만 다섯 살도 되지 않은 어린아이에서부터 69세의 노인까지 다양했다. 18명 중 남자가 13명, 여자는 5명이었고, 인종별로는 흑인이 3명, 나머지 15명은 백인이었다. 이들은 보통사람이 평생

동안 쪼이는 방사선량의 6배에서부터 최고 844배에 해당하는 플루토늄 주사를 각각 맞았다.

CAL-1이라는 암호로 알려진 최초의 희생자는 앨버트 스티븐스이다. 1945년 캘리포니아 대학병원에서 위암 진단을 받은 스티븐스는 그 해 5월 14일 플루토늄 238과 239를 동시에 맞았다. 플루토늄 주사 4일 후에 간의 왼쪽 부위 절반, 비장 전체, 췌장과 복막의 일부를 절제하는 대수술을 받았다. 의사들은 스티븐스가 위암으로 생명이

제2차 세계대전 때 미국의 대통령 루스벨트는 만약 연합군이 원자폭탄을 만들지 못하면 히틀러가 먼저 그 무기를 갖게 될 것이라고 생각했다. 그래서 1941년 '맨해튼 계획'을 추진한다. '맨해튼 계획'이란 바로 원자폭탄을 만들라는 것이었다.

미국·영국·캐나다·프랑스 등의 이름난 물리학자들이 핵분열 폭탄을 만들기 위해 미국으로 모여들었고, 그 중 이탈리아의 원자물리학자 엔리코 페르미가 핵심이었다. 그런데 페르미의 몇몇 동료들은 원자폭탄이 인류의 위기를 초래할 것이라고 반대했다. 그럼에도 페르미와 연구진은 1942년 12월, 자신들의 첫번째 목표를 달성한다. 우라늄 원자로가 시카고 경기장 지하에 건설, 가동되기 시작하였다. 원자로가 처음 생산해낸 에너지는 손전등도 밝힐 수 없을 만큼 보잘것없는 것이었지만 그것은 지구가 원자력시대로 접어들었음을 알리는 신호탄이었다.

한편 당시 미국의 과학자들은 우라늄보다 성능이 좋은 새로운 원소를 개발했는데, 바로 플루토늄이었다. 그렇게 폭탄의 원료인 플루토늄과 농축 우라늄이 납으로 만든 창고에 쌓여갔다. 맨해튼 계획은 극비리에 진행되었기 때문에 1945년 루스벨트 대통령이 죽고 대통령직을 물려받았던 트루먼조차 그 계획을 모르고 있었다.

1945년 7월, 원자폭탄 실험 준비가 완료되자 일부 과학자들은 원자폭탄 사용의 도덕성에 대해 심각한 우려를 표명했지만 소수 의견에 불과했다. 뉴멕시코 주 앨러머고도 사막에서 진행된 원자폭탄 실험은 만든 이들조차 간담이 서늘해질 만큼 대단한 위력을 보였다.

1945년 8월 6일, '꼬마'라는 별명을 가진 우라늄 폭탄이 일본의 히로시마에 떨어졌다. 전쟁은 이제 끝난 거나 다름없었

다. 그런데도 또다시 첫 폭발이 있은 사흘 뒤에 '뚱보'라는 이름의 원자폭탄이 나가사키에 떨어졌다. 두 차례의 공습으로 약 10만 명의 사람이 그 자리에서 죽었고, 10만~15만 명은 방사능 후유증으로 수년에 걸쳐 서서히 죽어갔다. 뿐만 아니라 그들의 자식들은 기형아로 태어나 지금까지 최악의 삶을 살고 있다.

처음에 핵 전문가들도 핵분열과정에서 생성되는 열을 쓸모 없는 부산물로만 취급했다. 1940년대 후반에 이르러 많은 사람들은 원자로가 단지 플루토늄만을 생산하는 기계가 아니라 전기도 생산한다는 것을 깨닫기 시작했다. 국민들에게 전기를 공급하기 위한 핵에너지 프로그램에 처음 관심을 쏟은 국가는 캐나다이다. 1954년 미국과 소련도 거대한 원자로를 만들었고, 1956년 영국과 프랑스가 상업용 원자로를 만들었다고 발표했다. 핵무기를 갖지 못했던 몇몇 국가들도 뒤늦게 핵시대로 돌입할 준비를 갖추었다. 서독, 캐나다, 이탈리아, 일본, 스웨덴 등등.

그런데 모든 핵 보유국들은 원자력에 대해 국민들이 의견을 표시할 기회를 전혀 주지 않았다. 과학자들은 군부와 의논하고 군부는 정치인들과, 정치인들은 기업가들과 의논하고 또다시 기업가들은 과학자들과 의논함으로써 국민들은 이 과정에서 철저히 소외되었다. 원자력이 이용되고 30년이 흐르면서 사람들은 비로소 원자력의 안전성을 의심하게 됐다.

얼마 남지 않았다고 했지만 그는 수술 후 21년간이나 생존했다. 그가 21년이나 더 살았던 건 기적이었을까, 아니면 의도적인 오진이었을까?

플루토늄 주사 후 1년 동안 과학자들은 스티븐스의 대소변을 정기적으로 검사하고 분석했다. 이를 기초로 1946년 다시 캘리포니아 대학병원의 연구자들이 〈인체와 쥐에서 플루토늄 대사 비교〉라는 기밀 보고서를 제출했다. 결국 스티븐스는 플루토늄을 주사받은 5마리의 쥐와 함께 비교실험 동물로 선택, 사용된 것이다. 스티븐스는 1966년 엉뚱하게도 심장병으로 사망했는데, 사망 2일 후 화장됐고 유골은 다시 연구를 위해 수거됐다. 유골 기증 청구서에는 "의학과 과학연구, 교육의 발전을 위해서"라고 기록되었다. 9년 뒤 그 유골은 알곤누 국립연구소로 옮겨졌다. 현재 유골의 일부는 '국립 인체방사선 생물학조직 저장소'가 있는 워싱턴 주 스포캔으로 옮겨져 보관중이다.

HP-3이라는 암호의 환자는 이다 슐츠 찰턴이라는 여성이었다. 그녀는 단백저하증과 발진 외에 가벼운 간염 증세를 앓고 있었을 뿐이었다. 그럼에도 역시 플루토늄이 주사됐다. 그 후 크리스틴 워터하우스라는 여의사가 전담해 30년간 정기적으로 진찰했다.

"이다에게 플루토늄을 주사했다는 것을 뒤늦게 알았다. 한번 주입된 플루토늄을 제거하는 것은 불가능하기 때문에 그녀로부터 가능한 한 많은 지식을 얻는 것이 나의 임무라고 생각했다"고 워터하우스는 말했다. 그런데 찰턴은 플루토늄 주사 후 37년 2개월을 질병과 정신적인 쇼크 속에서 살아야 했다.

18명의 희생자 중 가장 어리고 유일한 외국인이었던 시매온 쇼는 CAL-2라는 암호를 가지고 있었다. 골암에 걸

체르노빌 참사 10주년 행사에서 환경단체들은 핵에너지에 의한 모든 피해자들을 애도했다.

핵실험으로 평화롭던 비키니 섬은 방사능 기지가 됐고 주민들은 백혈병 등에 시달리게 됐다. 결국 이 섬 사람들은 그린피스 호를 타고 다른 곳으로 이주했고 섬은 소거됐다.

려 죽을 운명에 놓여 있던 오스트레일리아의 이 어린아이가 '미국의 도움으로' 치료를 받게 됐다고 해서 당시 두 나라간의 훈훈한 화젯거리가 되었다. 1946년 봄, 미 육군은 특별 수송기를 제공해 오스트레일리아에서 아이를 데려 왔는데 그때 미국의 신문들은 "선의의 비행, 오스트레일리아 소년 도착" "병에 걸린 소년, 비행기로 미국에 들어오다"라고 대대적으로 보도했다.

그러나 10일 뒤, 쇼가 다섯번째 생일을 맞이하기 한 달 전인 1946년 4월 26일 캘리포니아 대학병원에서 플루토늄 239와 셀렌, 희토류 금속인 툴륨 주사를 맞았다. 주사 1시간 후 10cc의 혈액을 채취했고 다시 일주일이 지난 5월 3일에는 조직검사를 실시함과 동시에 혈액, 종창, 뼈 등의 조직 시료를 채취해 방사능물질 함유량을 측정했다. 미국과 오스트레일리아 양국을 떠들썩하게 만들었던 이 아이는 이렇게 플루토늄 인체실험에 이용된 뒤 고향인 시드니로 되돌아갔다. 다음해 1월 6일, 플루토늄 주사 후 8개월 만에 아이는 사망했다. 미국은 애초부터 이 아이를 '어떤' 의도로 데려왔던 것일까?

흑인 엘머 앨런은 암호로만 표시된 환자들 중 신원이 처음으로 밝혀진 사람으로 CAL-3이라는 암호를 갖고 있었다. 철도 노동자로 일하던 중 기차에서 떨어지는 사고를 당한 그는 캘리포니아 대학병원으로부터 골암이라는 진단을 받았다. 1947년 7월 병원측은 그에게 치료 목적이라며 플루토늄 238을 주사했다. 이 실험의 성격에 대해 병원측은 환자인 앨런에게 설명했고, 환자는 정상적인 정신 상태에서 완전히 납득하고 동의하였다는 환자 동의서가 남아 있다. 18명의 희생자 중 유일하게 주사 전에 실험에 대해 설명한 기록이 남아 있는 것이다. 그러나 동의서에는 그 실험을 어떻게 설명했는가는 기록되어 있지 않다. 앨런은 플루토늄 주사 후 "골암이 번지는 것을 막기 위해서"라며 왼쪽 다리를 절단당했다. 물론 잘려진 왼쪽 다리는 방사능 연구에 사용되었다. 평생을 의족으로 살아야 했던 앨런은 의사들의 예상과는 달리 18명의 환자 중 가장 오랜 기간인 44년을 살았다. 바꾸어 말해 그는 보통 5년 안에 사망한다는 골암 환자가 아니었던 것이다.

앨런은 플루토늄 주입 후 간질을 앓게 되었고, 정신착란·알코올 중독 등에 시달리며 고통스러워하다가 1991년 사망했다. 물론 가족들은 앨런의 고통이 플루토늄과 관련이 있으리라고는 꿈에도 상상하지 못했다. 1993년 이 사실이 밝혀지자 학교 교사였던 딸 엘머린 앨런은 워싱턴에 있는 '에너지 환경연구소'와 함께 실험 내용 일체를 공개할 것을 요구했고, 아버지가 죽기까지 44년을 얼마나 고통스럽게 살았는지, 미국 곳곳을 다니며 증언했다.

이른바 '맨해튼 계획'이 이렇게 밝혀지자 헤이즐리 올리 미국 에너지성 장관은 실험 사실을 인정했다. 이름난 대학 연구소와 병원, 저명한 과학자 등 과학의 힘을 신봉하던 핵 개발자들은 플루토늄이 인체에 어떻게 작용하는지, 얼마나 오랫동안 혈액 속에서 순환하는지, 뼛속 어디에 축적되는지, 얼마나 빨리 배설되는지, 다른 질병과 어떻게 충돌하는지를 알고 싶은 욕구에 사로잡혀 이렇게 인체실험을 자행한 것이다. 게다가 실험을 자행한 뒤 몇십 년 동안 이들을 관찰하고 시체까지 해부하는 등 인권 유린을 저질러온 것까지 폭로돼 충격은 더 컸다. 제2차 세계대전 당시 나치의 유태인 인체실험을 비판했던 미국의 파렴치한 두 얼굴을 보여주는 적나라한 예이자, '핵'이라는 물질은 언제든지 반윤리적인 용도로 이용될 수 있음을 암시하는 사건이었다.

투표로 '탈핵발전'을 결정한 나라들

1986년 4월 26일, 새벽 1시 23분. 구소련의 곡창지대, 우크라이나의 고요한 밤 하늘이 무너졌다. 체르노빌 '레닌 핵발전소'의 원자로 폭발로 순식간에 불기둥이 솟아올랐고 도시는 활활 타올랐다.

처음에 구소련 정부는 약 5만 명이 방사능에 노출됐고, 31명(서구 언론에서는 3000명)이 사망했으며, 2000명(서구 언론에서는 10만 명)이 부상했고, 20여 만 명이 평생 방사성 질병과 관련된 검진을 받아야 할 것이라고 발표했다. 그러나 주변국의 피해사례까지 접수되면서 체르노빌 사고의 피해 규모는 눈덩이처럼 불어났다.

흑해 서쪽 터키의 듀체에서는 체르노빌 사고 후 7개월 동안 10명의 무뇌아가 태어났고, 삼순에서도 같은 기간 동안 22명의 기형아가 태어났다. 이들 지역은 체르노빌 사고 직후 난민이 모여 살았는데, 특히 아이들이 집단 수용된 곳이다. 또 폴란드에서는 체르노빌 사고 1년 후 신생아 출산율이 예년에 비해 30% 정도로 감소했다고 주장했고, 서독의 '베를린 자유대학 인간유전학연구소'는 1987년 2월에 다운증후군을 가진 장애아의 출산이 예년에 비해 5배나 늘었다고 했다. 물론 이 모두는 체르노빌 사고로 인한 피해였다.

급기야 1992년 우크라이나 정부도 이 사고로 우크라이나에서만 3만 2571명이 사망했으며 그 중 683명은 어린아이였다고 발표했다. 또 400만 명의 사람들은 여전히 방사능 피해권 안에 살고 있다고 했다.

세계 핵발전 사상 최악의 사고로 기록된 체르노빌 사고로 인해 건강이나 생활에 직접 영향을 받은 사람은 과연 어느 정도나 될까? 일본 '교토 대학 원자로실험소'의 이마나카 데쓰지 교수는 체르노빌 사고로 600만 명의 사람들이 피해를 입었는데, 이 중 수십만 명에게는 틀림없이 체르노빌 사고가 직접 원인이 되어 암이 발생할 것이라고 했다.

지금도 방사능이 음산하게 깔린 죽음의 도시 체르노빌, 이 사고로 세계는 핵발전을 재고하게 됐다. 오스트리아는 핵발전소를 폐기한 최초의 국가이다. 1978년 11월 15일 오스트리아는 완공된 츠벤덴도르프 핵발전소의 운전

찬반을 묻는 국민투표를 실시했다. 결과는 찬성이 49.5%, 반대가 50.5%로, 단 9만 표 차이로 반대파가 승리했다. 그러나 1986년 체르노빌 사고가 터지자 핵발전소에 대한 지지율은 10% 정도로 크게 떨어졌고 급기야 그 해 9월 오스트리아 정부는 츠벤덴도르프 핵발전소를 해체하도록 지시했다. 이 핵발전소는 세계에서 처음으로 조업도 하기 전에 해체·폐기되었다. 핵발전을 스스로 폐기한 오스트리아는 세계의 탈핵발전소 운동까지 벌이고 있다. 독일의 바커스도르프 재처리공장과 체코 국경 부근의 테머린 핵발전소 반대운동 등이 그

방사능 오염 불감지대

박신우 씨는 1969년 한양대 원자력공학과를 졸업하고 한국전력에 입사했다. 그는 곧 미국 웨스팅하우스 전기에서 연수를 받고 돌아와 미국의 방사선 안전관리를 국내에 도입하는 역할을 맡았다. 1974년부터 1983년까지 고리 1호기에서 보건물리계장, 방사선관리과장으로 일했고 그리고는 한국전력 기술안전지원실 부처장으로 승진했다. 그런데 1986년 5월 1일 서울대 병원에서 '악성 임파선 종양'이라는 진단을 받았고, 1988년 10월 1일 당시 나이 48세로 죽었다.

2년의 투병생활 끝에 회복될 수 없는 상태에 이르자 박신우 씨는 핵발전소 안에서의 피폭 실태를 부인한테 받아 적도록 했다. "지난 20여 년 동안 남다른 애사심과 긍지로 지켜왔던 회사생활이 이러한 결과를 가져올 수밖에 없다는 것이 너무나 가슴 아프고 안타깝다. 이 문제를 공개해야만 하나 하는 고민과 번뇌가 나를 갈등에서 헤어나지 못하게 했다. 그러나 나와 같은 숨은 희생자를 위해서라도 이 사실을 알려야 한다고 생각했다."

박신우 씨는 원자로 주변의 방사선 측정, 기준치 이상으로 오염된 방사성 물질 제거, 방사능 구역에서 작업하는 보수요원의 안전관리 등 방사선을 많이 쬐는 일을 했으며, 위험 수치에 다다를 정도로 방사선을 쬐는 일이 잦았다고 했다. 또 기록에는 피폭 제한치 이하로 나타나 있지만 일부 피폭 기록은 누락된 경우도 있다고 밝혔다. 박신우 씨의 부인은 남편이 고리 원자력발전소에 근무할 때 발전소가 불시에 멈출 때마다 급히 불려가 옷이 흠뻑 젖은 채 돌아와 옷을 버리라고 했는데 방사능에 오염된 것이 아니냐고 물으면 "절대 남에게 이런 말을 하지 말라"고 했다고 한다.

방사능에 대해 잘 알고 있던 관리자가 그 정도로 위험한 일을 맡았다면 방사능 구역에서 보수 등의 잡일을 해온 다른 이들은 어땠을까?

한국전력 보수공사 노동자로 고리 원자력발전소에서 1984~1988년 근무했던 방윤동 씨는 547밀리램의 방사능 피폭 후 1989년 위암으로 사망했다. 그 뒤 울진 원자력발전소의 김상무 씨가 1989년 10월 백혈병으로 사망했고, 울진 원자력발전소의 청소용역업체 금강코리아 세탁부에서 일한 이회자 씨가 1990년 방사능 피폭 증세로 사망했다. 역시 금강코리아 세탁부로 영광 원자력발전소에서 일한 김철 씨가 하반신 마비 등으로 1990년 사망했다. 한편 1986년에서 1988년 사이에 영광 원자력발전소의 방사능 구역에서 일한 김익성, 김동필, 문행섭 씨 등이 무뇌아, 대두아 등의 기형아를 낳아 방사능 피폭으로 인한 대를 이은 고통을 사회에 알렸다.

우리나라의 울진 원자력발전소.

우리나라는 현재 경남 고리의 1·2·3·4호기, 경북 월성의 1·2호기, 전남 영광의 1·2·3·4호기, 경북 울진의 1·2호기 등 12호기의 원자력발전소를 가지고 있고, 1999년까지 월성 3·4호기와 울진 3·4호기를 추가로 준공할 계획이다. 원자력발전소 노동자들은 여전히 공개되지 않는 방사능 오염 속에 있다.

예이다.

　이탈리아 역시 체르노빌 사고 후인 1987년 11월 8~9일 이틀에 걸쳐 실
시한 국민투표에서 핵발전소에 반대하는 안이 80%에 가까운 지지로 압승했
다. 이때부터는 새로운 핵발전소를 건설할 수 없게 됐고, 이미 75%쯤 건축된
몬타르트드카스트로 핵발전소도 더 이상 짓지 않기로 했다.

　스위스 국민들은 체르노빌 사고 이전부터 핵발전소를 신뢰하지 않았다.
스위스 바젤 주의 카이저아우구스트 핵발전소는 1974년 정부가 건설을 인가

사고 당시의 체르노빌 핵발전소.

했지만 1972년 계획 초기 단계에서부터 주민들의 격렬한 항의를 받았다. 끈질긴 반핵시위로 1977년 7월에 발전소 건설 여부를 묻는 주민투표가 실시되었다. 투표 결과, 바젤 주 또는 그곳에 가까운 주에 어떠한 핵발전소·재처리공장·핵폐기물 처리시설도 건설을 허가하지 않는다는 결정이 내려졌다. 바젤 주정부는 1983년 6월, ▲환경을 보호하는 에너지를 이용하고 ▲수입 에너지원에 대한 의존도를 줄이며 ▲다시 사용할 수 있는 에너지로 전환한다는 '에너지절약법'을 공표했다.

미국도 1979년 3월 28일 새벽, 펜실베이니아 주 드리마일 핵발전소에서 핵연료가 녹아내린 아찔한 사고를 겪은 뒤 신규 발전을 허가하지 않았다. "핵발전소 관리에 대한 안전한 기술이 확립되기 전까지는 새로운 핵발전소의 건설을 허가하지 않는다"고 미국 뉴욕 주 조례 1조에 분명히 밝혀두었다.

체르노빌 사고로 녹아버린 강아지.(위)
체르노빌 사고 직후 태어난 방사능에 오염된 아기.(아래)

스웨덴 또한 핵발전을 포기한 나라로 1998년 12기의 원자로 중 처음으로 바르세백 발전소가 폐쇄됐다. 스웨덴에 상업용 원자로가 처음 생긴 것은 1972년 한 차례의 석유 파동이 있은 후의 일이다. 더불어 1970년대 내내, 핵발전에 대한 찬반 논쟁이 팽팽하게 맞서왔다. 그런데 체르노빌 사고를 지켜본 스웨덴 국민들은 1988년 3월 23일 국민투표에서 결국 핵발전소 폐쇄에 표를 던졌다.

"스웨덴 의회는 핵발전소 2기를 1998년과 2001년에 먼저 폐쇄하자고 결정했다. 가동중인 나머지 원자로는 자기 수명까지만 운영하게 하고, 보통 원자로의 수명이 25년이라는 데 의거해 2010년까지 모든 원자로를 완전 폐쇄하기로 시한을 정했다. 이것은 스웨덴 에너지 정책의 커다란 진보라 본다."

스웨덴 전력연합회 이사 닐스 안데르손의 말이다. 4곳에 있는 12기의 원자로 중 1998년과 2001년에 각각 조기 폐쇄될 원자로는 스웨덴 전기 생산량의 6%를 담당해온

바르세백 발전소이다. 바르세백 원자로가 첫 폐쇄 대상으로 꼽힌 이유는 높은 인구밀도에 덴마크와의 접경지역이라는 점 때문이다. 덴마크는 유럽연합의 열다섯 회원국 가운데 핵발전소를 운영하지 않는 7개국 중 하나로, 이들은 바르세백에 대해서 줄곧 핵발전의 위험을 함께 나눌 수 없다는 의사를 분명히 해왔다.

바르세백에서 덴마크의 수도 코펜하겐까지는 불과 30분, 덴마크의 환경단체 회원들은 바르세백 원자로 폐쇄 결정을 듣고 축하 파티를 열었다. 이들은 덴마크 정부가 15곳의 핵발전소 부지를 선정, 발표한 1974년부터 반핵운동을 벌여왔고, 결국 1985년 정부로부터 핵발전소를 건설하지 않겠다는 약속을 받아냈다. 11년간의 끈질긴 노력의 결과였다. 이들은 스웨덴의 핵발전소 폐쇄 결정에 대해 '반핵운동의 승리'라며 반가워한다. 게다가 이 소식을 듣기 얼마 전 그들을 기쁘게 한 또 다른 소식은 덴마크 정부가 장차 화력발전소를 폐쇄하기로 결정한 것이다.

그런데 왜 이 나라들은 핵에너지를 폐기하게 됐을까?《누가 존 웨인을 죽였는가》《체르노빌의 아이들》 등의 작품을 쓴 일본의 소설가 히로세 다카시는 핵이 인류의 에너지가 될 수 없는 이유를 다음과 같이 말한다.

키에르 원자력병원 안에 있는 어린이 병동 '쿠샤보디챠'. 방사능에 오염된 식품을 먹고 '체르노빌 에이즈'에 걸린 아이들이 치료를 받고 있다. 대부분 백혈병과 암 등에 대한 면역성이 없다.

체르노빌에서 1000km 이상 떨어진 독일. 핵폭발과는 아무 상관도 없을 것 같은 이 지역의 풀들도 방사능에 오염됐다. 그 풀을 젖소들이 먹었고 소가 만들어낸 우유에서 방사능이 검출됐다. 아무 곳에나 버릴 수 없는 오염된 우유들은 독일 사회의 골칫거리가 됐다. 논란 끝에 이 우유들을 분유로 만들어 석유를 실어나르던 기차 화물칸에 임시 보관했다. 일부 몰지각한 사람들은 아프리카에 보내자고 했다. 어차피 기아로 굶어 죽는 것보다는 낫지 않느냐는 논리였으나 '반인륜적'이라는, 독일 언론의 거센 비판으로 폐기됐다. 그렇다면 이 분유들은 어떻게 됐을까?

불행하게도 아주 합법적으로 우리나라와 같은 나라들에 팔려나갔다. 아프리카로도 보낼 수 없었던 방사능 분유를 먹고 자란 우리 아이들이 언제, 얼마나 뒤에 고통을 호소할지 아무도 모른다.

체르노빌 핵발전소 폭발로 방사능이 가까운 나라들 구석구석으로 퍼져나갔다. 따라서 체르노빌 영향권에 있는 나라들이 수출하는 식품의 방사능 오염이 세계적으로 심각한 문제였다.

인도 정부는 체르노빌 사고 뒤 아일랜드에서 200톤의 오염된 버터를 싼 값에 수입해 우유로 바꿔 시장에 내놓으려다가 이를 알게 된 시민과 노동자 들의 항의로 최고재판에까지 갔다. 일본은 체르노빌 사고 뒤 홍콩에서 비프 엑기스를 수입했지만 방사능이 제한치인 1kg당 370베크렐을 넘어서자 홍콩으로 되돌려보냈다. 오염된 비프 엑기스는 홍콩이 아일랜드에서 수입해 가공한 뒤 일본으로 수출한 것이었다. 또 1987년 2월 20일, 아일랜드에서 멕시코로 수출된 낙농제품 3만 7000톤이 방사능 오염 때문에 반품된 일이 있었다. 이를 계기로 영국 의회는 당시 유럽공동체가 숨겨두고 있던 방사능 오염 식품들을 공개해야 한다고 강력히 촉구한 바 있다.

이와 같은 사건들이 반복되자 유럽산 식료품 및 사료를 수입하는 대부분의 국가들은 수입에 앞서 방사능 증명서를 요구했다. 그런데 당시 우리나라는 "한국은 농산물을 수입할 때 방사능 증명서를 요구해야 한다"고 유럽공동체가 되레 걱정해줄 만큼 방사능 오염에 대한 인식이 부족했다.

1989년 뒤늦게나마 소비자단체가 체르노빌 영향권 내의 국가들로부터 수입한 남양유업의 이유식, 한국야쿠르트의 라면, MJC 커프림 등 6개 식품을 '한국 에너지기술연구소'에 보내 방사능 측정을 의뢰했다. 그 결과 방사능 오염이 확인되었지만 분유 등 식품에 대한 방사능 기준치조차 없었을 때라 결국 그 나라들이 '합법적'으로 방사능 오염 식품을 팔아버린 꼴이 됐다.

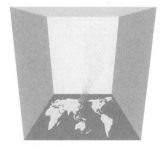

체르노빌 핵발전소 폭발로 생성된 방사능 구름이 세계로 퍼져나가는 모습의 컴퓨터 시뮬레이션. 왼쪽부터 폭발 2일째, 6일째, 10일째 상황.

"지구에는 약 400기의 원자로가 건설돼 있고, 이미 돌이킬 수 없는 양의 '죽음의 재'가 생산됐다. 이것이 체르노빌과 같은 대참사를 다시 일으킬 것인지, 아니면 '방사능'이라 불리는 관리 불가능한 폐기물로 인류를 사멸시킬 것인지는 그 누구도 예측할 수 없다. 단지 어느 쪽인가가 우리를 기다릴 뿐이다. 우리가 알고 있는 것은 그 시기가 바로 몇 년 후, 길어야 10여 년 후로 다가왔다는 사실이다."

　　스톡홀름에서 차로 5시간 정도 떨어져 있는 유스달은 체르노빌 사고의 영향이 아직 가시지 않은 곳이다. 이곳 숲의 이끼와 풀, 나무와 시냇물의 방사능 수치는 매일 빈틈없이 측정된다. 체르노빌 참사로부터 10여 년이 흘렀건만 유스달 구석구석에 스며 있는 방사능은 여전히 높은 수치를 보여준다. 사고 당시에는 자연 상태보다 5배 이상의 방사능물질이 검출됐다고 한다. 사고가 있기 전까지 체르노빌은 이름도 알 수 없는 먼 이국의 땅이었는데, 이곳 사람들은 자신들이 일으키지도 않은 핵발전소 사고에 대한 대가를 치르고 있다.

　　"방사능물질이 고기와 같은 음식물에서도 많이 발견됐다. 특히 해변가에선 여전히 높은 수치의 방사능이 검출되고 있다." 원래 핵물리학자였던 라슬로는 지금은 반핵단체의 회장이다. 체르노빌 사고로 인한 방사능 피해가 그치지 않자 그는 누구나 사용할 수 있도록 만든 간단한 방사능 검사장비를 이곳 유스달에 설치했다. 이 장비가 지금, 방사능에 오염된 음식으로부터 사람들을 보호하는 유일한 방패이다.

　　스웨덴이 핵발전을 포기한 이유는 분명하다. 누구도 방사능 오염을 원천적으로 막고 핵폐기물을 완전히 처리할 수 없기 때문이다.

　　스웨덴 포스마크에는 핵발전소에서 생긴 '짐'을 보관하는 세계 유일의 해저 핵폐기물 처리장이 있다. 방사능 반감기가 30년 이하인 대부분의 저준위 핵폐기물이 이곳 발트 해의 50m 지하 동굴에 저장된다. 최종 처리 장소를 해저로 택한 이유는 방사능물질이 지하수를 타고 다른 곳으로 퍼져나가는 것을 막기 위해서다. 항구에서 이곳 처리장까지 육로를 담당하는 운송차량은 1년에 약 4000∼6000m³의 양을 실어나른다. 운송차량에 실리는 컨테이너는 혹시나

있을 사고에 대비해 13cm의 두꺼운 강철로 만들어졌다.

　"이곳은 스웨덴 전역에서 나오는 저준위 핵폐기물들을 받아들이고 있다. 영구 처리장이라고 말하고 있지만 솔직히 말해 핵폐기물의 '처리'란 없다. 다만 튼튼하게 포장해 이곳에 저장하는 것뿐이다."

　핵폐기물 처리를 관리하는 보 카웨마크는 세계 최고의 안전도를 자랑하는 스웨덴의 핵폐기물 처리도 그저 저장하는 것뿐이라고 했다. 이 거대한 핵무덤의 용량은 6만 m³, 지금은 3분의 1 가량이 채워져 있다. 핵폐기물이 여기에 가득 찰 때, 이곳은 밀폐되고 그 이후의 책임은 다음 세대로 넘겨질 것이다.

　"앞으로 핵발전소가 폐쇄되더라도 이 핵폐기물들은 남아 있을 것이다. 우리의 숙제를 미래로 넘기는 꼴이다."

에너지 효율을 높인 스머드의 건물.

　　원자로 하나가 완전히 해체되기까지는 20년이 넘는 시간이 걸린다. 이제 그 과정에서 스웨덴이 준비해야 할 일은 다음 세기의 에너지를 찾는 것이다.

　　"핵발전소 폐쇄를 반대하는 사람들은 다른 에너지로의 전환이 절대 불가능하다고 생각한다. 그러나 풍력 · 태양열 · 바이오 연료 등으로 대체하는 것은 꿈이 아니다."

　　스웨덴 그린피스의 마츠 홈버그는 매우 자신 있게 말했다. 과연 인류는 핵이 아닌 새로운 에너지의 시대를 열 수 있을까?

미래에너지의 조건

1985년 미국 캘리포니아 새크라멘토 시 란초세코 핵발전소 중앙통제실의 컴퓨터 시스템이 혼란에 빠졌다. 급기야 방사능에 오염된 냉각수가 건물 바닥으로 새어나오는 중대 사고가 발생했다. 란초세코 핵발전소를 통해 시민들에게 값싸고 무한한 에너지를 공급하겠다던 새크라멘토 시립전력회사 '스머드(SMUD)'의 포부가 물거품이 되고 마는 순간이었다.

　　핵발전소가 정지해 있는 동안 스머드는 매일 26만 달러를 들여 외부에서 전기를 사들였고, 시스템을 원상복구하자면 막대한 비용이 들 게 뻔했다. 금융시장에서 스머드의 신용등급은 곤두박질했고, 게다가 '안전한 에너지를 원하는 새크라멘토 시민들'이라는 지역 환경단체는 다른 시민단체와 연대해 란초세코 핵발전소를 아예 폐쇄하라고 했다.

스머드는 곤경에 빠졌다. 결국 1988년과 1989년 두 번의 주민투표를 통해 란초세코 핵발전소는 폐쇄됐고, 스머드 또한 '선택'을 해야 했다. 새로 선출된 스머드 이사회는 핵발전을 포기하고 재생 가능한 에너지원을 개발하는 것이 살 길이라는 결정을 내렸다.

먼저 스머드는 '태양광 개척자 프로그램'을 통해 위기를 기회로 바꿨다. 집 지붕 위에 태양광 전지를 설치할 고객, 즉 '태양광 개척자'를 모집한 것이다. 그런데 프로그램 시작 무렵인 1993년 2kW짜리 태양광 전지를 설치하는 데 든 비용이 1만 5000 달러를 넘었다. 아무리 환경운동에 뜻이 있는 사람이라 해도 선뜻 투자하기 어려운 액수였다. 그래서 채택한 '전력회사-고객 협력방식'은 스머드가 태양광 전지 설치비용을 부담하고, 태양광 개척자들은 매달 전기요금에 4달러씩 '녹색요금'을 추가로 내는 것이었다.

스머드는 소비자들에게 에너지 효율을 높일 방법에 대해 의견을 주고 대안을 소개한다.

스머드는 2002년까지 태양광 전지 생산공장을 새크라멘토 시에 세울 계획이다. 그렇게만 되면 태양광 전지의 킬로와트당 가격을 미국의 평균 소비전력 소매가격과 비슷한 8~9센트로 맞출 수 있기 때문이다. 변신에 성공한 스머드에게 새크라멘토 시민들은 뜨거운 지지를 보내고 있다. 이미 100여 만 명의 '태양광 개척자'들이 있으며, 매년 500~1000명이 새로 참여 신청을 하고 있다. 초기 투자비용이 많이 들긴 했지만 대형 발전소를 만들 때마다 생기는 부지 선정 갈등이나 송전 선로 건설비용, 환경오염 방지시설 설치비용 등의 손실이 없었고, 필요한 용량씩 짧은 시간 안에 설치할 수 있었던 만큼 결코 손해는 보지 않았다. 지

태양열발전소(오른쪽)와 태양광 전지를 사용해 의약품용 냉장고에 전기를 보내는 모습(왼쪽). 태양에너지는 가장 보편적이고 대표적인 미래에너지원이다.

붕 위에 설치한 태양광 전지 하나하나가 조그만 발전소이기 때문에 이제 스머드는 '지붕 위에 발전소를 짓는 전력회사'로 불린다.

　개발도상국들에서도 태양에너지 산업이 싹트기 시작했다. 보츠와나의 수도인 가보로네의 주민들은 3000개 이상의 태양열 온수기를 설치해 주거용 전력 수요를 거의 15%나 줄였다. 콜롬비아와 요르단·케냐에서도 태양열 산업이 크게 성장하고 있다. 우리나라에도 현재 전남 하화도와 제주의 마라도, 충남 보령의 호도에 태양광 발전기가 설치돼 있다. 태양광 발전기는 낮에 전기를 일으켜 각 가정에 전력을 공급하고 남는 전기를 특수 반도체 소자를 내장한 축전기에 담았다가 야간에 활용할 수 있도록 한 것이다.

　한편 대부분의 개발도상국들은 아직 개발되지 않은 천연가스를 대량 보유하고 있다. 석유지질학자들은 50개국의 개발도상국에서 상당한 매장량의 천연가스를 발견했다. 이제까지 많은 국가들은 천연가스를 석유 생산에 따르는 쓸모 없는 부산물로 취급해 에너지로 이용하지 않고 태워버렸다. 1990년 나이지리아에서는 석유회사들이 210억 m³의 천연가스를 태웠는데, 나이지리아는 물론 카메룬·가나·니제르·토고의 상업에너지 수요 전부를 충족시킬 수 있는 양이었다. 인도 역시 1990년에 50억 m³가 넘는 천연가스를 태워버렸는데 이 가스를 에너지로 이용했다면 석유 수입비용에서 약 7억 달러를 절약할 수 있었을 것이다.

　천연가스는 현재 이용되고 있는 거의 모든 에너지원을 대체할 수 있다.

압축 천연가스는 가솔린과 경유를 대신할 자동차 연료로서 경제성을 지닌다. 산업 공정에서도 석유와 석탄 대신 사용될 수 있다. 종종 천연가스와 함께 발견되는 프로판가스는 가정의 조리용 땔나무 및 석탄 사용량을 줄이는 데 큰 역할을 할 수 있다.

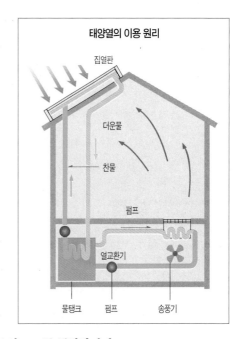

태양열의 이용 원리
집열판
더운물
찬물
펌프
열교환기
물탱크   펌프   송풍기

바람은 공해를 일으키지 않는 무진장한 에너지원이다. 바람으로 곡식을 빻았던 기원전 2000년 이후로 중국이나 페르시아에서는 풍력을 계속 이용해왔다. 영국의 연구에 따르면 풍력의 생산 단가는 원자력의 3분의 1이라고 한다. 또한 세계기상기구는 지상에 2000만 kW의 풍력이 상존한다고 보고했다. 남아메리카 남부, 아프리카 북부, 그리고 남아시아 일부 지역이 가장 풍부한 풍력자원을 갖고 있는데, 현재 전 세계적으로 300만 kW 이상 보급됐다. 덴마크에서는 2000년까지 전체 전력 수요의 10%를 풍력발전기로 공급할 계획이며, 인도는 1992년 3만 8000kW 발전용량의 풍력발전설비를 갖춤으로써 개발도상국 가운데 풍력의 이용에서 가장 앞서가고 있다.

'한국 에너지기술연구소'는 1993년부터 2년 동안 14억 원을 투입해 제주도 한림읍 월령리 2460평 부지에 '신재생에너지 시범단지'를 건설했다. 화석연료를 사용하지 않고 빛과 바람만으로 에너지를 생산하여 자연환경을 오염시키지 않는 청정에너지를 공급한다는 것이다. 시범단지에서 가장 중요한 역할을 하는 것은 풍력발전기이다. 2001년까지 제주도 전체 전력 수요량의 10%를 청정에너지로 공급할 계획이라고 한다. 한편 핵발전소 반대 열기가 뜨겁게 달아올랐던 삼척 주민들과 그 지역 출신 학자, 기업인 들이 1993년 '풍력발전연구회'를 만들었다. 제주도에 이어 바닷바람이 강하기로 유명한 삼척의 지형적 특성을 이용해 풍력발전소를 세우자는 취지였다. 전력사업이 국영화돼 있는 나라에서 국민들이 대체에너지를 직접 생산하기로 나섰다는 데 의미가 있다.

물은 동력을 얻기 위해 가장 오래 전부터 이용해온 자원이다. 그런데 수력발전 댐들은 대체에너지로 인정받지 못하고 있다. 대부분이 생태계를 파괴하기 때문이다. 대신 물을 사용해 전기를 만들어내는 연료전지에 대한 관심이 높아지고 있다. 1993~1995년, 한국과학기술연구원은 13억 원의 개발비를 들여 1.5kW급 연료전지 개발에 성공했다. 연료전지란 물을 전기분해해 수소와 산소를 얻어내는 원리를 반대로 이용, 산소와 수소의 전기·화학적 반응을 통해 전기를 얻어내는 것이다. 화력발전소의 발전 효율이 25~35%에 불과한 데 반해 연료전지의 에너지 효율은 45~55%로 높고 공해가 없는 청정에너지라

소비자가 선택하는 전력회사

미국의 여느 지역과 마찬가지로 지역의 독점기업이 지역주민에게 전력을 제공하던 뉴햄프셔 주는 1997년부터 주민이 직접 전력 공급자를 선택할 수 있게 했다. 이 전력 소매 시범사업에 15개 업체가 뛰어들어 우편물·전화·인쇄 광고물·텔레비전 등을 통해 소비자들에게 환경 친화적인 방법으로 전력을 공급하겠다며 치열한 판촉전을 벌였다. 수익의 일부를 지역 환경단체에 기부하겠다고 약정한 공급업체도 있었다. 그런데 이 업체들의 선전에는 미심쩍은 부분이 많았다. 어느 공급자는 퀘벡 지역에 대규모 댐을 지어 크리족의 삶터를 침수시킨 캐나다 기업 '하이드로 퀘벡'에서 수력 전기를 공급받았다. 또 다른 업체들은 원자력에너지를 '무공해'로, 천연가스는 '비핵·비석탄·비하이드로 퀘벡'으로 선전했지만 정작 소비자들이 원하는 석탄과 원자력 의존도를 줄일 수 있는 풍력과 태양열에너지는 찾아볼 수 없었다.

19세기 말 전기가 처음 도입되던 당시만 하더라도 전력산업은 토머스 에디슨과 같은 선구자가 꿈꾸던 대로 덩치는 작지만 경쟁력 있는 기업들이 주도했다. 100년 전만 해도 미국 시카고에는 48개의 전력회사가 있었다. 그러나 산업이 급성장하면서 합병에 합병을 거듭해 마침내 지역 독점기업으로 변해버렸다. 오늘날 대부분의 독점기업은 정부 규제를 받는 사기업이며, 프랑스와 중국·한국처럼 100% 정부 소유의 독점 전력회사도 있다.

그런데 최근 10년 동안 유럽의 몇몇 나라에서는 지역 독점기업이 모든 발전·송전·배전설비를 도맡아 관리하던 기존 방침을 바꿔 독립적인 발전회사가 전력 공급자에게 전력을 판매할 수 있도록 허가했다. 즉 전력 소매시장이 출현한 것이다. 노르웨이와 스웨덴은 1996년 발전산업의 독점을 해체했고, 영국은 1998년부터 경쟁체제를 도입했으며, 오스트레일리아의 뉴사우스웨일스 주는 1997년 4월부터 전력 소매제도를 채택했다. 미국은 캘리포니아·뉴햄프셔·로드아일랜드 등 3개 주에서 1998년부터 소비자에게 자율선택권을 주기 시작했다. 앞으로 수년 안에 다른 주정부들도 이 추세에 합류할 것으로 보인다.

전력 소매시장에 대해 환경운동가들이 바라는 것은 '재생에너지'의 출현이다. 그들은 '재생에너지 할당제'를 주장한다. 모든 전력 공급자가 일정 비율의 재생에너지 할당량을 충당하도록 하는 것이다. 캘리포니아 주정부가 1998년 1월부터 모든 주민에게 전력 공급자를 선택할 자율권을 부여한다고 발표하자 이후 1000여 개의 전력회사가 몰려들었다. 미국 최대 천연가스 회사인 '엔론'에서부터 3인 사업장인 '포어사이트'까지 캘리포니아 주를 무대로 재생에너지 사업 구상을 펼치고 있다. 또 뉴햄프셔 주에 수력전

태양과 바람을 이용한 에너지.

는 점에서 유력한 미래에너지로 꼽힌다.

지하 깊은 곳의 열에너지로 화산지대에서 주로 개발되는 지열에너지도 있다. 1990년 필리핀은 생산 전력의 21%를, 엘살바도르는 18%를, 케냐는 11%를 지열에너지로 충당했다. 다른 많은 개발도상국들도 지열에너지를 이용할 수 있다. 특히 볼리비아 · 코스타리카 · 에티오피아 · 인도 · 타이 등이 미개발 상태의 지열자원을 많이 갖고 있다.

마지막으로 우리가 염두에 둘 대체에너지의 하나는 바로 쓰레기다. 덴마

기를 제공한 한 전력회사는 얼마 전 연방정부 보조금 덕택에 이웃 버몬트 주에 미국 동부 최대 규모의 풍력발전단지를 완공했다.

미국 콜로라도 주 골든 지역의 '국립재생에너지연구소'의 바버라 파하는 "미국에서 지난 18년간 실시한 700건의 여론조사를 종합해본 결과 소비자의 압도적 다수가 현재의 에너지원 구성보다 재생에너지원을 선호하고 있는 것으로 나타났다. 이 응답자 중 10~20%는 부가요금을 내더라도 재생에너지를 사용할 의향이 있다"고 했다. 이 새로운 시장에 고무된 미국의 24개 전력회사는 시장조사에 나섰다.

'콜로라도 퍼블릭 서비스'는 '환경부가요금제'를 도입했다. 7000명의 소비자를 끌어들인 이 제도로, 소비자가 매달 부담하는 50% 정도의 부가요금은 연방정부 보조금과 함께 110만 인구의 전력 수요를 충당할 대규모 풍력발전단지 조성에 사용될 것이다. 독일 최대 전력회사인 'RWE 에네르기'도 전력 1kW당 12센트의 부가요금을 내겠다고 동의한 소비자 1만 명을 확보했다. 수익금은 태양열 또는 풍력 사업에 투자된다.

이로써 업체들은 재생에너지를 제공하여 화석연료와 가격경쟁을 할 수 있게 되었다. 그러나 전력 경쟁의 완성은 시장 논리만으로는 역부족이다. 재생에너지 이용을 늘리려면 정부의 개입이 필요하다. 독일은 전력회사에서 생산된 태양열 · 풍력 · 바이오매스의 전력을 전량 수매하고 수매가격은 정부에서 책정한다는 전력공급법을 갖고 있다. 이런 법적 지원에 힘입어 재생에너지 산업 기반이 전무하던 독일이 1990년대 들어 세계 풍력업계의 선두주자로 부상할 수 있었다.

그런데 자칭 환경 친화적인 전력 판매업체가 우후죽순 생겨남에 따라 소비자의 역할이 커졌다. 미국 메인 주의 전력감독위원 데이비드 모스코비츠는 "시장 경쟁이 효과적으로 기능하려면 소비자가 똑똑해야 한다. 자신의 선택이 환경에 얼마나 지대한 영향을 미치는지 소비자가 알고 선택해야 한다"고 말한다.

전기자동차 충전소.

환경운동가들은 소비자가 알고 선택할 수 있도록 모든 전력 판매업체는 다양한 정보의 공개를 의무화해야 한다고 지적한다. 즉 모든 전력회사는 에너지원과 그 발전과정에서 배출된 오염물질에 관한 정보를 소비자에게 공개해야 한다는 것이다. 또한 이 문제를 풀기 위해서는 '무공해 전력회사 인증제도'가 뒤따라야 한다. '스웨덴 자연보호학회'가 제일 먼저 인증제도를 만들었고, 오스트레일리아 뉴사우스웨일스 주에 무공해 전력인 수력 · 바이오매스 · 풍력 · 태양열 등을 공급하여 세계적으로 호응을 얻고 있는 8개 업체가 이 노란색 데이지꽃 모양의 인증마크를 획득했다.

이렇게 얼마나 효과적으로 자본의 관심을 재생에너지로 전환시켜갈 것인가는 소비자의 '선택'에 달려 있다.

일본의 헤키난 풍력발전소.(위, 사진 박병상)
쓰레기 매립지의 메탄가스 방출구. 이제 쓰레기 또한 재생에너지로
활용될 좋은 자원으로 부상하고 있다.(아래)

크의 코펜하겐 북쪽에 위치한 헬시뇨 음식물 쓰레기 처리장은 주변지역 25만 인구로부터 나오는 음식물 쓰레기를 처리한다. 그러나 함부로 소각하거나 매립하지 않는다. 그들은 음식물 쓰레기를 재활용할 방법부터 고민했다. 음식물 쓰레기를 65℃ 정도의 온도에서 알칼리 처리로 발효시켜 바이오가스를 생산하고 이를 다시 주민들에게 전기와 난방용으로 공급하는 것이다. 일본은 잘 타지 않고 성가신 쓰레기로 취급돼온 플라스틱 폐품을 연료로 사용, 전력을 생산하는 폐플라스틱 발전소를 건설해 1만여 세대에 전기를 공급하고 있다. 이 발전소의 발전능력은 2만 5000kW 정도라 한다.

쓰레기를 에너지원으로 재활용하는 방식은 개발도상국들이 쉽게 활용할 수 있다. 예를 들어 거의 모든 개발도상국에서 가동되고 있는 설탕공장은 사탕수수에서 즙을 추출하고 남은 찌꺼기 바가스로도 전기를 생산한다. 바가스는 보일러에서 연소되면서 설탕 추출공정에 필요한 열을 제공하는데, 설탕공장의 일반 보일러는 1톤의 바가스를 연소시켜 설탕 생산공정에 필요한 증기와 시간당 15~25kW의 전기를 생산한다. 만일 브라질의 일부 공장에서 사용되고 있는 최신 증기 터빈을 이용한다면 보통 보일러에 비해 8배의 전기를 생산할 수 있고, 최근에 상품화된 바이오 에너지를 이용할 수 있도록 설계된 가스 터빈을 이용한다면 30배의 전기를 생산할 수 있다. 설탕공장들이 모두 최신 가스 터빈을 이용한다면 현재 개발도상국 전체 전력 수요의 3분의 1 이상을 바가스로부터 얻을 수 있을 것이다.

우리나라도 새로운 도전을 시도할 때다. 특히 우리나라는 음식물 쓰레기가 전체 쓰레기의 30% 이상을 차지한다. 음식물 쓰레기를 처리하기 위해 해마다 8조 원을 쓰고 있다. 이 정도면 그 말 많은 고속전철 공사를 4번이나 할 수 있는 규모의 돈이나. 게다가 우리의 음식물 쓰레기는 어느 나라보다 물기가 많아 소각은 위험하고 번거롭다. 이에 소각 중심의 쓰레기 정책에 반대하는 환경단체들은 물기가 많은 만큼 발효성도 높은 우리 음식물 쓰레기는 충분히 질 좋은 바이오가스가 될 것이라고 주장한다.

미래에너지의 핵심은 매우 단순하다. 즉 '재생 가능한 에너지' '자연 속의 에너지'다. 자연에서는 매일 풍부한 양의 재생 가능한 에너지가 쏟아지고 있으며, 많은 나라들이 미래에너지의 개발과 이용에 갈수록 더 많은 관심과 노력을 기울이고 있다. 앞으로 얼마나 풍부한 에너지를 이용할 수 있을 것인가는 바로 지금 어떤 결정을 내리느냐에 달려 있다.

미국의 작은 마을 아미시 공동체에서는 지금도 손과 원시적인 농기구를 이용해 농사를 짓는다. 이들은 거대한 기계가 만들어내는 파괴적인 에너지를 절제해왔다. 21세기 우리의 에너지 대안은 바로 이러한 문제의식에서부터 시작되어야 한다.

참고문헌

논문 · 보고서 및 기사

고은경, 〈삶의 양식으로 바꾸는 환경교육으로 거듭나야〉, 《전교조신문》, 1993.

고철환, 〈갯벌을 국립공원으로 지정하자〉, 1996. 10.

그린피스, 〈더워지는 지구―빙하가 녹고 전염병이 되살아난다〉, 《환경운동》, 환경운동연합, 1997. 9.

김수일, 〈초중등학교 제6차 교육과정에서의 환경교육 강화방안 (A)(B)〉, 한국환경교육학회, 1991.

김환석 외, 〈생명공학의 비윤리성과 반생태성〉, 《녹색평론》 제34호, 녹색평론사, 1997. 5 · 6.

김희동, 〈자치공동체 학교를 꿈꾸며〉, 《녹색평론》 제18호, 녹색평론사, 1994. 9 · 10.

데이비드 브라워, 〈유전자 침범과 환경윤리〉, 《녹색평론》 제44호, 녹색평론사, 1999. 1 · 2.

데이비드 오어, 〈교육의 녹색화〉, 《녹색평론》 제23호, 녹색평론사, 1995. 7 · 8.

동북아산림포럼 · 세민재단, 〈동북아 국가의 산림황폐화 실태 및 복구대책 연구〉, 임업협동조합중앙회, 1998.

G. 드 하안, 〈독일 학교에서의 환경교육에 관한 교육과정 및 교과서〉, 한국환경교육학회, 1991.

문순홍, 〈생태위기와 녹색의 대안〉, 성균관대학교 정치학과 박사학위 논문, 1993.

문유미, 〈지붕 위의 발전소―미국 스머드전력회사의 녹색에너지 만들기〉, 《환경운동》, 환경운동연합, 1998. 10.

박강리, 〈교과서를 통해 본 환경교육〉, 《녹색평론》 제35호, 녹색평론사, 1997. 7 · 8.

박병상, 〈후손의 처지에서 평가해야 할 생명공학〉, 《녹색평론》 제43호, 녹색평론사, 1998. 11 · 12.

박용남, 〈희망의 도시 쿠리티바〉, 《녹색평론》 제30호, 녹색평론사, 1996. 9 · 10.

박현철, 〈현대의 야만, 모피〉, 《환경운동》, 환경운동연합, 1997. 12.

시애틀 추장, 〈우리는 모두 형제들이다〉, 《녹색평론》 제1호, 녹색평론사, 1991. 11 · 12.

유네스코 한국위원회, 〈대학 환경교육의 바람직한 방향〉, 1993. 12. 16.

윤구병 외, 〈왜 작은 학교라야 하는가〉, 《녹색평론》 제25호, 녹색평론사, 1995. 11 · 12.

이덕희, 〈미국의 플루토늄 인체실험〉, 《환경운동》, 환경운동연합, 1995. 8.

이득연, 〈녹색소비자운동의 현황과 전략〉, 《소비자생활연구》 제8호, 1991.

〈21세기를 대비한 기업의 환경경영전략〉, 삼성지구환경연구소, 1994.

이필렬, 〈과학의 민주적 통제를 위하여〉, 《녹색평론》 제37호, 녹색평론사, 1997. 11 · 12.

이효선, 〈원자력발전소의 도입배경과 한국과 미국의 반핵운동에 관한 연구〉, 1994.

임순남, 〈시베리아 호랑이의 눈물〉, 《환경운동》, 환경운동연합, 1997. 7.

제경희, 〈기업에 불어닥친 공익서비스 바람〉, 《소비자시대》, 한국소비자보호원, 1994. 2.

제레미 레프킨, 〈쇠고기를 넘어서〉, 《녹색평론》 제5호, 녹색평론사, 1992.

제레미 시브룩, 〈칩코 운동과 인도여성〉, 《녹색평론》 제27호, 녹색평론사, 1996. 3 · 4.

제임스 골드스미스, 〈생명에 대한 겸손〉, 《녹색평론》 제11호, 녹색평론사, 1993. 7 · 8.

제임스 러브룩, 〈과학의 녹색화〉, 《녹색평론》 제15호, 녹색평론사, 1993. 7 · 8.

존 바이달, 〈한 토착민의 자살계획〉, 《녹색평론》 제38호, 녹색평론사, 1998. 1 · 2.

최석전, 〈중학교 '환경'과의 성격과 과제〉, 《환경교육》 제3권, 한국환경교육학회, 1992.

최영두 · 허영록, 〈도시와 주거환경〉, 《환경운동》, 환경운동연합, 1997. 6.

최재헌 · 홍정기, 〈환경과 기업〉, 럭키금성경제연구소, 1992.

클라이브 폰팅, 〈이스터 섬의 비극〉, 《녹색평론》 제26호, 녹색평론사, 1996. 11 · 12.

홍순명, 〈생명을 섬기는 학교〉, 《녹색평론》 제40호, 녹색평론사, 1998. 5 · 6.

홍욱희, 〈가이아 이론이란 무엇인가〉, 《과학사상》 제4호, 범양사, 1992.

단행본

과학동아 편집부, 《생명코드 AGCT》, 아카데미서적, 1998.

김인호 외, 《따로 또 같이》, 지성사, 1996.

다니엘 코엥, 김교신 옮김, 《휴먼 게놈을 찾아서》, 동녘, 1997.

다쓰가와 쇼지, 황상익 편역, 《재미있는 질병과 인간의 역사》, 동지, 1991.

레이첼 카슨, 《침묵의 봄》, 참나무, 1991.

마이클 브라운 · 존 메이, 환경운동연합 옮김, 《그린피스》, 자유인, 1994.

말로 모건, 김석희 옮김, 《무탄트》, 정신세계사, 1997.

D. H. 메도즈 외, 황건 옮김, 《지구의 위기》, 한국경제신문사, 1992.

몰리 라이츠, 안성복 옮김, 《자연과 친구가 되려면》, 오월, 1993.

반다나 시바, 《살아남기—여성, 생태학, 개발》, 솔, 1998.

버나드로 몽고메리, 송영조 옮김, 《전쟁의 역사》, 책세상, 1995.

서울경제신문 산업부 엮음, 《재벌》, 한국문원, 1995.

송명재, 《아인슈타인의 실수》, 한국원자력문화재단, 1993.

E. M. 슈마허, 《작은 것이 아름답다》, 범우사, 1992.

스티븐 와인버그 외, 장회익 외 옮김, 《우주와 생명》, 김영사, 1996.

시민환경연구소 엮음, 《환경의 이해》, 환경운동연합, 1993.

앤드루 킴브렐, 김동광 · 과학세대 옮김, 《휴먼 보디숍—생명의 엔지니어링과 마케팅》, 김영사, 1995.

에드가 모랭, 《지구는 우리의 조국》, 문예출판사, 1993.

월드워치 연구소 엮음, 이승환 옮김, 《지구환경과 세계경제 2》, 따님, 1998.

유네스코 한국위원회 기획, 《노아씨의 정원—위협받고 있는 생물 다양성》, 따님, 1996.

유네스코, 김귀곤 옮김, 《환경교육의 세계적 동향》, 배영사, 1980.

유엔사회개발연구소 엮음, 《벌거벗은 나라들》, 한송, 1996.

유영초, 《더럽게 살자》, 두레시대, 1996.

유해경 외, 《지구환경총람》, 코스모스피어, 1992.

윤구병, 《실험학교 이야기》, 보리, 1995.

이경재 · 김종철 외, 환경운동연합 엮음, 《시민을 위한 환경교실》, 푸른산, 1993.

이항규, 《환경에 관한 오해와 거짓말》, 모색, 1998.

이현주 대담 · 정리, 《무위당 장일순의 노자이야기》 상 · 중 · 하, 다산글방, 1993.

임종환, 《아직도 끝나지 않은 베트남전》, YMCA 환경리포트, 1994.

조나단 포르트 편저, 조우석 옮김, 《지구를 구하자》, 청림출판, 1992.

조너선 위너, 이용수 · 홍욱희 옮김, 《100년 후, 그리고 인간의 선택》, 김영사, 1994.

《지구환경보고서》, 따님, 1991~1995, 1997.

채규철, 《ET 할아버지와 두밀리 자연학교》, 마가을, 1997.

카머너, 송상용 옮김,《원은 닫혀야 한다》, 전파과학사, 1980.

클라이브 폰팅, 이진아 옮김,《녹색세계사》, 심지, 1995.

한경구 외,《시화호 사람들은 어떻게 되었을까》, 솔, 1998.

한국불교환경교육원,《자연과 인간이 더불어 사는 공동체를 찾아서》, 녹색세상, 1997.

한스 피터 마르탄 · 하랄드 슈만,《세계화의 덫》, 영림, 1997.

헬레나 노르베리 호지,《오래된 미래―라다크로부터 배운다》, 녹색평론사, 1996.

홍재상,《한국의 갯벌》, 대원사, 1998.

《환경사전》, 환경운동연합, 1997.

황상규,《위험한 에너지 핵》, 거름, 1991.

히로세 다카시,《체르노빌의 아이들》, 국민도서, 1989.

히로세 다카시, 김원식 옮김,《누가 존 웨인을 죽였는가》, 푸른산, 1992.

외국 자료

Abramovitz, Janet N., "Putting a Value on Nature's 'Free' Services", *Worldwatch*, January · February 1998.

Downer, Craig C., "Bigfoot of The Andes", *Nature Conservancy*, November · December 1996.

Downer, Craig C., "The Mountain tapir, Endangered 'Flagship' Species of the High Andes", *Oryx*, vol. 30, no. 1, January 1996.

Dunn, Seth, "Power of Choice", *Worldwatch*, September · October 1997.

Durning, Alan Thein, and Holly B. Brough, "Taking Stock: Animal Farming and Environment", Worldwatch Paper 103.

Durning, Alan Thein, "Guardians of the Land: Indigenous Peoples and the Health of the Earth", Worldwatch Paper 112.

Durning, Alan Thein, "Saving the Forests: What will It Take?", Worldwatch Paper 117.

Lowe, Marcia D., "Shaping Cities: The Environmental and Human Dimensions", Worldwatch Paper 105.

McGraw-Hill Encyclopedia of Environmental Science & Engineering, McGraw-Hill Inc., Third Edition, 1993.

Mitchell, Jennife D., "Nowhere to Hide", *Worldwatch*, May · June 1997.

Moravec, Hans, *Mind Children: The Future of Robot and Human Intelligence*, Harvard University Press, 1988.

Odnm, E., and Tim Luke, "The Dreams of Deep Ecology", *Telos* (76), 1998.

Postel, Sandra, "Last Oasis: Facing Water Scarcity", Environmental Alert Series, Worldwatch Institute, 1993.

Renner, Michael, "Budgeting for Disarmament", Worldwatch Paper 122.

Sivard, Ruth Leger, "World Military and Social Expenditures 1994", *World Priorities*, 1994.

Sugal, Cheri, "Labeling Wood", *Worldwatch*, September · October 1996.

Sugal, Cheri, "The Price of Habitat", *Worldwatch*, May · June 1997.

Tolba, Mostafa K. ed., "Evolving Environmental Perceptions: From Stockholm to Nairobi", UNEP, 1988.

Tuxill, John, "Death in the Family Tree", *Worldwatch*, September · October 1997.

UNDP, "Human Development Report", 1994.

UNESCO, "Environmental Education in the Light of the Conference", 1980.

UNESCO, "The Internaional Environmental Education Program", 1985.

Youth, Howard, "Neglected Elders", *Worldwatch*, September · October 1997.